dtv

Ausführliche Informationen
über unsere Autoren und Bücher
finden Sie auf unserer Website
www.dtv.de

Menno Schilthuizen

DARWINS Peep SHOW

Was tierische Fortpflanzungsmethoden über das Leben und die Evolution enthüllen

Aus dem Englischen von Kurt Neff

Mit 28 s/w-Abbildungen

Deutscher Taschenbuch Verlag

Dieses Buch ist als eBook erhältlich.

Deutsche Erstausgabe
Deutscher Taschenbuch Verlag GmbH & Co. KG, München

Titel der amerikanischen Originalausgabe: ›Nature's Nether Regions. What the Sex Lives of Bugs, Birds, and Beasts Tell Us About Evolution, Biodiversity and Ourselves‹ (Viking, New York 2014)

Umschlagkonzept: Balk & Brumshagen
Umschlaggestaltung und -illustration: Bart van den Tooren/www.bvdt.nl
Satz: Bernd Schumacher, Augsburg
Druck und Bindung: GGP Media GmbH, Pößneck
Gedruckt auf säurefreiem, chlorfrei gebleichtem Papier
Printed in Germany · ISBN 978-3-423-28041-9

Inhalt

Ein Wort vorab

Es ist gar nicht so lange her, da war das niederländische Nationale Naturgeschichtliche Museum noch in einem hohen, höhlenartigen Gebäude im historischen Stadtkern von Leiden untergebracht.[1] Generationen von Studentinnen und Studenten der Biologie haben dort in dem über eine monumentale Treppe erreichbaren zweigeschossigen Hörsaal die obligatorischen Zoologievorlesungen besucht. Während der weniger fesselnden Vortragspartien – etwa wenn es um die Beinstrukturen von Krebstieren oder die Schlosszähne der Muscheln ging – dürften die Blicke der Zuhörer vielfach abgeschweift sein zu den zwei Besonderheiten, die diesen Saal so unvergesslich machten. Zu sehen war da zum einen ein reiches Panorama von Hirschgeweihen und Hörnern von Antilopen und sonstigen Paarhufern, die zu Hunderten an den Wänden hingen, und zum andern vorn über dem Katheder ein bereits aus dem Jahr 1606 datierendes Kolossalgemälde eines gestrandeten Pottwals. Die Szenerie muss sich in das Gedächtnis fast jeder Biologin und jedes Biologen eingegraben haben, die sich ihre akademischen Sporen in Leiden verdienten: Auf einem ansonsten öden Stück holländischen Strands liegt der Leviathan, die schnabelförmigen Kiefer klaffend offen, die Zunge schlaff in den Sand herabhängend. Eine Handvoll gut gekleideter holländischer Bürger des 17. Jahrhunderts – fraglos die zeittypischen Sonntagsausflügler – stehen um das Tier herum. Dem toten Wal am nächsten befinden sich, prominent platziert, ein Herr und die ihn begleitende Dame. Der Herr hat das Gesicht seiner Begleiterin zugewandt und deutet mit anzüglichem Lächeln auf den zwei Meter langen Penis, der unübersehbar aus der Leiche hervorragt. Und selbst der im Lauf von Jahrhunderten gedunkelte Firnis vermag den Ausdruck der Verblüffung in den Augen der Frau nicht zu verdecken.

Diese paar, mit strategischem Bedacht nach dem Goldenen Schnitt positionierten Quadratellen Leinwand sind ein anschauliches Beispiel für zweierlei: erstens die unanfechtbare (auch seit Jahrtausenden durch Abortwandkritzeleien, seit mehr als 100 Jahren durch schlüpfrige Postkarten und seit Jahrzehnten durch im Internet zu besichtigendes Bildmaterial belegte) Tatsache, dass Menschen Genitalien immer faszinierend finden – zuallererst die der eigenen Art, in erweiterter Perspektive aber auch die anderer Spezies. Die erstaunliche Vielfalt der Formen, Formate und Funktionsweisen animalischer Reproduktionsorgane ist ein ewiger Quell der Verwunderung und war die Inspiration zu Bestsellern wie dem Buch ›The Sex Life of Wild Animals‹ (›Das Sexualleben wilder Tiere‹; 1953), der Lehrtafel ›Penises of the Animal Kingdom‹ (›Penisse des Tierreichs‹; in den 1980er-Jahren über 20 000 verkaufte Exemplare)[2] und der TV-Serie ›Green Porno‹ des Senders Sundance Channel[3] (eine Reihe von Kurzfilmen, in denen eine skurril als dieses oder jenes Tier kostümierte Isabella Rossellini mit ebenso skurrilen Puppen den Kopulationsakt der jeweiligen Art nachspielt; die erste Staffel der Reihe war im März 2011 auch bei ARTE zu sehen).

An zweiter Stelle erinnert uns dieser Pottwalpenis aus dem 17. Jahrhundert nachdrücklich an die kuriose Beobachtung, dass mit der allgemeinen Faszination durch Genitalien zumindest noch bis vor kurzer Zeit keine gleichermaßen intensive wissenschaftliche Neugier gepaart war. In den hohen Räumen, die sich in dem Flur vor der Hörsaaltür aneinanderreihten, war eine Menge Fachleute damit beschäftigt, in stiller Arbeit die biologische Vielfalt der Welt zu katalogisieren. Wie es sich für akribische Systematiker gehörte, zeichneten, vermaßen, fotografierten und beschrieben sie die genauen Einzelheiten und Unterscheidungsmerkmale der Fortpflanzungsorgane jedes neuen Insekts, Spinnentiers und Tausendfüßers, dessen ihr Entdeckungseifer habhaft geworden war – fragten sich jedoch nie, wieso diese intimen Körperteile sich gerade zu dieser oder jener Form entwickelt haben mochten.

Die Schuld daran müssen wir im Grunde Darwin zuschreiben. In seinem zweitwichtigsten Werk ›The Descent of Man and Selection in Relation to Sex‹ (1871; dt. ›Die Abstammung des Menschen und die geschlechtliche Zuchtwahl‹) erläutert Darwin, dass die Ausprägung der sekundären Geschlechtsmerkmale – buntes Federkleid bei Vögeln, Hörner am Kopf von Käfern, das Geweih der Hirsche usw. – nicht durch die natürliche Selektion (Anpassung an Umweltbedingungen), sondern durch die sexuelle Selektion beeinflusst wird, welch Letztere kraft der Präferenzen wirkt, die Angehörige des einen Geschlechts für auffällige Besonderheiten und Vorzüge der Angehörigen des anderen an den Tag legen. Die primären Geschlechtsmerkmale, das heißt die Geschlechtsorgane, die direkt der Fortpflanzung dienen, lässt er freilich bei seiner Theorie außen vor; vielmehr erklärt er kategorisch, dass die sexuelle Selektion nichts zu tun habe mit den Genitalien – denn diese seien ja reine Funktionselemente und eben keine Ornamente.[4] Und so kam es, dass die Vielfalt all der Geweihe und Hörner an den Wänden jenes Hörsaals traditionell eine wohlbeackerte Parzelle auf dem Forschungsfeld der nach Darwin aufgekommenen Evolutionsbiologie war, nicht so hingegen die Evolution der in dem ganzen Fortpflanzungsgeschäft unmittelbar mitwirkenden »Funktionselemente«, von denen das Kernstück des Gemäldes von 1606 lediglich ein einzelnes, markantes Musterexemplar zeigt.

Erst 1979 änderte sich das. In jenem Jahr veröffentlichte Jonathan Waage, Entomologe an der Brown University in Providence, Rhode Island, in der Fachzeitschrift ›Science‹ einen kurzen Artikel über den Prachtlibellenpenis. Der, so führte der Verfasser aus, ist mit einem Miniaturlöffel ausgerüstet, der im Zuge des Paarungsakts aus der Samentasche des Weibchens alles an Sperma herausbaggert, was etwaige Vorgänger des Männchens dort hinterlassen haben. Dieser Libellenpenis funktioniert nicht nur als Spermabagger, sondern darüber hinaus als ein wahrer Augenöffner. Erstmals war hier bewiesen, dass Tiergenitalien nicht einfach nur Samen ablagernde und Samen aufnehmende Organe sind, sondern Schauplätze einer Art sexueller Selektion. Denn im Lauf der Prachtlibellenevolution hatten Männchen mit dem leistungsfähigsten Penis mehr Nachkommen als die anderen.[5]

Die Zeit war offenbar reif für diese Erkenntnis, und als ich Jonathan Waage nach jenen frühen Tagen befragte, erinnerte er sich, dass er in den Jahren, die seiner Entdeckung des Spermienbaggers vorausgingen, von der stillen Revolution beeinflusst gewesen war, die in den biologischen Fakultäten in aller Welt damals vor sich ging: einem radikalen Umdenken in der Folge von George C. Williams' Buch ›Adaptation and Natural Selection‹ (›Anpassung und natürliche Selektion‹) und Richard Dawkins' Popularisierung von Williams' Ideen in ›Das egoistische Gen‹. Man habe sich allmählich von der falschen Vorstellung verabschiedet, die Evolution wirke »zum Besten der Art« (eine überholte Idee, von der ein Nachhall noch heute in Naturfilmen zu vernehmen ist). Und man habe begonnen, die Evolution unter dem richtigen Gesichtspunkt zu sehen: als Auswirkung einer Art von reproduktivem Egoismus, bei dem sich alles darum drehe, dass das Individuum seine Gene in größtmöglicher Zahl in die nächste Generation übertrage. Der Evolution sei die Art »egal«. Und wenn so etwas wie ein Spermienbagger die Chancen von Konkurrenten ruiniere, dann werde die Evolution eben so etwas begünstigen. Waage war einer der ersten Wissenschaftler, die solche Fragen nach der Wirkungsweise der Evolution stellten. Und da es bei der Evolution an erster, zweiter und dritter Stelle um Fortpflanzung geht, ist es kein Wunder, dass Waage und andere moderne Biologen sich früher oder später der minutiösen Untersuchung von Genitalien widmen mussten.

In jener revolutionär gestimmten Epoche begannen auch andere junge Biologen Fragen dieser Art aufzuwerfen. Einer von ihnen war ein Student, der zwecks Aufbesserung seiner Finanzen als Hilfskraft im Museum für Vergleichende Zoologie der Harvard University arbeitete. Sein Job bestand darin, in die Gefäße mit Nasspräparaten Alkohol nachzufüllen und in eine Menge unsortierter Spinnenpräparate Ordnung zu bringen. Beim Durcharbeiten einiger Spinnenbestimmungsbücher begann der Student sich zu fragen, warum Spinnenarten so oft anhand der Form ihrer Genitalien unterschieden werden. Er fragte im Museum nach und erntete nur Achselzucken: So mache man das halt. Die Genitalien unterschiedlicher Tierarten der gleichen Familie, ob Spinnen, Schaumzikaden oder Ölkäfer, seien untereinander oft völlig verschieden, selbst wenn die Arten eng verwandt und ihrem Äußeren nach ununterscheidbar seien. Wahrscheinlich beeinflussten die genetischen Unterschiede zufälligerweise auch die Form der Genitalien. Sehr praktisch, wenn man Spinnen klassifizieren wolle, aber ansonsten für den Biologen ein wahrscheinlich ganz bedeutungsloser Sachverhalt. Der Student war zwar nicht zufrieden mit dieser Auskunft, sah sich aber außerstande dagegenzuhalten, also legte er seine Frage vorübergehend auf Eis, schloss sein Studium mit der Promotion ab und wurde in der Folgezeit zu einem produktiven und erfolgreichen Tropenbiologen am Tropenforschungsinstitut der Smithsonian Institution in Panama.

Sein Name ist William G. Eberhard. Als viele Jahre später die ›Science‹-Ausgabe mit Waages Artikel über den Libellenpenis auf seinem Schreibtisch landete, rief ihm der Text jene alte Rätselfrage aus seiner Studentenzeit ins Gedächtnis zurück, die er selbst längst vergessen hatte. Unterschieden sich die Geschlechtsorgane vielleicht deswegen so sehr, weil jedes eine eigene Art von Spermabagger war? Zufällig stand er kurz vor einem sechsmonatigen Aufenthalt als Gastwissenschaftler an der University of Michigan in Ann Arbor, wo er Gelegenheit haben würde, einige Wochen in der Bibliothek zu verbringen, um zu sehen, was er da zu seiner Frage herausbekommen konnte.

Dort gelang ihm eine jener seltenen theoretischen Großtaten, mit denen die Biologie ihrer Vereinheitlichung jeweils einen Schritt nähergebracht wird. Vielfach fehlt nämlich ein klares Bewusstsein dafür, dass die erste und wichtigste Inspirationsquelle der Biologie, die Formenvielfalt des Lebens, zugleich eines der größten Handicaps für diese Wissenschaft ist. Häufiger als etwa in der Chemie oder der Mathematik sind in der Biologie die einzelnen Wissenschaftler bei ihrem Tun durch unsichtbare Barrieren von Fachgenossen geschieden. Errichtet und erhalten werden die Barrieren vom Spezialistentum: dem Expertentum für eine spezielle Gruppe von Organismen. Meistens firmieren Biologen, je nachdem, ob sie sich mit (zum Beispiel) Insekten oder mit Pflanzen befassen, entweder als Zoologen oder als Botaniker. Oder lieber gleich als Copepodologen, Coleopterologen oder Cecidomyiidologen, wenn sie Spezialisten für Ruderfußkrebse respektive für Käfer oder Gallmücken sind. Dieser Separatismus verfestigt sich noch dadurch, dass jeder einer speziellen Organismengruppe gewidmete Wissenschaftszweig seine eigenen Kongresse abhält und seine eigenen Berufsvereinigungen und Zeitschriften hat. Während sich, beispielsweise, alle Physiker sagen können: »Ein Neutron ist ein Neutron ist ein Neutron«, sind sich Biologen immer im Ungewissen darüber, ob etwas, was für eine Organismengruppe gilt, auch auf eine andere anwendbar ist. Und noch schlimmer: Ob generalisierbar oder nicht, ist ihnen einerlei. Wäre Galilei Biologe gewesen, klagte der Ökologe Stephen Hubbell, hätte er vermutlich sein Leben lang Buch geführt über die Flugbahnen von Tieren, die vom Schiefen Turm von Pisa hinuntergeworfen werden, ohne je auf die Gravitationsbeschleunigung zu kommen.[6]

Die Biologie macht echte Fortschritte, wenn jemand sich traut, quer durch alle Teilgebiete nach Grundmustern zu suchen. Und genau das tat William Eberhard, als er, von der Welt abgekapselt, in der Bibliothek in Michigan Buch um Buch über die Genitalien von Mäusen und Maulwürfen, Schnecken und Schlangen, Wollkäfern und Walen aus den Regalen zog. Vier Jahre später warf das Unternehmen, das als kleines Hobbyprojekt begonnen hatte, das 256-seitige Harvard University Press-Standardwerk ›Sexual Selection and Animal Genitalia‹ (›Sexuelle Selektion und Tiergenitalien‹) aus. Abgesehen davon, dass er den Leser mit einer schier endlosen Parade von wunderlich geformten Tierpimmeln frappiert, hält Eberhard darin zweierlei fest. Zum einen, dass Geschlechtsorgane verblüffend komplexe Systeme sind, viel komplizierter als nötig für die verhältnismäßig einfache Aufgabe, ein Tröpfchen Geschlechtszellen abzugeben und aufzunehmen. Das Männchen des Hühnerflohs zum Beispiel besitzt einen »Penis«, der eigentlich aus einer Überfülle von Platten, Kämmen, Springfedern und Hebeln besteht und eher einer explodierten Standuhr als einer Injektionsspritze ähnelt – dabei wäre es mit so etwas wie dieser Letzteren ja getan, wenn sich die Funktion des Organs darin erschöpfte, Sperma in das Weibchen zu spritzen. Und an zweiter Stelle verzeichnet Eberhard den Befund, dass im ganzen Tierreich keine Körperteile einer so schnellen Evolution unterliegen wie die Genitalien.

Nach seinen Belegen sind die animalischen Reproduktionsorgane beständig intensiver sexuellen Selektion in mannigfaltiger Form ausgesetzt (darunter auch die von Waage entdeckte, aber wahrlich nicht nur diese). Daher ihre Komplexität. Daher auch ihre große Unterschiedlichkeit von Art zu Art – ein Phänomen, das die Taxonomen (jener spezielle Schlag von Biologen, deren Aufgabe die Bestimmung, Beschreibung, Benennung und Klassifikation der Biodiversität ist) schon das ganze 20. Jahrhundert hindurch munter als handliches Artenunterscheidungskriterium benutzt haben. Die unteren Körperregionen der Tiere sind die Bühnen, auf denen ein evolutionäres Schauspiel aufgeführt wird, bei dem Darwin, hätte er zugeschaut, errötet wäre. Ein evolutionäres Schauspiel, das Generationen von Biologen überhaupt nicht wahrgenommen haben.

Und dabei kann man ohne Übertreibung sagen, dass die Tatsachen vor uns gelegen haben wie ein aufgeschlagenes Buch. Weil nämlich wir Menschen und unsere Coprimaten vom Eberhardschen Gesetz der beschleunigten Genitalevolution nicht ausgenommen sind. Nichts gegen Vorderhirn, Eckzähne und opponierbare Zehen – die größten Unterschiede zwischen uns und unseren nächsten Verwandten im Tierreich, den Schimpansen, finden sich jedoch in der unteren Körperregion.[7] Beim Menschen ist der Scheidenvorhof seitlich von je zwei Hautfalten, den inneren (oder kleinen) Schamlippen und den äußeren (oder großen) Schamlippen, flankiert. Die Klitoris ist ein Organ von paariger Struktur, das sich an den Scheidenvorhof schmiegt; äußerlich sichtbar von ihr ist lediglich die von der Klitorisvorhaut bedeckte, an der oberen Vereinigungsstelle der inneren Schamlippen situierte Klitoriseichel. Demgegenüber besitzt die Vulva des Schimpansenweibchens keine kleinen Schamlippen, weist eine größere, nach vorn spitz zulaufende Klitoriseichel auf und enthält ein spezielles Gewebe, das die gesamte Genitalregion während der Phase der Begattungsbereitschaft im Östruszyklus dramatisch anschwellen lässt, wodurch die Eintauchtiefe der Vagina um fünfzig Prozent zunimmt. Und auf der anderen Seite der Trennlinie zwischen den Geschlechtern sind die Unterschiede nicht weniger markant. Der Penis des Menschen ist knochenlos und dick, mit stumpfem Ende: der glatten Eichel, die hinten einen erhöhten Rand hat; er hat eine Vorhaut und zwei Schwellkörper. Der Schimpansenpenis dagegen ist dünn und spitz, hat keine Eichel und keine Vorhaut; im Innern hat er einen Knochen (das »Baculum«) und nur einen Schwellkörper.[8] Ach ja – und er ist mit einer Menge kleiner, harter Stacheln besetzt.

Mit anderen Worten, die von Eberhard aufgezeigte exzessive Vielfalt – Biodiversität – der Genitalienformen reicht bis hin zu unserer eigenen Spezies. Eine große Zahl im 19. und 20. Jahrhundert veröffentlichter seriöser Handbücher der vergleichenden Anatomie und der systematischen Zoologie liefert Belege für diese Varianz, die sich durch die gesamte Tierwelt hinzieht, aber an deren Erklärung sich vor Eberhard niemand versucht hat.[9]

Dies ist jedoch kein Buch über William Eberhard. Es handelt vielmehr von der Kohorte von Schülern, die in seine Fußstapfen traten. Hunderte Wissenschaftler in aller Welt ließen sich von Eberhards Buch inspirieren. Vereint riefen sie mit Laborexperimenten, Feldforschung und Computersimulationen, die sich um eine breite, von Primaten bis zu Amerikanischen Buschratten, von Prachtsternschnecken bis zu Aaskäfern reichende Vielfalt von Organismen drehten, eine brandneue Schulrichtung der Evolutionsbiologie ins Leben – eine Wissenschaft von den Genitalien, wenn Sie so wollen. Und wie es mit Schülern und Schulrichtungen zu gehen pflegt, kam es zu Disputen darüber, welche Funktion genau die Genitalevolution erfüllt. Sind Penisse »kopulatorische Balzinstrumente« (»internal courtship devices«), wie Eberhard meint? Oder dienen sie einer Bekämpfung von Rivalen, bei der das Weibchen den Kampfplatz darstellt, wie Waage gezeigt hat? Oder liegen die männlichen und die weiblichen Geschlechtsorgane miteinander im Streit darüber, wer von beiden über die Befruchtung entscheidet, wie nicht nur die britische Zoologin Tracey Chapman glaubt?

Ungeachtet dieser Streitfragen sind diese Wissenschaftler in zwei Punkten eines Sinnes. Erstens in dem ernsthaften Wunsch zu verstehen, was es heißt, die verschlungenen Wege nachzuzeichnen, auf denen die Evolution zu der verwirrenden Vielfalt von Fortpflanzungsorganen gekommen ist, mit der sie das Tierreich gesegnet hat. Und zweitens in ebendem angeborenen Interesse für alles, was mit Sexualität zu tun hat – der Grund dafür, warum Sie dieses Buch lesen und ich es geschrieben habe.

Wenn ich dem Thema Geschlechtsorgane eine ganze Publikation widmete und dabei auch vor den komplizierteren Sachverhalten nicht zurückschreckte, so geschah dies bei all meiner Faszination durch meinen Gegenstand doch in der Hoffnung, dass ich mich über das Niveau der Spaßpresse erheben kann, deren Beachtung die Genitalforschung inzwischen gefunden hat.[10] Damit will ich nicht sagen, dass in meinem Buch die Dinge auch nur im Geringsten weniger unverblümt zur Sprache kämen. Die Forschung zur Genitalevolution besteht allerdings nicht aus einem Kunterbunt pikanter, in allen Ecken und Winkeln animalischer Bizarrerie aufgelesener Anekdoten, sondern ist in den letzten 25 Jahren zu einer echten Wissenschaft herangereift, in der es gleichermaßen um extreme Biodiversität, fortgeschrittene Evolutionstheorie und punktgenau zielführendes Experimentieren geht, und diesen neuen Zweig der Biologie zu porträtieren war meine Absicht.

Im Endeffekt, so hoffe ich, wird dieses Buch uns auch etwas über uns selbst lehren. Seit undenkbaren Zeiten haben wir Menschen die Mechanik des Geschlechtsverkehrs als eine banale Selbstverständlichkeit betrachtet. Aber die Basiselemente unserer eigenen Fortpflanzung sind keineswegs selbstverständlich. Wenn wir uns vor Augen führen, dass die Einzelheiten unserer Fortpflanzung lediglich eines der Ergebnisse zahlloser Szenarios komplexer evolutionärer Wechselwirkungen sind, die alle möglichen Stationen im Kontinuum zwischen anmutigen Tänzen und brutalem Rüstungswettlauf umfassen, können wir vielleicht den Platz, der uns Menschen in der Vielfalt der Reproduktionsverfahren zugefallen ist, besser würdigen.

I Begriffsklärungen

Dies ist kein Buch über Sex.

Eine rätselhafte Feststellung vielleicht, in Anbetracht der Tatsache, dass die vorigen Seiten übersät waren mit Wörtern und Wendungen, die im Alltagssprachgebrauch als eindeutig sexbezogen konnotiert sind. Aber biologische Begriffe haben im Alltagssprachgebrauch oft eine ganz andere Bedeutung als in der Terminologie der Biologen. Für sie bezieht sich das Wort »Sex« – zumindest während sie ihrer Arbeit nachgehen – nicht auf Geschehen im Vorfeld der Einführung und bei der Einführung eines Geschlechtsteils in das Geschlechtsteil und/oder sonstige Körperöffnungen eines anderen Individuums. Vielmehr bedeutet es so etwas wie »Austausch von DNA zwischen zwei Individuen«. Und Austauschverfahren für DNA gibt es eine ganze Menge, von der ein großer Teil mit keinerlei Aktivität gepaart ist, die der Mann oder die Frau auf der Straße als »Sex« betrachten würden.

Nehmen wir die Bakterien zum Beispiel. Sie empfangen regelmäßig DNA-Strang-Teile von anderen Bakterien, die sie unter Mitwirkung eines fingerähnlichen, »Pilus« (Mehrzahl: Pili) genannten Zellfortsatzes in ihren eigenen Genapparat übertragen. Sie nehmen sogar alles an DNA-Fragmenten auf und integrieren es in ihre Chromosomen, was in ihrer mikroskopischen Umgebung lose herumtreibt und sie irgendwie anspricht, wenn sie darauf stoßen. Dergleichen »bakterieller Sex«, wie die Mikrobiologen das nennen, ist sehr weit weg von den Resultaten, die man erhält, wenn man das Wort »Sex« in eine Internetsuchmaschine eingibt.[1] Zunächst einmal dient dieser »Sex« den Bakterien nicht zur Vermehrung, sondern zur Verbesserung der eigenen Lebensqualität (dass dies, mutatis mutandis, auch auf viele Besucher jener Internetseiten zutrifft, steht auf einem anderen Blatt). Die von den Bakterien in ihrer Umgebung aufgelesene DNA enthält unter Umständen Gene, die sie gut gebrauchen können, beispielsweise, um Lücken in ihrer eigenen DNA zu schließen oder um sich in die Lage zu versetzen, sich von Substanzen zu ernähren, für die ihre ursprüngliche DNA nicht das geeignete Verdauungsinstrumentarium bereitstellen konnte.

Für die meisten größeren Organismen wie zum Beispiel uns Menschen ist Sex ein Moment der Fortpflanzung. Wir tragen in jeder Körperzelle einen doppelten Satz unserer sämtlichen Gene mit uns herum (einen haben wir von unserer Mutter, den andern von unserem Vater geerbt), produzieren Eizellen und Samenzellen (Spermien), die jeweils nur einen einfachen Satz von Genen enthalten, und vereinigen die Spermien mit den Eizellen, sodass Kinder mit einem wiederhergestellten doppelten Satz von Genen entstehen. Es gibt jedoch viele verschiedene Wege, wie Organismen Eizellen und Spermien zusammenbringen können, die Kopulation ist nur einer davon. Weil sie an ihrem Riff festsitzen, können Korallen sich nicht paaren, also bleibt ihnen nichts übrig, als ihre Eizellen und Spermien ins freie Wasser abzugeben und auf Befruchtung via günstige Zufallsbegegnungen zu hoffen.[2] Und die Birken, die in vielen nördlichen Ländern die Straßen säumen, pumpen im Frühling Milliarden Pollen in die Luft, von denen nur ein kleiner Bruchteil, vom Wind getragen, die Narben weiblicher Blütenkätzchen bestäubt. Nicht allen Heuschnupfenkranken ist klar, dass sie ihre Niesorgien womöglich Wolken von Birkenejakulat zu verdanken haben.

Na schön, könnten Sie jetzt sagen, dann mag meinetwegen der Sex bei so einfachen Wesen wie Mikroben oder Korallen ziemlich unkonventionell vor sich gehen, aber von den meisten besser bekannten Tierarten lässt sich doch mit Sicherheit sagen, dass sie »sich paaren« (oder »kopulieren«, wie ein Biologe es ausdrücken würde), um ihre DNA mit der eines Partners beziehungsweise einer Partnerin zu vermischen und Nachkommen zu produzieren, oder? – Tut mir leid, nein, nicht unbedingt.[3] Pseudoskorpione zum Beispiel tun das nicht. Bei diesen Tierchen (die wie Miniaturskorpione aussehen, nur dass sie keinen Stachel haben) setzen die Männchen allenthalben in ihrer Umgebung einfach winzige gestielte Samenpakete (Spermatophoren) ab. Es bleibt nicht aus, dass ein Weibchen auf ein solches Überraschungsei stößt, und wenn ihm dann gerade danach ist, bringt es seine Genitalöffnung darüber in Anschlag, geht ein wenig in die Hocke und nimmt es in sich auf. Und viele Springschwanz- und Salamanderarten praktizieren ein ähnlich unpersönliches Begattungsverfahren. Ja, viele Biologen sind sogar der Ansicht, dass dies das Urverfahren war und dass Genitalien sich erst später entwickelten, um die Übertragung solcher Samenpakete effizienter zu gestalten.

Was wir in unserer kurzsichtigen anthropozentrischen Perspektive als »Sex« betrachten, ist also lediglich eine der vielen von Organismen evolutionär ausgebildeten Möglichkeiten, gepackte DNA eines Individuums mit der eines anderen zu vereinigen.[4]

Einem anderen weitverbreiteten Irrglauben erliegt, wer da meint, Sex und Fortpflanzung (Reproduktion) seien verschiedene Namen für dieselbe Sache. Sind sie nicht. Wir haben gerade gesehen, dass Bakterien Sex haben, ohne sich deswegen zu vermehren. Umgekehrt gibt es eine Menge Organismen, die sich ohne Sex fortpflanzen.[5] Die besagten Bakterien, aber auch viele Pflanzen, manche parasitären Wespen, Gespenstschrecken und andere Insekten, manche Eidechsen sowie die Gruppe von winzigen Wassertierchen namens *Bdelloida*-Rädertierchen, um nur einige zu nennen – sie alle verzichten fast immer auf Sex. Die Populationen setzen sich ausschließlich aus Weibchen zusammen, die geklonte Töchter in die Welt setzen, bei denen es sich um genetisch identische Kopien ihrer selbst handelt. Keine Männchen, kein DNA-Austausch über Spermien und Eizellen und schon gar kein athletisches Gerangel zwischen Individuen.[6]

Und wo wir jetzt schon bei dem Thema sind: Tatsache ist, dass die Biologen noch immer herumrätseln, warum es überhaupt Fortpflanzung mittels Sex gibt. Sich selbst zu klonen, wie es die genannten Tiere tun, ist vier Mal so effektiv wie die sexuelle Reproduktion. Erstens braucht man die eigenen Gene nicht mit denen eines männlichen Individuums zu kombinieren (ein zweifaches Plus); zweitens können alle Nachkommen (nicht nur die weibliche Hälfte) selbst wieder Nachkommen haben (ein weiteres zweifaches Plus). Dass die sexuelle Reproduktion in der Natur so dominant ist, bedeutet, dass sie, verglichen mit dem Selbstklonen, einen gewaltigen Überlebensvorteil mit sich bringen muss. Und nein, biologisch gesehen stellt die »Freude am Sex« keinen evolutiven Vorteil dar. Vielmehr wird es Sie vielleicht überraschen zu erfahren, dass nach zwei unter Biologen diskutierten Theorien sich die sexuelle Reproduktion entweder als eine Methode, Parasiten auszutricksen, entwickelt hat oder als eine Methode, Ihre DNA von schädlichen Mutationen zu reinigen.

Die Parasitentheorie geht folgendermaßen. Stellen wir uns rein hypothetisch einmal vor, die Menschen wären eine klonale Art. Dass gewissermaßen die Urmutter Eva niemals mit ihrem Gefährten geschlafen, sondern genetisch identische Töchter in die Welt gesetzt hätte, die dann wiederum klonal reproduzierte Enkelinnen hervorgebracht hätten und so weiter, bis die ganze Welt von identischen Kopien von Eva bevölkert gewesen wäre.

Lassen wir jetzt einen Killerparasiten auftreten. Innerhalb einer sexuellen Fortpflanzung würde sich solch ein todbringender Parasit nicht sehr weit verbreiten können, denn bald würde er auf Individuen treffen, die sich von seinen ersten Opfern genetisch so stark unterschieden, dass er würde mutieren müssen, um ihr Immunsystem überwinden zu können. Bei einer klonalen Fortpflanzung sind jedoch alle Individuen genetisch identisch, weisen alle exakt die gleichen Schwachstellen auf und sind infolgedessen alle gleichermaßen anfällig für den neuen Parasiten, der sich wie ein Buschfeuer verbreiten und sämtliche klonalen Evas in null Komma nichts ausradieren würde.

Sämtliche Vorteile der klonalen Reproduktion könnten also

als Folge einer einzigen verheerenden Parasitose-Epidemie futsch sein. Für ein sich geschlechtlich fortpflanzendes Tier oder eine solche Pflanze existiert dieses Aussterberisiko nicht, weil ihre sämtlichen Nachkommen (als zufallsgesteuerte Rekombinationen der elterlichen Genome) genetisch verschieden sind, sodass selbst ein besonders aggressiver Parasit stets bei einem Teil der Nachkommenschaft auf wirksamere Resistenz stoßen würde.[7]

Fazit: Um in dem unablässigen koevolutionären »Wettrüsten« zwischen sich schnell weiterentwickelnden Parasiten und Wirtsorganismen die Nase vorn zu behalten, müssen sich die Mitglieder einer potenziellen Wirtsart der sexuellen Reproduktion bedienen und ihre Gene nach dem Zufallsprinzip ständig neu mischen. Weil das einem rasenden Auf-der-Stelle-Treten gleicht, das keinen anderen Zweck hat, als den eigenen Platz in einer ökologischen Nische zu halten, wird die Parasiten-Hypothese unter dem Namen »Red-Queen-« beziehungsweise »Rote-Königin-Hypothese« gehandelt, in Anlehnung an Lewis Carrolls Buch ›Alice hinter den Spiegeln‹, in dem die Rote Königin Alice erklärt: »Hierzulande musst du so schnell rennen, wie du kannst, um am gleichen Fleck zu bleiben.«

Mag die Parasiten-Hypothese noch so ansprechend sein, es existiert dennoch eine zweite weitverbreitete Erklärung für die Entstehung der sexuellen Reproduktion, nämlich dass diese eine zweckdienliche Art und Weise sei, akkumulierte Fehler in der DNA loszuwerden. Jedes Mal, wenn (zur Herstellung eines Spermiums oder einer Eizelle zum Beispiel oder bei klonaler Vermehrung) eine identische Kopie einer DNA erzeugt wird, besteht eine gewisse Wahrscheinlichkeit, dass dem Kopiermechanismus (der letzten Endes nur ein chemischer Prozess ist) bei einem oder einigen Buchstaben des DNA-Codes ein Lesefehler mitsamt Fehleinbau in die Kopie unterläuft. So kommt gelegentlich ein T an die Stelle eines A zu stehen, oder ein C wird fälschlich gegen ein G ausgetauscht, oder ein A wird unglücklicherweise zu AA verdoppelt oder ganz ausgelassen.

Solche »Rechtschreibfehler« sind manchmal ungefährlich oder wirken sich sogar vorteilhaft aus, aber häufiger sind sie Sand im genetischen Getriebe. Bei asexuellen Organismen, die sich ausschließlich über Kopien ihrer selbst vermehren, ist nicht zu verhindern, dass sich solche schädigenden Mutationen von Generation zu Generation akkumulieren, da jede Tochter das Genom der Mutter mit all seinen Fehlern und sonstigem Drum und Dran erbt. Über viele Generationen hinweg haben sich solche kleinen Fehler dann massenhaft im Erbgut der Nachkommen angehäuft, und mit der genetischen Gesundheit ist es im Ganzen gesehen schlecht bestellt.

Geschlechtliche Fortpflanzung kann das verhindern. Selbstverständlich treten solche Fehler auch bei der Produktion von Eizellen und Spermien auf und werden dann der geschlechtlich erzeugten Nachkommenschaft vererbt. Da jedoch sowohl die bei der Produktion von Eizellen und Spermien stattfindende Neuanordnung des genetischen Materials als auch die Verschmelzung von Spermium und Eizelle zum Keimling des neuen Organismus zufallsgesteuerte Prozesse sind, erbt ein Teil der Nachkommenschaft viele, ein anderer Teil gar keine Fehler. Wenn daraufhin die Nachkommen, die weniger DNA-Fehler im Erbgut haben, die etwas »Fitteren« sind, werden sie auch diejenigen sein, die überleben, was bedeutet, dass in jedem Wurf die schlimmsten genetischen Defekte eliminiert werden.[8]

Welche dieser zwei Theorien die Vorteilhaftigkeit der sexuellen Reproduktion am ehesten zu erklären vermag, wird unter Wissenschaftlern noch immer diskutiert. Außer Frage steht jedoch diese Vorteilhaftigkeit selbst. Ohne sie würde die gesamte organische Welt sich einfach nur klonen und es gäbe keine Geschlechter, keine Spermien, keine Eizellen, keine Paarung, keine Genitalien und erst recht keine populärwissenschaftlichen Bücher darüber. Es ist also wichtig, niemals zu vergessen, dass die sexuelle Reproduktion, so üblich und unvermeidlich sie uns erscheinen mag, nicht die primäre Reproduktionsweise biologischer Organismen ist. Sie ist sozusagen Reproduktion 2.0, ein erstaunlich kompliziertes Verfahren, das sich evolutionär herausgebildet hat als ein Weg, die aus direkter Selbstklonung sich ergebenden Belastungen zu umgehen.

Woher »sie« und »er«?

Und da sind noch andere Aspekte der sexuellen Reproduktion, die sich nur vordergründig betrachtet zunächst von selbst zu verstehen scheinen: Nehmen wir zum Beispiel die Existenz von zwei Geschlechtern, einem männlichen und einem weiblichen. Was soll das Ganze? Im Ablaufplan der sexuellen Reproduktion findet sich nichts, was es zur Bedingung machen würde, dass für die Vermischung von DNA zwei verschiedene Arten von Individuen nötig sind. Wenn es nur ein einziges Geschlecht gäbe und jedes Individuum sich mit jedem anderen paaren könnte, wäre es zweimal so leicht, einen Paarungspartner zu finden. Worin könnte der Sinn eines Naturgesetzes liegen, wonach es zwei Geschlechter geben muss und Fortpflanzung nur in der Form erlaubt ist, dass die eigenen Gene mit solchen des anderen Geschlechts vermischt werden?

Die Natur verfährt nicht bürokratisch, also muss sie einen guten Grund für eine so eigenartige Verfügung gehabt haben. Wie nicht anders zu erwarten, sind die Biologen sich nicht darin einig, was damals, weit zurück in den frühesten Tagen der Urgeschichte des Lebens, dieser Grund gewesen sein könnte. Sie haben mehrere Theorien vorgelegt, aber die besten Karten scheint diejenige zu haben, die besagt, dass sich zwei verschiedene Geschlechter entwickelten, damit der Krieg zwischen den Organellen aufhörte. Mir ist klar, dass Sie jetzt die Stirn runzeln müssen. Krieg? Organellen? Lassen Sie mich etwas ausholen.

Die Zellen aller Organismen mit höherem Komplexitätsgrad als Bakterien enthalten sogenannte Organellen (Einzahl: das Organell). Das sind winzige Strukturen, denen wichtige Funktionen obliegen. Ein Beispiel sind die grünen Chloroplasten in Pflanzenzellen, in denen das Chlorophyll und der übrige Fotosynthesemechanismus untergebracht sind. Obschon sie spezialgefertigte Mikromaschinen zu sein scheinen, sind Organellen genau genommen die demontierten Abkömmlinge einst frei lebender Bakterien, die zu irgendeinem Zeitpunkt in der fernen evolutionären Vergangenheit in die Zellen anderer Organismen eindrangen und mit diesen ein Joint Venture starteten. Einiges von ihrer einstigen Eigenständigkeit haben sie sich bewahrt: Sie besitzen ihre eigene DNA und teilen sich.

Und in dieser Eigenständigkeit der Organellen liegt das Problem. Geschlechtliche Fortpflanzung beginnt mit der Verschmelzung einer Geschlechtszelle eines Organismus mit einer Geschlechtszelle eines anderen Organismus. Wenn beide Organismen zu der so geschaffenen Tochterzelle ihre jeweiligen Organellen beisteuern, wird diese von zwei verschiedenen Organellentypen bevölkert sein: einem von dem einen Elternteil und einem von dem anderen Elternteil stammenden Typus, zwischen denen wahrscheinlich ein leichter Unterschied in der DNA besteht. Da beide Organellentypen die gleiche Rolle in der Zelle spielen, begünstigt die Evolution den Typus, der sich im Konkurrenzkampf mit seinem eigenen zellulären Rivalen als der Stärkere erweist. Die Konsequenz könnte sein, dass Organellen sich dahin entwickeln, ihrer Gastzelle größere Mengen von Ressourcen zu entziehen, um (a) sich schneller teilen zu können als die anderen Organellen in der Zelle oder (b) sogar toxische Substanzen als tödliche Kampfmittel gegen ihre Rivalen zu produzieren.

Dass das Innere seiner Zellen zum Schlachtfeld für Organellen wird, kann für keinen Wirtsorganismus ersprießlich sein; hatte also die sexuelle Reproduktion mit der Verschmelzung zweier identischer Geschlechtszellen begonnen, so wartete die Evolution über kurz oder lang mit einer verbesserten Ordnung der Dinge auf. Sie bestand darin, dass manche Organismen nur sehr kleine

Geschlechtszellen produzierten, die keine oder sehr wenige Organellen enthielten, und andere Organismen viel größere, mit vielen Organellen bestückte Geschlechtszellen erzeugten. Wenn zwei kleine Geschlechtszellen miteinander verschmolzen, fehlte es ihnen an Organellen, um Leben in Gang setzen zu können. Verschmolzen zwei große Zellen, verstrickten sich ihre Organellen in einen langwierigen Kampf um die Vorherrschaft in der Zelle. Bei der Verschmelzung einer kleinen mit einer großen Geschlechtszelle jedoch überwältigten die Organellen der großen Partnerin im Nu die von der kleinen Partnerin beigesteuerten Rivalen und daraufhin blieb der neue Organismus sein Leben lang von der Plage, die ein solcher Organellenkrieg bedeutet hätte, verschont.

Das evolutionäre Ergebnis dieses zellulären Friedensprozesses war eine Methode sexueller Reproduktion, deren Conditio sine qua non die Existenz von Organismen von zweierlei Art ist: einer Art (»männlich«), die stets kleine Geschlechtszellen (»Spermien« oder »Samenzellen«) produziert, welche ausschließlich DNA und keine Organellen zur Nachkommenschaft beisteuern, und einer anderen Art (»weiblich«), die große Geschlechtszellen (»Eizellen«) liefert, welche außer der DNA noch viele Organellen enthalten. Es ist ernüchternd zu denken, dass die Voraussetzung dessen, was wir heute als »Krieg der Geschlechter« kennen, womöglich einst die Unterbindung eines noch zerstörerischeren mikroskopischen Kriegs im Innern unserer Zellen war.

»Sex, wie wir ihn kennen« versteht sich bei Weitem nicht von selbst. Wäre unser Verstand vor die Aufgabe gestellt, das Leben von Grund auf durchzuplanen, würde ihm wohl ein System, in dem männliche Organismen Unmengen winziger Samenzellen in weibliche Organismen spritzen, um eine oder mehrere von deren Eizellen zu befruchten und so Sprösslinge zu produzieren, heillos überinstrumentiert erscheinen. Doch die Störungsanfälligkeit der DNA-Replikation hat uns auf gewundenen, unvorhersehbaren Wegen eine Welt beschert, in der exakt ein solches vertracktes System Realität ist.

Dieses Buch handelt also von der Evolution der Organe, mit deren Hilfe Tiere die kleinen mit den großen Geschlechtszellen zusammenbringen. Schon das kann mit falschen Auffassungen gepaart sein – etwa solchen in der Frage, was primäre und was sekundäre Geschlechtsmerkmale sind.

Was ist eigentlich primär?

Fragen Sie eine(n) x-beliebige(n) Arzt oder Ärztin nach den primären und sekundären Geschlechtsmerkmalen, und er oder sie wird eine Bildtafel entrollen, die in Frontalansicht einen Mann und eine Frau in schönster Nacktheit zeigt, um Ihnen dann mit flinker Hand die Topografie beider Merkmalsorten auf dem menschlichen Körper in den Blick zu rücken. Der Penis und das Skrotum (der Hodensack) des Mannes und die Vulva der Frau sind die primären Geschlechtscharaktere – wenigstens deren ohne Einsatz von Skalpell und Spekulum sichtbarer Teil. Sekundäre Geschlechtsmerkmale sind als eine Vielzahl weiterer Verschiedenheiten zwischen Mann und Frau über den ganzen Körper verstreut; sie reichen von den Brüsten über die Hüften und die Statur bis zu den Haarausfall- bzw. Glatzenbildungsmustern, den Kieferkonturen und der Verteilung von Fettablagerung auf den Gesäßbacken.[9] Es scheint klar und eindeutig: Primär sind alle am Fortpflanzungsprozess direkt beteiligten Charakteristika, sekundär ist alles Sonstige, worin sich Männer und Frauen typischerweise unterscheiden.

Der schottische Chirurg John Hunter (1728–1793) jedenfalls, der als Erster von »primären« und »sekundären« Unterschieden zwischen den Geschlechtern sprach, hatte keinerlei Zweifel hinsichtlich der Luzidität dieser Unterscheidung. Nicht so indessen Charles Darwin hundert Jahre später.[10] In seinem zweitwichtigsten Opus magnum, ›Die Abstammung des Menschen und die geschlechtliche Zuchtwahl‹ (1871), sinnt er darüber nach, dass es bei nichtmenschlichen Tieren nicht immer möglich ist, einen klaren Trennungsstrich zwischen primär und sekundär zu ziehen:

»Sekundäre Sexualcharaktere stehen in keiner direkten Verbindung mit dem Akt der Reproduktion. Es besitzen zum Beispiel die Männchen gewisse Sinnesorgane oder Bewegungsorgane, welche den Weibchen völlig fehlen, oder sie haben dieselben höher entwickelt, damit sie die Weibchen leicht finden oder erreichen können; oder ferner besitzt das Männchen besondere Greiforgane, um das Weibchen sicher halten zu können.« Bis hierher noch kein Problem in Sicht, doch dann fährt er fort: »Diese letzteren Organe von unendlich mannigfacher Art gehen allmählich in diejenigen über und können in manchen Fällen kaum von denselben unterschieden werden, welche gewöhnlich für primäre angesehen werden.«

Um Darwins Dilemma zu verstehen, stelle man sich etwa die trommelschlägelähnlichen beidseitigen Anhänge am Penis des Marienkäfers *Cycloneda sanguinea* vor, mit denen dieser während der Paarung sacht das Weibchen beklopft.[11] Oder die leuchtend türkisgrünen Hoden der Östliche-Vollbartmeerkatzen- und Zwergbeutelratten-Männchen. Der Marienkäferpenis und das Säugerskrotum gelten als primäre Geschlechtsmerkmale, ihre Eigenschaften scheinen jedoch für die Sperma-Übertragung nicht unmittelbar notwendig zu sein. Solange wir die Unterscheidung nicht zu einem logisch konsequenten Schluss führen und den Ausdruck »primär« auf den Eierstock und die Hoden beschränken, schreibt Darwin, »ist es kaum möglich zu entscheiden, welche Organe primär und welche sekundär genannt werden sollen«.

Letzten Endes meidet Darwin (wahrscheinlich zur großen Erleichterung seiner viktorianischen Zeitgenossen; siehe drittes Kapitel) diese Grauzone, indem er ein gutes Stück Abstand zu den Genitalien hält und erklärt, dass sein Buch vornehmlich mit »geschlechtlichen Verschiedenheiten, welche mit den primären Organen in gar keinem Zusammenhange stehen« befasst sein werde. In der Folge hält er dann Wort mit der Untersuchung der

Evolution aller möglichen Arten von Ornamenten und Schmuck, Angriffswaffen und Verteidigungsmittel, mit denen Männchen ausgestattet sind, Weibchen jedoch nicht. Trotzdem zeigt er uns einen Ausweg auf aus der Verlegenheit, die es uns bereitet, zwischen primär und sekundär zu entscheiden: indem er uns nämlich mit dem Unterschied zwischen Evolution durch natürliche Selektion und Evolution durch sexuelle Selektion bekannt macht.

Das Horn des Nashornkäfers, die Scheren der Krebstiere, Geweih und Stangen der Hirsche, die geweihartig vergrößerten Mundwerkzeuge des Hirschkäfers, die Gesänge der Grillen und der Heuschrecken, der Federschmuck der Vögel und eine lange Reihe weiterer tierischer Merkmale, die zwischen Männchen und Weibchen deutlich verschieden sind, verdanken sich einem Evolutionsfaktor, dem Darwin den Namen sexuelle Selektion gibt. In mannigfacher Hinsicht war die Entdeckung dieses Ausleseprozesses ein mindestens ebenso revolutionärer Akt wie seine Entdeckung der Evolution durch natürliche Selektion, die das Zentralthema seines berühmteren Werks ›Die Entstehung der Arten‹ ist. Wir werden auf Darwin und die Theorie der sexuellen Evolution in einem späteren Kapitel zurückkommen, hier wollen wir uns erst einmal der fundamentalen Verschiedenheit dieser zweierlei Ausleseverfahren zuwenden.

Die Evolution durch natürliche Selektion ist an vier Faktoren gebunden. Erstens muss zwischen den Individuen einer Art Variation bestehen (sagen wir, in Zahl und Größe der gelb- und rotbraunen Flecken auf einem Rebhuhnrücken). Zweitens muss die Variation vererbbar sein: Die Nachkommen eines Huhns mit besonders großen gelbbraunen Flecken auf dem Rücken müssen wiederum relativ große gelbbraune Flecken mitbekommen. Drittens müssen mehr Nachkommen erzeugt werden, als überleben können. Das ist gewöhnlich der Fall: Das Gelege eines Rebhuhnweibchens zählt bis zu zwanzig Eier; würde aus jedem von ihnen ein ausgewachsener Vogel, stünden wir binnen weniger Jahrzehnte bis zu den Knien in Rebhühnern. Die Tatsache, dass die Tiere gewöhnlich dünner gesät sind, besagt, dass die meisten Küken nicht überleben – sie erkranken und verenden oder werden Opfer von Raubvögeln. Die vierte Bedingung lautet, dass der Tod kein Zufallsereignis sein darf; wenn die Vögel mit mehr Gelbbraun auf dem Rücken ein etwas geringeres Risiko laufen, in dem trockenen Heidegras, in dem sie leben, von überfliegenden Habichten erspäht zu werden, dann besteht für sie eine etwas höhere Überlebenswahrscheinlichkeit als für die rotbraunen. Sind alle vier Bedingungen erfüllt, so ist die Bühne bereitet für die Evolution durch natürliche Selektion: Eine gemischt rotbraun-gelbbraune Rebhuhnart wird infolge der von Raubvögeln auf der Nahrungssuche betriebenen Auslese über viele Vogelgenerationen hinweg die Evolution zu einer rein gelbbraunen Art durchlaufen. Das ist Naturgesetz.

Die sexuelle Selektion ist anders. Hier ist der große Selektor kein externes Etwas wie hungrige Vögel oder Parasiten oder das Wetter. Es ist das andere Geschlecht der eigenen Art. Wenn es nicht so wäre, dass die Umwelt, Rebhühner verzehrende Habichte inklusive, eine Farbe gegenüber der anderen begünstigt, würde die Art dennoch evolvieren, wenn Rebhuhnweibchen für die Paarung Gelbbraunrücken-Männchen den Rotbraunrücken (oder auch andersherum) vorzögen. Gelbbraunrücken-Männchen würden eher bzw. öfter mit einer größeren Zahl von Weibchen zur Paarung kommen und so mehr Küken zeugen als die Rotbraunrücken – und so ginge die sexuelle Selektion weiter und weiter. Bei der sexuellen Selektion geht es also mehr um das Sich-fortpflanzen-können als um das Überleben-können (was beides auf dasselbe hinausläuft: mehr eigene Gene im Genpool der nächsten Generation). Sexuelle Selektion, wie Darwin sie definiert, »hängt von dem Vorteil ab, welchen gewisse Individuen über andere Individuen desselben Geschlechts und derselben Spezies erlangen in ausschließlicher Beziehung auf die Reproduktion«.

Nachdem er die sexuelle Selektion so deutlich gegen die natürliche abgegrenzt hatte, wandte er sich noch einmal der Frage zu, welche Geschlechtsmerkmale als primäre und welche als sekundäre zu betrachten seien, die er damit beantwortete, dass die unterschiedliche Attribuierung der Merkmale von deren jeweiliger exklusiver Verbundenheit mit der einen oder der anderen Selektionsart abhängig sei. Primäre Geschlechtsmerkmale sind demzufolge die Fortpflanzungs- oder Reproduktionsorgane, denn diese unterliegen ausschließlich dem Regime der natürlichen Selektion. Ein Rebhuhnmännchen braucht Organe, die Sperma produzieren, und irgendein Dingens, mit dem es das Sperma in das Weibchen injiziert. Seinerseits braucht das Weibchen den Apparat zur Eierproduktion und die nötigen inneren Rohrleitungen, um Sperma empfangen, lagern und transportieren zu können. All diese Dinge sind durch eine von den elementarsten Lebensnotwendigkeiten auferlegte natürliche Selektion herangebildet worden: Individuen, denen nur eines dieser Merkmale abgeht, hinterlassen schlicht keinen Nachwuchs. Wenn hingegen Rebhuhnmännchen einen leuchtend gelbbraunen Rücken oder unter den Augen rote Lappen haben oder einen wunderlichen Federbusch am Hals, während bei den Weibchen nichts dergleichen anzutreffen ist, dann haben sich diese sekundären Geschlechtsmerkmale aller Wahrscheinlichkeit nach durch sexuelle Selektion entwickelt – im Wesentlichen als Ergebnis des größeren Erfolgs, den eine ganze Ahnenreihe solchermaßen geschmückter Männchen unscheinbareren Konkurrenten im Wettstreit um die sexuelle Gunst der Weibchen voraushatte.

Der renommierte Biologe und Philosoph Michael Ghiselin von der Kalifornischen Akademie der Wissenschaften in San Francisco hat sich etwas eingehender mit den Begriffen befasst, die wir gebrauchen, wenn wir von Geschlechtsmerkmalen sprechen – oder von Geschlechts»charakteren«, wie Biologen sie gern nennen. Weiter oben habe ich als Geschlechtsmerkmale schon sowohl das menschliche Skrotum als auch das türkisgrüne Skrotum anderer Säuger erwähnt. Wie Ghiselin zu Recht moniert hat, zeugt ein solcher Gebrauch des Begriffs »Merkmal« von unverzeihlicher Nachlässigkeit. Wenn ein Skrotum zu haben bereits ein Merkmal ist, dann kann es kein anderes Merkmal sein, ein türkisgrünes Skrotum zu haben. Nach Ghiselins Meinung wäre es besser, einerseits von »Teilen« eines Organismus oder »Körperteilen« und andererseits von deren »Attributen« oder »Eigenschaften« zu reden. Ein Skrotum ist Teil eines Organismus, seine Färbung dagegen, ob hautfarben, hellblau oder rosa wie beim Rhesusaffen, ist ein Attribut dieses Teils.[12]

In diesem Buch werden wir feststellen, dass eine Verbindung von Ghiselins und Darwins Überlegungen das beste Rezept dafür liefert, mit den vertrackten Kategorien der primären und der sekundären Geschlechtsmerkmale fertigzuwerden. Genitalien sind primäre Geschlechtsmerkmale: Penisse und Vulven und deren vielförmige Pendants im gesamten Tierreich sind »primär«, weil sie durch natürliche Selektion evolvierte unerlässliche »Teile« des Organismus sind. Die meisten ihrer »Attribute« indessen (ob zum Beispiel ein Penis gerade, aufgerollt, zweizackig, stachelig, doppelläufig oder spatelförmig ist) sind das Ergebnis sexueller Selektion und folglich sekundäre Merkmale.[13] Mit anderen Worten, die primären Geschlechtsmerkmale sind meist von überwiegend sekundärer Beschaffenheit.[14]

Was macht einen Körperteil zum Geschlechtsteil?

Wie wir im vorigen Abschnitt gesehen haben, führt die Unterscheidung zwischen primären und sekundären Geschlechtsmerkmalen in eine semantische Zwickmühle. Deshalb werden Sie diesen Begriffen hier fortan nicht mehr begegnen. Stattdessen werde ich von Genitalien oder Geschlechtsteilen bzw. Geschlechtsorganen sprechen. Das könnte manchem so erscheinen, als brächte es uns vom Regen in die Traufe, weil wir dann ja auch für diese Terminologie Definitionen benötigten. Die benötigen wir in der Tat, und erfreulicherweise hat William Eberhard, dem wir bereits im Vorwort begegnet sind und der uns auf den folgenden Seiten noch wiederholt die Ehre geben wird, die Forschung mit einschlägigen Definitionen versehen.[15] Zu den männlichen Genitalien, so Eberhard, zählen »alle männlichen Körperteile, die beim Spermientransfer in das Weibchen eingeführt werden oder dieses bei seinem Gonoporus festhalten«. Gonoporus ist einfach nur ein ausgefallenes Wort für Geschlechtsöffnung oder Vagina und »bei« ist zugegebenermaßen etwas unbestimmt, aber vorerst beschreibt diese Definition, was die männliche Seite betrifft, ganz gut den Gegenstandsbereich dieses Buches.

In Bezug auf die weiblichen Genitalien erklärt Eberhard: »Als Genitalien betrachte ich die Teile des weiblichen Fortpflanzungstrakts, die während oder unmittelbar nach der Kopulation mit den männlichen Genitalien oder mit männlichen Produkten (Spermien, Spermatophoren) in direkten Kontakt kommen.« Auch hier ist wieder Raum für Interpretionen (was heißt »unmittelbar nach«?), doch für unsere Zwecke reicht Eberhards Definition der weiblichen Genitalien völlig aus. Dieses Buch handelt also, kurz gesagt, von dem männlichen Apparat, der Ejakulat zum Weibchen befördert, und von den weiblichen Körperteilen, die es empfangen und lagern (das heißt auch, dass ich nicht sonderlich viel über Ovarien und Testikel – die Organe, die Ei- und Samenzellen produzieren – reden werde).

Es ist wichtig, dass wir uns im Klaren darüber sind, dass die solchermaßen definierten Genitalien nur bei einer begrenzten Menge von Lebewesen anzutreffen sind, nämlich bei solchen, die innere Befruchtung praktizieren.[16] Die Myriaden von Geschöpfen, die im Wasser leben und ihre Ei- und Samenzellen einfach in die Umgebung streuen, haben keine Genitalien. Wir lassen uns in unserer anthropozentrischen Sicht der Dinge leicht zu dem Irrtum verleiten, dass es diese »Freilaicher« sind, die von der Norm abweichen. In Wirklichkeit jedoch sind es wir, die sich in dieser Beziehung eine Extravaganz leisten, denn das Leben hat sich im Meer entwickelt. Über einen Zeitraum von Hunderten Millionen

Jahren hinweg waren alle bedeutenden Entwicklungsschritte der Lebenssysteme bereits in mariner Kulisse vollzogen worden, bevor wenige Äste dieses großen evolutionären Stammbaums auf das Festland übergriffen und sich hier weiter verzweigten: einige Pflanzen, wie sich fast von selbst versteht, Pilze, einige Gliederfüßer, Schnecken, ein, zwei Sorten Würmer, Wirbeltiere. Alle übrigen Lebenssysteme blieben wohlbehalten zurück in der See, dem salzigen Mutterleib. Und wie recht sie daran taten: Meeresorganismen leben in einer Umgebung, die es mit ihren Geschlechtszellen (»Gameten«) außerordentlich gut meint: Das Salzwasser schützt die Samen- und Eizellen als chemischer Puffer, die Salzkonzentration des nassen Elements entspricht exakt der dieser Zellen, deshalb können viele Meereslebewesen einander selbst aus großer Entfernung zuverlässig befruchten, indem sie ihre Spermien – und oft auch ihre Eier – in der Zuversicht, dass diese schon zueinander finden werden, in das freie Wasser entlassen.

Auf dem Festland ist Laichen keine Option: Spermien und Eier würden binnen Sekunden vertrocknen und verkümmern. Selbst Süßwasser ist tödlich: Anders als die meisten anderen Zellen können Spermien ihre Salzkonzentration nicht regulieren, und wie der niederländische Naturforscher Antoni van Leeuwenhoek 1678 als Erster herausgefunden hat, nimmt eine in Süßwasser geworfene Samenzelle automatisch so viel Wasser auf, dass sie binnen Sekunden zerplatzt.[17] Dies sollte, nebenbei bemerkt, all den Schauermärchen von Frauen, die sich in der Badewanne eines Hotelzimmers von am Wannenrand klebendem Sperma des Vorbewohners eine Schwangerschaft einfingen, den Garaus machen.

Kein Wunder also, dass Land- und Süßwasserlebewesen (dazu zwar auch einige Meereslebewesen, die allerdings aus anderen Gründen) Methoden haben evolvieren müssen, wie die Spermien auf ihrem Weg vom männlichen Körper zum Ei zu schützen wären. Eine todsichere Methode ist natürlich die, dem Ei gar nicht erst zu erlauben, den weiblichen Körper zu verlassen, und stattdessen die Spermien unmittelbar in diesen zu injizieren.[18] Und genau das wird mit den Genitalien und der Kopulation erreicht.

Doch wie's bei all der Artenvielfalt wohl kommen musste, hat eine Vielzahl von Lebewesen, deren Paarungsverhalten man nicht anders denn als Kopulation bezeichnen kann, sich dafür entschieden, Sperma nicht mit dem Penis einzubringen und nicht in die Vagina aufzunehmen. Stattdessen werden hierfür von Hause aus für einen anderen Zweck bestimmte Körperteile gebraucht. Nehmen wir zum Beispiel die *Rhodacaridae*, im Boden lebende winzige Raubmilben. Das männliche Individuum benutzt für den Transfer seines Spermas zur Sexualpartnerin nicht seinen Penis, sondern die Kiefer; sie ihrerseits nimmt es dann vielleicht nicht in die Vagina, sondern in eine Öffnung (biologischer Fachausdruck: »Porus«) am Ansatz eines ihrer Beine auf. Faktisch sind demnach die männlichen Kiefer und der weibliche Porus am Beinansatz die Genitalien der Raubmilben *Rhodacaridae*.

Mit ihrem Verzicht auf die »klassischen« Geschlechtsorgane zugunsten von Stellvertretern stehen die Milben nicht allein da. Bevor es um ein Weibchen wirbt, fertigt beispielsweise ein Spinnenmännchen ein spezielles Spermanetz an, »masturbiert« hinein und saugt das Sperma in seine raffiniert gebauten, wie ein Kolbenfüllfederhalter betankbaren Pedipalpen ein – das sind Stummelarme beiderseits des Kopfs, die in hohlen »Boxhandschuhen« (»Bulbi«, Einzahl Bulbus) enden. Mit vollgeladenen Pedipalpen macht es sich dann auf die Suche nach einem Weibchen, dem es sein Sperma überlassen kann. Zwar wird das Sperma, ehe es in die Pedipalpen gelangt, aus einem Porus am Bauch des Männchens ausgeschieden, die konsumatorischen Funktionselemente von dessen Geschlechtsakt (und somit seine Genitalien) sind jedoch die Pedipalpen. (Wenn Sie sich wieder einmal einen ›Spiderman‹-Film anschauen, dann sollten Sie aus den Handschuhen des Helden im Geiste eine realistischere Substanz herausschießen sehen.)

Der Gebrauch solcher Ersatzgenitalien kommt bei Spinnen, Milben, Krebstieren, Tausendfüßern, Groß- und Kleinlibellen und anderen Tierarten ziemlich häufig vor. Und um dieses Kapitel mit einem Knalleffekt zu beenden, erzähle ich Ihnen zwei Geschichten über Tiere, die die Ersatzgenitalien zu neuen Ufern geführt haben: die Kopffüßer (das ist die Klasse der Weichtiere, zu der unter anderen die Kraken, die Kalmare und die Sepien zählen) und die Samtwürmer.

Erste Geschichte: Kalmarenkoitus

Im Juni 2012 flatterte eine dieser sattsam bekannten »Unglaublich-aber-wahr«-Meldungen durch den globalen Blätterwald, wurde mit leichtem Ekel zur Kenntnis genommen und war bald wieder vergessen: »63-Jährige wird nach Verzehr von Kalmar schwanger mit kleinen Kalmaren im Mund« – so oder ähnlich lauteten zahlreiche Zeitungsschlagzeilen.[19] Was war geschehen?

Gleich nachdem sie einige Bissen von halb gegartem Kalmar zu sich genommen hatte, musste die Besucherin eines südkoreanischen Fischrestaurants mit »heftigen Schmerzen in der Mundhöhle« Hals über Kopf zum Arzt befördert werden. Dort wurde festgestellt, dass sich bei ihr in Zunge, Wangeninnenwand und Gaumen zwölf Kalmar-Spermatophoren (Samenpakete) eingenistet hatten. Anscheinend hatte der (männliche) Kalmar, von dem sie gegessen hatte, in einem postmortalen Anlauf zu einer Kreuzung zwischen Angehörigen unterschiedlicher biologischer Stämme einen Schwung Spermatophoren ejakuliert.

Die Mediziner, die den Fall untersuchten, (und Zeitungsleser in aller Welt) waren perplex, aber wer sich in Sachen Kopffüßerfortpflanzung auskannte, zeigte sich nicht sonderlich überrascht. José Eduardo Marian von der Universität São Paolo in Brasilien ist ein solcher Experte, und wie er in einem 2012 in dem Fachjournal ›Zoomorphology‹ veröffentlichten Artikel schreibt, kennt die medizinische Literatur mindestens 16 (!) ähnliche Fälle, die meisten aus Korea und Japan, wo der Verzehr von rohem oder blanchiertem Kalmar etwas Gewöhnliches ist. Für Marian ist es kein unerwartetes Vorkommnis, wenn ein toter männlicher Kalmar noch ejakuliert und seine Samenpakete sich im Mund eines Menschen einquartieren lässt, denn diese Kalmar-Spermatophoren, schreibt er, »funktionieren autonom und extrakorporal«.

Kalmar-Spermatophoren sind komplex gebaute flaschenförmige Kapseln von Bruchteilen von Millimetern bis zu zig Zentimetern Länge (Letzteres allerdings nur bei Riesenkalmaren).[20] Sie setzen sich zusammen aus mehreren Membranschichten, einem Sack voll Spermien, Kittsubstanzen und, bei manchen Arten, gezackten Hartstrukturen und sind alles in allem richtiggehende, unter Druckfederspannung stehende Spermiengranaten. Das Männchen tut nichts weiter, als sie zu ejakulieren und im selben Zug in oder auf dem Körper des Weibchens zu deponieren. Dort sorgt eine – entweder dem Meerwasser oder der Reibung beim Austritt aus dem Penis des Männchens geschuldete – Triggerwirkung dafür, dass die Spermatophoren nun ihrerseits ejakulieren (jawohl, das Ejakulat kann selbst ejakulieren!): Die äußere Membran platzt auf, die Druckfeder entspannt sich, das gezackte Material gräbt eine Höhlung und mithilfe des Kitts findet die Nutzlast festen Halt an oder unter der Haut des Weibchens. Oder auch der Mundschleimhaut einer nichts ahnenden Esserin. Tatsächlich verdankt sich unser Wissen über die Funktionsweise der Kalmar-Spermatophoren, wie Marian hervorhebt, zu einem großen Teil unserer zuverlässigen Belieferung mit Untersuchungsexemplaren, die in koreanischen und japanischen Notfallambulanzen aus menschlichem Körpergewebe herausgelöst wurden.

Der springende Punkt ist, dass das Kalmar-Weibchen keine eigentliche Vagina besitzt. Je nach Art deponiert das Männchen seine Spermatophoren um dessen Mund herum, auf seinem Rücken oder seinen Armen oder schiebt sie ihm in den Mantel (das ist die fausthandschuhförmige, gummiartige dicke Hautschicht, die Kalmare und Sepien umhüllt und, in Ringe geschnitten und frittiert, als Komponente des Gerichts »Meeresfrüchte« verzehrt

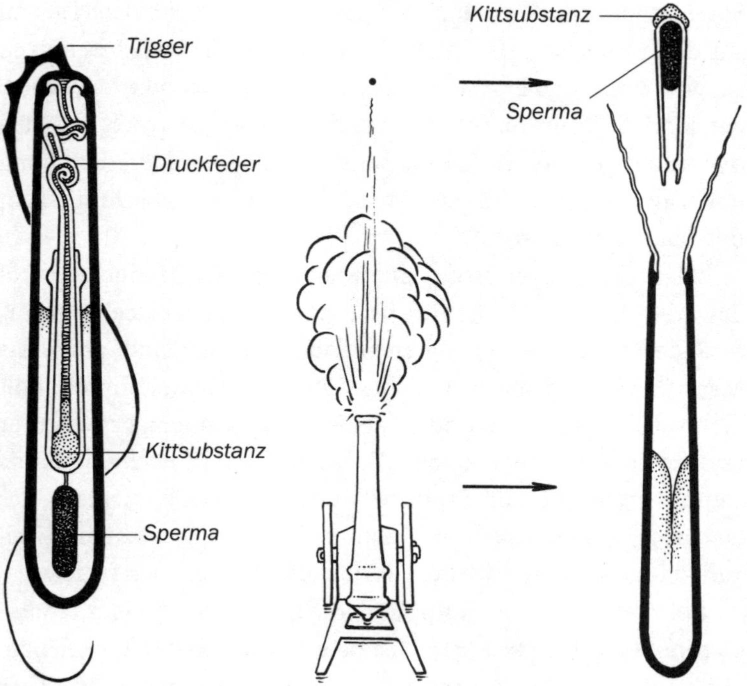

Spermiengranate: Die Spermatophoren können explodieren. Dadurch wird das Sperma abgeladen und setzt sich im Körper des Weibchens fest.

wird). Von dort finden die Spermien, wenn die Eier produziert sind, allein den Weg zu ihnen – allerdings speichern die Weibchen mancher Arten Spermien in speziellen Taschen rund um die Stellen, wo die Spermatophoren gewöhnlich angeheftet werden.[21]

Und nicht nur haben Kalmar-Weibchen keine Vagina, die Männchen haben auch keinen Penis. Vielmehr, sie haben zwar einen, gebrauchen ihn aber nicht als einen solchen. Ich will das etwas näher ausführen. Der größte Teil der Kalmaren, die in Restaurants rund um die Welt serviert werden, gehört Arten an, deren Männchen einen sehr kurzen Penis haben: zu kurz, als dass er aus der Mantelöffnung unterhalb vom »Hals« des Tieres auch nur herausschauen könnte. Wie schaffen diese Männchen es dann,

Spermatophoren denkbar präzis zu platzieren, zum Beispiel genau auf den Mundrand des Weibchens? Für diesen Zweck benutzen sie gewöhnlich einen ihrer acht Arme, »Hectocotylus« genannt, der speziell für die Speicherung und den Transfer von Spermatophoren umgestaltet ist (häufig weist er eine besondere Furchung und Faltung auf und ist auf einem bestimmten Abschnitt nicht mit Saugnäpfen besetzt).

Wenn bei der Paarung der Kalmaren das Männchen und das Weibchen, die Arme für diese Augenblicke der Seligkeit ineinander verschlungen, eng aneinander gefesselt sind, greift das Männchen mit dem Hectocotylus in seine Mantelöffnung, holt die (soeben vom Penis ausgeschiedenen) Samenpakete hervor und verlegt sie in oder auf das Weibchen. Also ist nach Eberhards Definition in Tat und Wahrheit nicht der Penis, sondern der Hectocotylus das eigentliche männliche Geschlechtsorgan, weil nämlich dieser es ist, der dem Weibchen die Spermien zuliefert.

Bei einer bestimmten Kopffüßergruppe, den sogenannten Papierbooten, entwickelt der Hectocotylus sogar ein Eigenleben. Die Papierboote oder »Argonauten« sind erstaunliche, in erster Linie jedoch rätselhafte Lebewesen; zur Ordnung der Kraken gehörend, leben sie, praktisch kaum untersucht, im offenen Wasser der Weltmeere. Aus dem Wenigen, was wir über sie wissen, ist klar ersichtlich, dass die sieben existierenden Papierbootarten in vieler Hinsicht zu den absonderlichsten Kopffüßern zählen. Die Absonderlichkeit fängt damit an, dass das – transluzente, violett und blassblau gefleckte – Weibchen mit seinen etwa zehn Zentimetern eine normal zu nennende Größe hat, das Männchen hingegen mit ein bis zwei Zentimetern vergleichsweise winzig ist. Sodann besitzt das Weibchen am Ende des ersten Armpaars besonders verbreiterte Häute, deren Ausdehnung den großen Carl von Linné, den Entdecker der ersten Papierbootart, zu dem Glauben veranlasste, dass die Tiere diese Arme als Segel über die Wasseroberfläche hinaus in die Luft hielten (weshalb er ihnen in Anlehnung an die griechische Mythologie den wissenschaftlichen Namen *Argo-*

nauta argo gab: »Argonauten« [Reisende auf dem Schiff »Argo«] wurden die mythischen Helden genannt, die auf der »Argo« nach Kolchis segelten, um dort das Goldene Vlies zu erobern). Linné irrte: Das Weibchen nutzt diese Arme anders, nämlich dazu, mit einem aushärtenden Sekret ein Gehäuse aus Kalk dünn wie Papier zu fertigen, das in der Form haargenau den Schalen der ausgestorbenen Ammoniten gleicht.[22] Und dieses Gehäuse fügt der wachsenden Liste der Papierboot-Absonderlichkeiten ein neues Element hinzu, denn anders als alle anderen Weichtierschalen ist die Schale des Papierboots nicht mit dem Körper des Tiers verbunden. Vielmehr trägt das Weibchen sie lose mit sich herum und benutzt sie als schützendes Behältnis für seine abgelegten Eier, die es bewacht, bis die Jungtiere schlüpfen; ferner dient sie, mit einer bestimmten Menge Luft »betankt«, ihm als Instrument zur Regulierung seines Auftriebs im Wasser.

Doch bevor Eier abgelegt werden, muss Begattung stattfinden. Und das Begattungsverhalten der Papierboote ist selbst für Kopffüßer unorthodox. Das Papierboot-Männchen hat einen sehr großen Hectocotylus, an den er seine Spermatophore heftet. Das an sich ist, wie wir gesehen haben, in der Kopffüßerwelt nichts Außergewöhnliches. Indes, das Papierboot-Männchen paart sich in seinem ganzen Leben nur ein Mal. Es hat keine andere Wahl, denn während des Begattungsvorgangs löst sich sein Hectocotylus im Ganzen von seinem Körper ab und schlängelt sich selbstständig in die Mantelhöhle des Weibchens, wo er bis zur Eiablage bleibt.[23] Mitunter beherbergt ein Weibchen mehrere solcher ins Eigenleben abgewanderter Hectocotyli, die aus verschiedenen sexuellen Begegnungen stammen. Als Kuriosität sei erwähnt, dass der französische Zoologe Georges Cuvier, als er 1829 den Papierboot-Hectocotylus in der Mantelhöhle des Weibchens entdeckte, ihn fälschlicherweise für einen parasitären Wurm einer neuen Gattung hielt, für die er auch gleich eine wissenschaftliche Bezeichnung *Hectocotylus octopodis* erfand.[24]

Hundert Pfund Sterling waren damals, im Jahr 1883, eine Menge Geld, zumal dann, wenn sie für einige weit weg, am Kap der Guten Hoffnung, lebende mausgraue, wurmförmige Kreaturen ausgegeben werden sollten. Gleichwohl zahlte die Royal Society of London dem Zoologen Adam Sedgwick ebendiese Summe dafür, dass er nach Afrika reiste, um sich nach diesen Tierchen umzusehen und zwecks Beobachtung ihres Fortpflanzungsverhaltens Exemplare von ihnen zurück nach England mitzubringen.[25] Dafür hatte die gelehrte Gesellschaft einen guten Grund. Seit ihrer Entdeckung im Jahr 1825 hatten die rätselhaften Stummelfüßer (*Onychophora*) oder Samtwürmer, wie wir sie heute nennen, die Fantasie der Zoologen beflügelt. Mit ihrer dünnen, weichen, knubbligen Haut aus Chitin und dem Sauerstoff durch den Körper leitenden Röhrensystem ähnelten sie Insekten und deren Verwandten, während ihre zahlreichen Stummelbeine und die Ringe, in welche die zwei bis zehn Zentimeter langen Körper segmentiert waren, sie optisch eher den Ringelwürmern annäherten. Tatsächlich betrachteten manche Wissenschaftler sie als einen Typus zwischen Ringelwürmern (*Annelida*) und Gliederfüßern (*Arthropoda*). Aber noch mehr faszinierte der Umstand, dass die Weibchen lebendige Junge zur Welt brachten, die über ein Jahr lang in etwas herangereift waren, was verdächtig einer Säuger-Gebärmutter ähnelte, mitsamt Plazenta und was sonst dazugehörte.

Heute wissen wir über die *Onychophoren* sehr viel besser Bescheid. Wir wissen, dass sie einen eigenen Tierstamm bilden, in der Systematik also auf gleichem Rang wie die Gliederfüßer stehen, mit denen sie sogar nahe verwandt sind (nicht jedoch mit den Ringelwürmern). Wir kennen ihrer Hunderte Arten, welche an Orten mit hoher Luftfeuchtigkeit überall in den Tropen und auf der südlichen Hemisphäre leben und dort (manchmal im Familienverband) Jagd auf Termiten und andere Beutetiere machen, die sie mit einer aus zwei Öffnungen links und rechts des

Mundes verspritzten, an der Luft schnell härtenden klebrigen Flüssigkeit unbeweglich machen.[26] Wir kennen das erstaunliche Spektrum ihrer Fortpflanzungsweisen: Bei manchen Arten bringen die Weibchen nach ausgedehnter Schwangerschaft lebendige Junge zur Welt, bei anderen legen sie Eier. Und trotz ihrer Seltenheit und Schwerauffindbarkeit sind die Samtwürmer dank einem Charakteristikum namens »Niedlichkeit« zu einer Art Kultobjekt geworden. In einem Kommentar zu einem der vielen Samtwurm-Videos auf YouTube werden sie mit »Hundertfüßern im Strampelanzug« verglichen. Durchaus treffend!

Doch Schnuckeligkeit beiseite: Der Grund, warum sie in diesem Kapitel auftreten, ist die verschiedenerlei Art und Weise, wie die Männchen ihre Spermien zu den Weibchen übertragen. Nachdem Adam Sedgwick 300 *Onychophoren* vom Kap nach Cambridge gebracht und dort beobachtet hatte, notierte er: »Das Männchen deponiert seine Samenpakete ganz ungezielt überall auf dem Körper des Weibchens.« Und weiter: »Wie die Spermatozoen es schaffen, den Uterus und die Eileiter, die jederzeit voller Embryonen sind, hinaufzuwandern … weiß ich nicht zu sagen.« In den seither vergangenen 120 Jahren haben wir vieles mehr über den Onychophoren-Sex in Erfahrung gebracht. Und das ist bizarrer, als Sedgwick es sich je hätte träumen lassen.

Während manche Samtwurmarten orthodoxen Vaginalverkehr praktizieren, produziert in der Familie *Peripatopsidae*, zu der die von Sedgwick beobachtete Art zählt, das Männchen Spermatophoren, die es, darin nicht unähnlich den Kalmaren, an die Haut des Weibchens heftet. Sedgwick fand es noch mit Recht rätselhaft, wie die Spermien zu den Eiern vordringen könnten, wo sie doch seiner Meinung nach erst den Weg zur Vagina finden und sich dann durch einen mit in der Entwicklung begriffenen Embryonen überfüllten Uterus hindurchkämpfen müssten. In Wirklichkeit jedoch müssen sie das gar nicht. Vielmehr nehmen sie unter Mithilfe des Weibchens einen rigoros verkürzten Weg. An der Stelle, wo das Spermienpaket an seiner Haut haftet, setzt das Weibchen Enzyme frei, die sowohl seine eigene Haut als auch die Außenhülle der Spermatophore auflösen, sodass der Spermienhaufen in seinen Körper einsinken kann. Die Samenzellen beginnen dann in der farblosen Blutflüssigkeit (»Hämolymphe«) des Weibchens zu schwimmen, die bei Samtwürmern und Insekten nicht ordentlich kanalisiert in einem Gefäßsystem, sondern frei in der »Hämocoelom« genannten Leibeshöhle zirkuliert (und dabei alle inneren Organe umspült und nährt). In die Spermienspeicherorgane gelangen sie entweder über zweckdienliche trichterähnliche Strukturen oder indem sie sich geradewegs durch die Wandung dieser Organe hineinzwängen.

Aber es kommt noch absonderlicher. In den 1980er-Jahren entdeckte der Samtwurm-Experte Noel Tait von der Macquarie University in Sydney in den Wäldern von New South Wales und Queensland eine ganze Menagerie von unbekannten Arten, sämtlich zu ganz neuen Gattungen gehörig, bei welchen alle Männchen am Kopf zwischen den Antennen seltsame »Strukturen« aufwiesen. Die reichten von blumenblütenähnlich arrangierten Grübchen bis zu einzelnen oder mehreren ausstülpbaren Zähnen oder Dornen. Wozu die Männchen diese Letzteren benutzten, stellte sich erst 1994 heraus. Am 27. April des Jahres entdeckte Tait in der Nightcap Range, einem Gebirgszug etwa 130 Kilometer südlich von Brisbane, in der Laubstreu des Waldbodens ein im Begattungsakt begriffenes Paar der Spezies *Florelliceps stutchburyae*.[27] Im ›Journal of Zoology‹ beschrieb Tait seinen Fund: »Der Kopf des Männchens haftete fest an der Genitalregion zwischen dem hintersten Beinpaar des Weibchens. Die beiden Individuen bewegten sich koordiniert, wobei das Weibchen führte.« Zur genaueren Beobachtung legte er das Paar unters Mikroskop und sah nun, was da im Gange war: An der stilettförmigen Struktur auf seinem Kopf hatte das Männchen ein Samenpaket stecken, das es in die Vagina des Weibchens einzubringen im Begriff war. Währenddessen hatte das Weibchen die Krallen, in denen das hintere Beinpaar endete, fest in die Haut um die Struktur auf dem

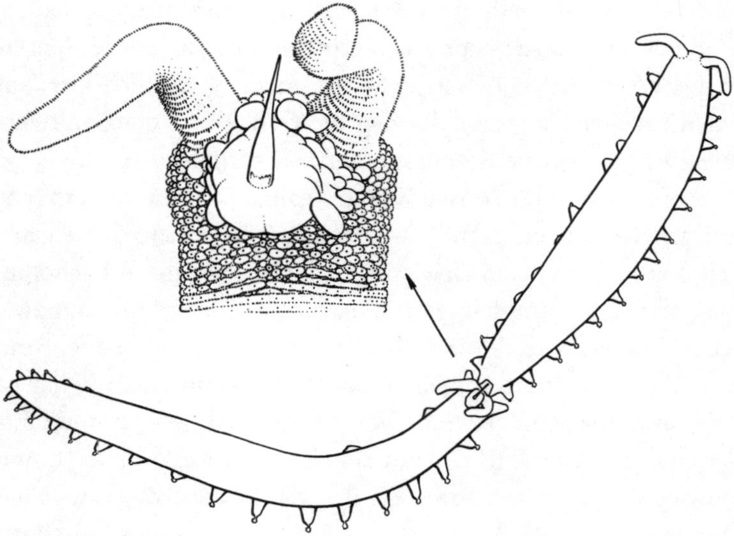

Genitalien auf dem Kopf: Die Männchen der Samtwurmspezies Florelliceps stutchburyae vollziehen die Paarung, indem sie Sperma an einer stilettförmigen Bekrönung ihres Kopfes befestigen und den Kopf dann in die Vagina des Weibchens stecken.

Kopf des Männchens eingeschlagen, so als wollte es dieses an der richtigen Stelle halten.

Wie es scheint, ist bei diesen Samtwurmmännchen die Bekrönung auf dem Kopf das Genitale. Sie ist das Instrument, mit dem sie Spermien in die Vagina des Weibchens befördern. Ein weiterer Schnörkel kam freilich hinzu, als Tait und seine Mitarbeiter im Jahr 2006 ihre Entdeckung bekannt gaben, dass in einer Reihe von »strukturbekrönten« Arten die Weibchen gleichwohl einen funktionierenden Mechanismus zum Transfer von Spermien zu ihren Eiern über das Blut besitzen. Nun erwägt Tait, ob die Kopfüber-Begattungspraxis nicht vielleicht ausschließlich mit jungfräulichen Weibchen, deren Uterus noch leer und nicht mit in der Entwicklung begriffenen Embryonen verstopft ist, ausgeübt wird und ausgereifte Weibchen sich weiterhin nach der alten

Durch-die-Haut-Methode paaren. Ob die Männchen ihren Kopfschmuck auch dazu benutzen, Spermatophoren an der Außenseite der Weibchen zu befestigen, ist noch nicht wirklich klar; auf jeden Fall steht fest, dass der Begriff »Genitalien« den Samtwürmern eine ganz neue Bedeutungsvariante verdankt.

Am Schluss dieses ersten Kapitels können wir uns des ernüchternden Gedankens nicht erwehren, dass in puncto Sex eigentlich unsere sämtlichen Gewissheiten auf den Prüfstand gehören. Mag auch der unmittelbare Impuls zum sexuellen Kontakt zwischen Männlich und Weiblich von Anziehung, Hormonen und Fortpflanzungsdrang ausgehen, das letzte Wieso und Warum ist eine unwahrscheinliche Serie von Ereignissen, welche unter anderem genetische Variation mit dem Ziel, der Auslöschung durch Parasiten zu entgehen, sowie die Befriedung des Kriegs zwischen Organellen und die Folgen der Begegnung mit der feindseligen Umwelt außerhalb des Meeres einschließt. Und selbst wenn wir uns strikt an die Eberhard'schen Definitionen halten, können die verschiedenartigen Organe, die unter den Oberbegriff »Genitalien« fallen, alles Mögliche zwischen einem Penis und einem untoten Kopffüßer-Tentakel, einer Vulva und einer Oberlippe sein.

II Darwins Peepshow

Ich habe nun mehrmals die staubigen Pfade kreuz und quer durch den Jardin des Plantes und zwischen den Gebäuden des Muséum National d'Histoire Naturelle abgeschritten, habe in der Museumsbuchhandlung ›Les Statues du Jardin des Plantes‹ durchgeblättert und auf den Orientierungskarten am Eingang des berühmten Pariser Parks die bezifferten farbigen Punkte geprüft. Wegweiserpfeile führen zu den bombastischen Standbildern der großen französischen Naturforscher Lamarck und Buffon, und jenes Buch instruiert über die Aufstellungsorte der Büsten von mindestens 25 weiteren Prominenten.[1] Aber die eine von René Jeannel, die ich suche, bleibt unauffindbar.

Zum dritten Mal überquere ich die Rue Buffon und schlendere zwischen den planlos platzierten, in den verschiedensten Verfallsstadien befindlichen Bauten aus dem 19. und frühen 20. Jahrhundert umher, die zusammen das Dorf der zoologischen und geologischen Laboratorien des Museums bilden. Der Wachmann in dem Häuschen am Haupttor, der mich schon seit einer Weile argwöhnisch beäugt, sagt, einer Statue hier in der Nähe könne er sich nicht entsinnen. Ein zweiter Wachmann, der währenddessen hereingeschneit kommt und mein Anliegen mitbekommen hat, beendigt zu meiner großen Erleichterung meine jetzt schon zwei Stunden währende Fahndung: »Eine Büste suchen Sie? Doch, doch, da ist eine, ganz dahinten am Ende der Sackgasse, in dem Winkel hinter dem blauen Lkw.«

In der Tat, da ist sie. Der Lkw verstellt den Blick auf einen ungepflegten Winkel auf dem Gelände des entomologischen Labors, wo Bauschutt, ein Geräteschuppen und abgestellte Autos sich gegenseitig den Platz streitig machen. Mittendrin steht auf einem von angelehnten Transportpaletten bedrängten Sockel, der über Unkraut und Baumschösslinge kaum hinausragt, die Büste eines würdevollen schnauzbärtigen Herrn, gestiftet von der rumänischen Regierung anlässlich des Hinscheidens von Dr. René Jeannel (1879–1965) zur Würdigung seiner »hervorragenden Verdienste um die Entomologie, die Biospeläologie, die Zoogeografie und die Evolutionswissenschaft«.

Nach Fotografien zu urteilen, sah Jeannel im Leben freundlicher und distinguierter aus als sein bedrohlich wild dreinblickendes Konterfei aus den Händen eines wahrscheinlich sozialistisch-realistisch indoktrinierten und in der Ausführung von Heldenfiguren geübten rumänischen Künstlers. Ungeachtet der Ungenauigkeit in der Darstellung hätten die Büste und ihr Gegenstand mehr Publizität verdient, als sie in ihrem vergessenen Winkel auf dem Pariser Museumsgelände genießen. Denn Jeannel, der in der Tat ein großer Entomologe war, war auch einer der Gründerväter der Genitalienforschung.[2]

Der Sohn eines französischen Militärarztes sollte nach dem Wunsch seines Vaters eigentlich in dessen Fußstapfen treten. Doch seine ärztliche Laufbahn war im selben Augenblick vorbei, als er neben dem Medizinstudium in dem am Fuß der Pyrenäen gelegenen Toulouse die Höhlenforschung als Hobby aufnahm und die zahlreichen Kalksteinhöhlen im Süden Frankreichs zu erkunden begann. Anfangs nur aus Liebhaberei, aber schon bald immer ernsthafter studierte Jeannel die den Umweltbedingungen im Innern dieser uralten dunklen, feuchten, kalten und nährstoffarmen Höhlen angepassten bizarren Lebensformen. Bei seinen Exkursionen entdeckte er in der Grotte d'Oxybar zwei unbekannte Höhlenkäferarten, deren Erstbeschreibung der Entomologe Abeille de Perrin für ihn übernahm, wobei dieser sie Jeannel zu Ehren *Bathyscia jeanneli* und *Aphaenops jeanneli* benannte. Spätestens jetzt waren bei Jeannel zum Leidwesen seines Vaters auch die letzten Reste medizinischen Ehrgeizes geschwunden: Er würde künftig mit Leib und Seele nur noch Naturforscher sein.

1905 tat sich Jeannel mit einem anderen jungen Höhlenforscher, dem rumänischen Biologen Emil Racovitza, zu einer lebenslangen Arbeitsgemeinschaft auf dem Feld der Biospeläologie zusammen: der Erforschung der Evolution der »Troglobionten«, jener bizarren Organismen, die sich den Anforderungen des Höhlenlebens angepasst haben und oberirdisch nicht mehr überleben können. Die beiden müssen selbst zu halben Troglodyten geworden sein und in diesen widerhallenden unterirdischen Gewölben mehr Zeit als in der Menschenwelt verbracht haben, denn allein schon in den ersten 17 Jahren ihrer Zusammenarbeit erforschten sie sagenhafte 1400 Höhlen in Südeuropa und Nordafrika. Sie veröffentlichten Beschreibungen der Höhlen und der Lebewesen, die sie in ihnen angetroffen hatten, und entdeckten nebenbei einige der schönsten Beispiele paläolithischer Höhlenkunst.[3] Nachdem Racovitza später auf Einladung der Regierung seines Heimatlandes in Klausenburg (heute Cluj) ein Institut für Speläologie gegründet hatte, agierte Jeannel dort an seiner Seite als stellvertretender Direktor (daher die Büste aus Rumänien), bis er 1927 einen Job am Pariser Naturgeschichtlichen Museum aufgriff, einen Lehrstuhl für Entomologie übernahm und zu guter Letzt Direktor des Museums wurde.

Unbeschadet der erwähnten Managerposten war Jeannel in erster Linie Taxonom und als solcher ein Workaholic, der sich tagelang in seinem Arbeitszimmer einzuschließen pflegte, wenn er an einem Problem arbeitete. Schon bevor 1911 seine 641-seitige und 657-fach bebilderte Doktorarbeit[4] über einen Höhlenkäfertribus namens *Leptodirini* im Druck erschien, hatte er bereits dreißig Artikel publiziert.[5] Und im weiteren Verlauf seines Arbeitslebens fügte er dieser vorläufigen Bilanzsumme weitere 500 wissenschaftliche Publikationen hinzu, was alles zusammen sich auf über 20 000 Druckseiten beläuft – die meisten von Höhleninsekten handelnd und durchweg von des Verfassers geschickter Hand illustriert.

Die Höhlenkäfer, die Jeannel zum Objekt seiner Studien machte, sind sehr alt. Als Abkömmlinge von Stammeseltern, die vor zig Millionen Jahren im Mittelmeerraum gelebt haben müssen, besiedelten sie die vom Grundwasser und unterirdischen Strömungen ausgespülten zahlreichen isolierten Kavernen und hatten reichlich Zeit, sich den singulären Umweltbedingungen in dem jeweiligen unterirdischen Hohlraum anzupassen. Farblos und ausgestattet sowohl mit stark ausgeprägten Extremitäten – Beinen und Fühlern –, die das Fehlen von Flügeln und Augen kompensieren, als auch mit einem aufgeblähten Hinterleib, in dem ein verlängerter Darmtrakt aus dem Wenigen, was an Futter in die Höhle gelangt, noch das Letzte an Nährstoffen herausholt – mit diesen Charakteristika sehen sie sich allesamt einander ziemlich ähnlich. Und trotzdem gibt es, wie Jeannel und seine Berufskollegen entdeckt haben, Tausende Arten, von denen viele nur in einem einzigen Höhlensystem heimisch sind, wo sie sich isoliert von ihren Verwandten im benachbarten System entwickelt haben. Infolge dieser Zwänge, die die Anforderungen der Umwelt all diesen Arten auferlegen, zeigt sich ihre Verschiedenheit nicht wesentlich in ihrem Äußeren, sondern vielmehr in ihren inneren Organen, genau gesagt: in ihren Genitalien.

Wie viele Käfer hat der *Leptodirini*-Höhlenkäfer einen Penis mit beiderseits je einem peitschenartigen, am vorderen Ende mit etlichen Borsten besetzten Anhangsorgan, das in der Fachsprache als »Paramere« (Seitenteil) bezeichnet wird. Der Penis selbst ist hohl und birgt einen zusammengefalteten weichen Sack, den sogenannten Endophallus, der bei der Begattung aufgepumpt wird und sich zwischen zwei Klappen am Vorderende nach draußen schiebt. Vollständig aufgepumpt erweist sich der Endophallus als nicht mehr so weich, wie er zunächst zu sein schien: Er ist reihenweise mit raspelartigen harten Zähnchen, größeren Dornen und mitunter auch etlichen sehr langen und scharfen stilettartigen Strukturen besetzt. Anders, als wir es im siebten Kapitel tun werden, fragte sich Jeannel nicht lange, was wohl die Funktion dieses eher bösartig aussehenden Dinges sein könnte, und beschrieb stattdessen für jede Leptodirinenart akribisch die Form der Parameren und die Anordnung der Borsten auf ihrer Oberseite, die Form und Krümmung des Penis und insbesondere das genaue Arrangement der Reihen von unterschiedlich großen Dornen auf dem Endophallus. Dabei brachte er in diesem Gegenstandsbereich Hunderte von Varianten ans Licht, die ebenso vielen verschiedenen Arten entsprachen. Und nicht nur das: Er fand auch heraus, dass der Bau der männlichen Genitalien der Schlüssel zur Klassifizierung der Arten ist, und teilte als Erster Arten nach dem Aussehen ihres Penis in Tribus und Familien ein.

Der Käferpenis wurde zu Jeannels Lebensthema. Im Vollbewusstsein dessen, was es auf diesem Gebiet wohl noch alles zu entdecken gebe, betraute er seine Studenten immer wieder mit Projekten, deren Ausführung das Sezieren, Beschreiben und Kategorisieren von Insektenpenissen mit einschloss, und er war verdutzt, als ihm in einem solchen Fall einmal eine Studentin unter Tränen sagte, so etwas könne er doch von einem weiblichen Wesen nicht verlangen. Einfühlsam entschärfte er die Situation, indem er beteuerte, eigentlich verlange er doch gar nicht, dass sie Penisse untersuche, vielmehr gebrauche er lieber den Ausdruck »Aedeagus« (nach dem griechischen *ta aidoia*, die Genitalien),[6] denn die Begriffe »Penis«, »Phallus« und »Präputium« (Vorhaut) seien normalerweise für Wirbeltiere wie uns reserviert.

Geschlechtsteile im Übermaß

In der ersten Hälfte des 20. Jahrhunderts war die Bestimmung von Tierarten anhand ihrer Genitalien für Taxonomen mehr oder minder ein Novum, und Jeannel war seinerzeit ohne Frage ein Trendsetter. Hatte einer seiner Vorläufer, der französische Wirbeltierpaläontologe Georges Cuvier (1769–1832), sich den Spruch »Zeig mir deine Zähne und ich sag dir, was du bist« zur Devise gemacht, so hätte Jeannels Leitspruch »Zeig mir deinen Pimmel«

lauten können. Mittlerweile ist das freilich allgemeine Praxis. Biologen bedienen sich heute routinemäßig der männlichen und weiblichen Genitalien als schnell und bequem zu nutzende Unterscheidungskriterien für Arten, die häufig einander in sonstiger Hinsicht ziemlich ähnlich sind. Oder als Erkennungsmerkmal für solche, die in Größe und Farben so sehr variieren, dass sich einzig an der Form der Reproduktionsorgane zuverlässig ablesen lässt, mit welcher Art man es zu tun hat.

Nehmen wir zum Beispiel die Hummeln.[7] Diese Bienengattung dürfte jedem Bewohner der nördlichen Hemisphäre vertraut sein. Schaut man einem dieser großen Insekten im farbenfrohen Haarpelz zu, wie es von Blüte zu Blüte kurvt, könnte man meinen, nichts sei einfacher, als mit dem Insektenbestimmungsbuch in der Hand nach kurzer Musterung seiner auffälligen schwarz-gelb-roten Zeichnung die Art dieses Exemplars anzugeben. Leider zeigen sich die realen Verhältnisse da nicht so entgegenkommend. So gibt es beispielsweise in Kaschmir dreißig Arten der Gattung *Bombus*, die allesamt die gleiche Montur zu tragen scheinen: einen schwarzen Pullover mit variablem Querstreifenmuster in Gelb, Orange und Rot. Folglich sagt die Zeichnung einer kaschmirischen Hummel so gut wie nichts über deren Identität aus. Und so ist in vielen Fällen die einzige todsichere Methode, eine Art zu identifizieren, die, eines Drohns habhaft zu werden, ihn seines Penisses zu berauben und diesen mit Abbildungen der jeweils charakteristisch geformten Penisse sämtlicher dreißig Arten zu vergleichen. Gleiches gilt für die 24 in Großbritannien und die etwa 35 in Nordamerika heimischen Hummelarten.[8]

Ich hoffe, aus den bisherigen entomologischen Beispielen haben Sie nicht den Eindruck mitgenommen, dieser genitale Gipfel der Biodiversität sei ein Spezifikum von kleinem Krabbelgetier. Tatsache ist, dass gleiche Verhältnisse im ganzen Tierreich bis hinauf zu den Säugern obwalten. Beispielsweise bei Säugern wie den 16 Arten der Rüsselspringerfamilie, die verschiedenartigste, über den ganzen afrikanischen Kontinent verstreute Lebensräume be-

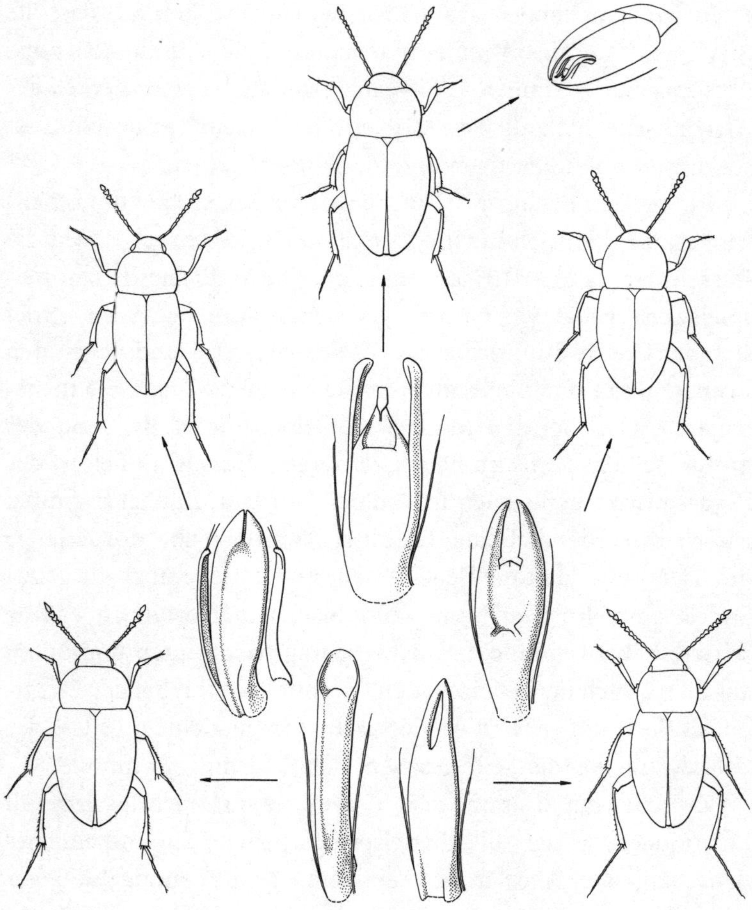

Zeig mir deinen Pimmel: Oft haben Arten, die äußerlich fast identisch sind, sehr unterschiedliche Genitalien. In dieser Abbildung sind fünf – sehr ähnliche – Nestkäfer zu sehen sowie ihre im Verhältnis dazu sehr unterschiedlichen Penisse. In der Natur sind diese Penisse im Unterleib versteckt und von außen nicht zu sehen.

wohnen. Abgesehen von ihren verlängerten Hinterbeinen weisen Rüsselspringer eine gewisse Ähnlichkeit mit Spitzmäusen auf, in deren Nähe man sie früher in die Systematik eingeordnet hat.

DNA-Untersuchungen erbrachten jedoch den Befund, dass sie in Wirklichkeit der *Afrotheria* angehören, einer uralten Gruppe überwiegend afrikanischer Säuger, zu der auch das Erdferkel, der Afrikanische Elefant, das Afrikanische Manati (Rundschwanzseekuh), die Tenrekartigen und die Schliefer zählen.[9]

Außer dem drolligen (manche würden sagen: saukomischen) Zinken, zu dem sich ihr Riechorgan entwickelt hat, besitzen die Rüsselspringer eigenartige Genitalien. Die Weibchen haben beispielsweise keine Vagina im eigentlichen Sinn (vielmehr öffnet sich der Uterus unmittelbar zur Außenwelt) und sind neben den Primaten und den Fledermäusen die einzigen Säuger, die menstruieren. Und bei den Männchen bleiben die Hoden und der größte Teil des Penis im Bauch verborgen. Ungewöhnlich ist der Rüsselspringerpenis auch in anderer Hinsicht. Zunächst einmal ist er außerordentlich lang (er misst etwa die halbe Körperlänge des Tiers) und läuft die Bauchinnenwand entlang über die ganze Strecke vom Hinterteil bis fast zum Brustbein. Dort macht er eine scharfe Kehrtwendung, um dann schräg nach hinten und unten aus dem Bauch herauszuschauen – wenngleich ihn bei der Erektion Muskeln in der Haut wieder nach vorn ausrichten, sodass der Penisschaft, von der Seite gesehen, sich Z-förmig ausnimmt.

Zwischen der Basis und der Stelle, wo sie am Bauch aus dem Fell hervorlugen, weisen alle Rüsselspringerpenisse ein einheitliches Bauschema auf. Aber an der Penisspitze geht es rund. Wie Peter Woodall, der eine eingehende Untersuchung der Rüsselspringerpenisspitze vorgenommen hat (bitte nicht lachen), im ›Journal of Zoology‹ vom November 1955 schreibt, trägt das (in Kenia heimische) Goldene Rüsselhündchen (*Rhynchocyon chrysopygus*) eine Kolonne von Stacheln auf der löffelförmigen Spitze; hat die Rüsselratte (*Petrodromus tetradactylus*) in Südostafrika eine scharfe Spitze mit seitwärts zeigenden »Ohren«, sodass das Ganze der mittelalterlichen Stangenwaffe Partisane gleicht, die man heute noch in den Händen der Schweizergardisten des Papstes sehen kann; hat bei dem im südlichen Afrika heimischen Kurzohrrüsselspringer

(*Macroscelides proboscideus*) der Penis hinter seiner aufgeblähten Spitze einen Kragen um; haben alle Arten der Gattung *Elephantulus* (Elefantenspitzmäuse) eine Noppe an der Penisspitze, die je nach Art Herz-, Teller-, Bumerang- oder Blütenform haben kann.

So könnte ich fortfahren, werde es jedoch nicht tun – zumindest vorläufig nicht. Sie werden sich auf mein Wort verlassen müssen, dass wir dieses Schema bei fast allen Tieren antreffen werden, denen wir uns zuwenden – es ist so verbreitet, dass man ihm fast Naturgesetzlichkeit zuschreiben kann: Von allen Organen der Tiere ist es nicht das Gehirn und nicht der Schnabel, sind es nicht die Nieren oder überhaupt die inneren Organe, sondern die Genitalien, die den größten Unterschied zwischen den Arten ausmachen. Das gilt für Höhlenkäfer, Hummeln, chinesische Kleinstspinnen und Rüsselspringer, aber auch für Samtwürmer, Nacktschnecken, Wasserkäfer und Kurzflügler, Gespinst- und Knospenmotten, Zitterspinnen, Tau- und Schwebfliegen, Schlupfwespen, aquatische Ringelwürmer, Huftiere, Haie und Rochen, Primaten, Guppys, Libellen, Plattwürmer der Familie *Geoplanidae* (Landplanarien), Fadenwürmer, Milben der Unterordnung *Trombidiformes* und Weberknechte. Um nur einige zu nennen.

Selbstredend ist uns das analoge Schema in der Pflanzenwelt schon bestens bekannt: Viele Pflanzenarten (zum Beispiel Gräser, Orchideen, Arten des Ingwer und der meisten Tropenbaumfamilien) sind außerhalb der Blütezeit ununterscheidbar. Erst wenn sie blühen, können wir sie anhand der Farben und Formen ihrer Blüten – der pflanzlichen Genitalien – korrekt bestimmen.

Taxonomen empfinden es stets von Neuem als Privileg, dass sie diese erstaunliche Vielfalt an Formen und Gebilden mit eigenen Augen kennenlernen. Aus einem bisher noch nie untersuchten Exemplar die Genitalien herauszupräparieren ist für sie ein Erlebnis wie für Kinder, die Weihnachtsgeschenke auszupacken: Nicht ahnend, was für überraschende Dinge da ans Licht kommen werden, begleitet der Mensch am Mikroskop sein penibles anatomisches Bemühen dann und wann mit einem gedämpften Freudenschrei.

Ich war noch Oberschüler und besonders empfänglich für neue Eindrücke, als ich die örtlichen Veranstaltungen der Niederländischen Entomologischen Gesellschaft zu besuchen begann (die in dem im Vorwort erwähnten Hirschgeweih-Vorlesungssaal abgehalten wurden); das erste Seminar, an dem ich teilnahm, wurde von einem berühmten russischen Motten-Experten geleitet.[10] Alt und gebrechlich, doch von einem jugendlichen Eifer für die Sache durchdrungen, den er kaum im Zaum zu halten vermochte, erzählte er seinen Zuhörern, er habe gerade die Untersuchung eines Kastens voller Insektenpräparate aus einem entlegenen, bisher unerkundeten Winkel des asiatischen Kontinents mit vielen der Wissenschaft bisher unbekannten Arten beendet und habe gestaunt, welche Genitalien er dabei zu sehen bekommen habe.[11] Und während er Dias von durchgeformten und mit Haaren und Stacheln bedeckten Chitinstückchen vorführte, deklamierte er fast feierlich: »Diese Dinge. Sind. Absolut. Unbekannt und nie gesehen.«

Um die Bedeutsamkeit dieser verborgenen Schönheit solcher sexuellen Gebilde, deren sinnliche Expressivität wie auch die schier endlose Terra incognita ihrer Formen in vollem Umfang zu veranschaulichen, braucht es nicht nur die Wissenschaft, sondern auch die Kunst. Es zu vollbringen ist der kolumbianisch-australischen Künstlerin María Fernanda Cardoso (geboren 1963 in Bogotá) mit ihrem Projekt »Museum der Kopulationsorgane« gelungen.[12] In ihrer gesamten Laufbahn nutzte sie lebende und tote Tiere und auch Pflanzen – unter anderem Knochen, getrocknete Reptilien, Schmetterlingsflügel – als vorgefertigte Materialien für faszinierende Performances. Auf der 50. Biennale Venedig 2003 zum Beispiel repräsentierte sie Kolumbien mit einer großen Installation, die aus miteinander zu einer submarinen Landschaft verwobenen getrockneten Seesternen bestand. Zu internationaler Berühmtheit hatte sie es schon 1996 mit der Performance »Flohzirkus Cardoso« gebracht, einer künstlerischen Hommage an die Jahrmarktattraktion vergangener Zeiten.

Bei den Vorarbeiten zu ihrem Flohzirkus stieß sie auf einen

Hinweis auf Komplexität und Format der Genitalien der Tiere (siehe Vorwort). Nachdem das Flohzirkus-Projekt abgehakt war, entschloss sie sich herauszufinden, »ob Flöhe die einzigen so gut bestückten Gliederfüßer seien oder ob es noch mehr von der Sorte gebe«. Inzwischen ins australische Sydney übersiedelt, verbrachte sie einen Sommer in der Bibliothek des Australischen Museums, wo sie bald auf Eberhards Buch ›Sexual Selection and Animal Genitalia‹ stieß und erkannte, welches Potenzial für ihr neues Projekt in dieser Materie schlummerte. In Zusammenarbeit mit Entomologen, 3-D-Modeling-Experten und Elektronenmikroskopisten hat sie seitdem Glasmodelle von Pseudoskorpion-Samenpaketen, Libellenpenisse in Bronze und großformatige Fotos von Schneckengenitalien geschaffen.

Äußerst aussagekräftig sind ihre Modelle der Penisse von neun Weberknechtarten aus Tasmanien. Zunächst ließ Cardoso Elektronenmikrogramme dieser fantastischen Gebilde herstellen, die im nächsten Schritt in dreidimensionale Computermodelle umgewandelt wurden, die dann ein 3-D-Drucker in weiße Plastikfiguren umsetzte. Diese stellte sie zu guter Letzt unter knapp sitzende Glasglocken. Elizabeth Ann MacGregor, die Direktorin des Australischen Museums für Zeitgenössische Kunst, kommentierte das Endergebnis so: »Man sieht diese Gebilde und denkt natürlich sofort an einen Penis, weil sie ihnen diese Glasdinger übergestülpt hat, die Kondome sein könnten. Da stellt der Kopf sofort Gedankenverbindungen her. Und dann schaut man genauer hin: Die Sachen sind sehr, sehr schön, sie beginnen wie Blumen anzumuten.«

Perfekte Passung

Natürlich drängt sich angesichts solcher Possen im Genitalbereich unabweislich die Frage des Wieso und Warum auf. Wieso haben die unterschiedlichen Arten einer Gattung für die Erfüllung einer für alle gleichen, simplen Funktion Organe total unterschiedlicher Form? Unterschiedliche Arten ernähren sich von unterschiedlichen Substanzen, es leuchtet also ein, wenn sie unterschiedliche Kauwerkzeuge haben, wie Cuvier unterstrich – aber unterschiedliche Penisse und Vaginen? Lange Zeit lehnten sich Biologen selbstgefällig in ihrem Sessel zurück und sagten, sie wüssten ganz genau, was es mit dieser ganzen genitalen Vielfalt auf sich habe. Noch vor Jeannel, schon im Jahr 1883, schrieb der britische Naturforscher Philip Henry Gosse in einem Aufsatz über die Genitalien der Schmetterlinge: »Wenn ich eine Anzahl sorgfältig gefertigter kunstvoller Schlüssel sehe, von denen keiner dem anderen gleicht, dann kann ich nicht bezweifeln, dass jeder einzelne von ihnen dazu bestimmt ist, sich allein in sein spezielles Schloss einzupassen.«[13]

Mit anderen Worten, jede Art ist mit einer eigenen einmaligen Penis-Vagina-Kombination ausgerüstet, die sicherstellt, dass nur Angehörige dieser Art erfolgreich kopulieren können und eine Inter-Spezies-Kreuzung ausgeschlossen ist (entweder weil das eine Geschlechtsorgan nicht in das andere passt oder weil es sich dort »nicht richtig anfühlt«) – ein Gedankengang, der als »Schlüssel-Schloss-Hypothese« bekannt wurde.[14] Diese These ist intuitiv und ästhetisch attraktiv, es spricht auch noch manch anderes für sie. Erstens sind Hybriden aus zwei Arten, wenn sie denn einmal zustande kommen, nicht fortpflanzungsfähig (man denke an Maulesel und Maultiere), häufig aber auch kränklich oder ermangeln der biologischen Fitness, sodass es in der Logik der Evolution läge, mit einem Schlüssel-Schloss-System die Geburt solcher armen Bastarde zu verhindern. Ein Schlüssel-Schloss-System, bei dem die Schlüssel einer Art nicht in die Schlösser anderer Arten passen, würde auch verhindern, dass Zeit und, schlimmer noch, Spermien und Eier an Paarungspartner verschwendet werden, die der falschen Art angehören. Drittens schließlich ist die Natur voller Konstellationen, in denen die Gefahr solcher sexuellen Fehlgriffe eine sehr reale ist:

Häufig bewohnen eng verwandte Arten ein und denselben Lebensraum.[15]

Ein kleiner Ausflug in die Nekrophagie mag den zuletzt genannten Punkt illustrieren. Würden Sie, wie es der Ökologe Petr Kočárek tat, aasfressende Käfer in einem tschechischen Wald genauer Beobachtung unterziehen, so würden Sie feststellen, dass hier eng verwandte leichenbesiedelnde Arten regelrecht aufeinanderhocken: Auf einem einzigen Stück verwesenden Fleisches fand Kočárek nicht weniger als elf Arten der Käfergattung *Catops*, nicht weniger als neun Arten der Raubkäfergattung *Atheta* und fünf Arten der Gattung *Nicrophorus* (Totengräber).[16] Alle diese Käfer sind zumindest für das menschliche Auge einander sehr ähnlich. Die *Catops*-Arten zum Beispiel sind sämtlich etwa drei Millimeter lang, grau und oval und haben fast identische Beine, Fühler und Körperproportionen. Aber jede Art weist eine eigene, spezifische Penisform auf. *Catops tristis*: lanzenförmig; *C. nigrita*: dreizackig; *C. morio*: hohlmeißelähnlich; *C. westi*: gegabelt; *C. chrysomeloides*: löffelförmig. Es fällt nicht schwer, sich vorzustellen, dass es bei der Fress- und Paarungswut, die in dieser schindanger-ähnlichen Umgebung bisweilen ausbricht, leicht zu Fehlgriffen kommen kann und dass eine Probe, ob Schloss und Schlüssel zueinander passen, eine wirksame Absicherung gegen versehentlichen Sex mit der falschen Art sein würde.

Für die Schlüssel-Schloss-Hypothese spricht des Weiteren die von Biologen in vielen Fällen gemachte Beobachtung, dass sich männliche und weibliche Genitalien derselben Art perfekt ineinanderfügen. Das illustriert der Primatologe Jack Fooden vom Field Museum of Natural History in Chicago in dem Wissenschaftsjournal ›Nature‹ vom 27. Mai 1967 am Beispiel zweier Makakenarten aus dem südlichen China, des Rhesusaffen (*Macaca mulatta*) und des Bären- oder Stummelschwanzmakaks (*Macaca arctoides*). Rhesusaffen haben eine der des Menschen ähnliche Vagina und eine stumpfe, abgerundete, »helmförmige« Eichel. Die Eichel des Bärenmakaks hingegen ist ein im Innern durch einen

Knochen verstärktes, bis zu sieben Zentimeter langes, flaches, lanzenförmiges Gebilde, gleichzeitig ist die Vagina des Weibchens fast vollständig blockiert durch einen von der Oberwand herabhängenden dicken Gewebeklumpen.[17] Der schlanke, flache Penis, schreibt Fooden, »hat die ideale Form, um durch den schmalen Schlitz zur Vaginalöffnung zu gelangen und in sie einzudringen; umgekehrt ist es eher unwahrscheinlich, dass die kurze, stumpfe Eichel des Rhesusaffen hier Durchlass finden könnte«. Mit anderen Worten, man hätte es mit dem sprichwörtlichen zum Misslingen verurteilten eckigen Stift, der ins runde Loch soll, zu tun.

Bei so vielem, was für die Schlüssel-Schloss-Hypothese spricht, ist es kein Wunder, dass sie über ein Jahrhundert lang am Leben blieb, ohne dass irgendjemand sie ernsthaft in Zweifel gezogen hätte. Ein weiterer Grund dafür könnte der Umstand gewesen sein, dass diejenigen, die sich in der Biologenzunft am meisten für Genitalien interessierten, noch bis vor wenigen Jahrzehnten die Taxonomen waren, die ruhig ihr Werk des Sezierens und Systematisierens betrieben, Zeichnungen und Beschreibungen ihrer Präparate lieferten, für strenge Tests und Experimente aber nicht viel Sympathie aufzubringen vermochten. Doch zeigten sich dann und wann dunkle Wolken am Horizont. Bereits in den 1920er-Jahren bemerkten mit der Gattung Hummeln befasste Biologen, dass mit den vielförmigen »Schlüsseln« der Männchen auf der weiblichen Seite nur ein einziger Typ von »Schlössern« korrespondierte.[18] Ihren Bemühungen zum Trotz, Unterschiede zu finden, mussten sich Hummelforscher am Ende mit dem Befund zufriedengeben, dass die in diesen geflügelten Flaumbällchen verborgenen weiblichen Genitalien allesamt einander gleich waren. Und was noch beunruhigender war: Mit besorgniserregender Regelmäßigkeit tauchten Berichte über Insektenmännchen auf, die man entdeckt hatte, während ihr Schlüssel fest im Schloss eines Weibchens einer anderen Art verankert war … Ein Schmetterlingssammler in Rotterdam ließ mich einmal einen Blick in seine Schublade voll sogenannter »In-flagranti-delicto-Fälle« tun: aufgespießte Schmetterlingsweibchen, an denen, an seinem Genitale hängend, jeweils noch ein Männchen einer anderen Art baumelte.[19]

Aber erst, als in den 1980er-Jahren die Evolutionsbiologen ihre Aufmerksamkeit stärker den Genitalien zuzuwenden begannen, geriet die Schlüssel-Schloss-Theorie in raue See und sinkt vor den Augen der Wissenschaftler langsam auf den Meeresgrund. Nun fragt sich, wie es kommen konnte, dass ein über hundert Jahre lang hoch im Kurs stehendes Konzept mit einem Mal jeden Kredit einbüßte. Zunächst einmal ist die Theorie, wenn man sorgfältig über sie nachdenkt (was einige kluge Leute allmählich taten), gar nicht so plausibel, wie es auf den ersten Blick den Anschein hat: Wenn der Evolutionstrend tatsächlich auf das Verhindern von Bastardisierung gerichtet gewesen war, war es dann nicht ziemlich ineffizient, die entscheidenden Barrikaden ganz am Ende der rituellen Präliminarien zu installieren?

Und damit nicht genug. Wie bereits erwähnt, stellten Forscher schon früh fest, dass den unterschiedlich geformten Penissen der Hummelmännchen keine Unterschiede bei den Vaginen der Weibchen zu entsprechen scheinen, weshalb die ganze Schlüssel-Schloss-Idee für diese Tiere nicht taugt. Mit Nachdruck sprach dies Jeannel, auch er ein früher Kritiker der Schlüssel-Schloss-Hypothese, in seinem Buch ›L'Ēdéage‹ aus: »Die Wirklichkeit sieht etwas anders aus. Hat der männliche Schlüssel häufig eine ausgeprägte, unwandelbare Form, so trifft das Gleiche keineswegs auf das weibliche Schloss zu, welches von weichem Gewebe gebildet wird, das unmöglich zu mechanischer Anpassung an den männlichen Aedeagus in der Lage ist.« Ja, von einigen Ausnahmen abgesehen, schien es im Tierreich sogar ein allgemeiner Trend zu sein, dass die genitalen Unterschiede zwischen den Arten in erster Linie auf der männlichen und in viel geringerem Umfang auf der weiblichen Seite liegen.

Zumindest in einer kurzen Zwischenbemerkung sollte ich betonen, auf welch unsicherem Grund das im vorigen Satz gebrauchte Wort »schien« steht. Das augenscheinliche Fehlen weiblicher »Schlösser« könnte ein täuschender Eindruck sein, hervorgerufen durch ein Problem, das auf den folgenden Seiten ein wiederkehrendes Thema bleiben wird: unser besorgniserregend dürftiges Wissen über die Einzelheiten der weiblichen Genitalien, verglichen mit dem Ertragreichtum intensiver Erforschung der männlichen. Die Zoologie ist nicht verschont geblieben von dem »male chauvinism«, der in der Humanbiologie dafür sorgte, dass das Studium des männlichen Geschlechtsapparats als eine akzeptablere und wichtigere Beschäftigung galt als die parallelen Studien am anderen Geschlecht. Auch einen praktischen Grund hat die Schieflage: Männliche Genitalien sind oft robust und hervorstehend und bieten sich dem Zugriff des Anatomen eher dar als die weichen, gewundenen, verschachtelten weiblichen, zumal wenn der es mit getrockneten und aufgespießten, nur Millimeter messenden Insekten zu tun hat. Demnach scheint es das Zusammenwirken von wissenschaftssoziologischen Faktoren mit den harten Tatsachen des Konservierens und Sezierens zu sein, dem unsere Ignoranz in Sachen weibliche Genitalien geschuldet ist. Wenn also von zahlreichen Tiergruppen gesagt wird, in ihnen seien die weiblichen Genitalien »alle gleich«, dann sollte das als »niemand hat sich wirklich die Mühe gemacht hinzusehen« verstanden werden. Wir werden auf dieses Thema – auch im Zusammenhang mit den menschlichen Genitalien – weiter hinten ausführlicher zurückkommen.

Gleichwohl könnte es sein, dass hier ein reales Grundmuster vorliegt. Selbst bei Tieren, bei denen die Forscher sich wirklich die Mühe gemacht haben, die weiblichen Genitalien mit ebenso viel Hingabe zu sezieren und zu vermessen wie die männlichen, geht der allgemeine Trend dahin, dass uns genitale Extravaganz eher bei den Männchen als bei den Weibchen begegnet. Und gleichzeitig tauchen immer wieder Berichte über Weibchen auf, denen es nicht gelang, ihren Genitaltrakt vor dem »falschen« Männchen verschlossen zu halten.

Ein besonders aufschlussreiches Beispiel für dieses Problem

liefert die Gottesanbeterinnengattung *Ciulfina*.[20] Diese (verglichen mit anderen Gottesanbeterinnen) kleinen, hübschen Insekten bewohnen Wälder im australischen Nordosten und weisen in geschlechtlicher Hinsicht insofern eine Besonderheit auf, als bei manchen Arten das männliche Genitale das Spiegelbild des Genitals einer anderer Art ist. Sie müssen sich den Penis einer Gottesanbeterin als eine ziemlich asymmetrische Angelegenheit vorstellen. Von hinten gesehen bietet er das Bild eines Verschlags von Platten, Gestänge und Zinken. Und wie alle asymmetrischen Formen lässt er sich nicht durch Drehung mit seinem Spiegelbild zur Deckung bringen. Man nennt diese Eigenschaft »Chiralität«, nach dem griechischen Wort *cheir*, »Hand«, und unsere Hände sind perfekte Beispiele für chirale Formen: Ihre linke Hand ist in der Form identisch mit Ihrer rechten und doch ganz verschieden von dieser. (Wir werden im achten Kapitel auf chirale Genitalien zurückkommen.) Bei manchen *Ciulfina*-Arten nun ist das männliche Genitale, sagen wir, »rechtshändig«, bei anderen »linkshändig«. Die Genitalien der Weibchen der Gattung, sagt Greg Holwell von der University of Auckland in Neuseeland, der diese Tierchen erforscht, sind allesamt symmetrisch. Was – wie Holwell feststellte, als er Weibchen linkshändiger Arten mit Männchen rechtshändiger Arten paarte und umgekehrt – im Ergebnis dazu führt, dass das weibliche Schloss mit Schlüsseln aus dem Schlüsselbund der eigenen Art ebenso leicht zu öffnen ist wie mit solchen aus dem Bund spiegelbildlicher Schlüssel. Versuchen Sie dergleichen einmal an einem richtigen Schloss, und Sie werden verstehen, dass jenes Ergebnis gegen die Schlüssel-Schloss-Idee spricht.

Schloss und Schlüssel im Eimer

Man könnte freilich den ganzen im vorigen Abschnitt ausgeführten Argumentationsgang als lediglich ein Indiz gegen die Schlüssel-Schloss-Hypothese betrachten. Denn könnte es nicht sein, dass Genitalien nicht wie eine herkömmliche Schlüssel-Schloss-Kombination, sondern ähnlich wie diese modernen Schlüsselkartensysteme funktionieren: ohne Ineinandergreifen mechanischer Teile, stattdessen mit einem unbeobachtbaren Austausch sensorischer Signale – etwas, was sich nicht in der Form der weiblichen Genitalien widerspiegeln muss. Ein solches sensorisches Schlüssel-Schloss-System könnte auch bedeuten, dass Männchen mit Weibchen einer anderen Art zwar zur Kopulation kommen können, dabei aber keine Spermien übertragen werden – oder, wenn dies doch geschieht, die Spermien nicht dorthin gelangen, wo sie hinwollen. Ja, selbst Jeannel hielt diese Version der Schlüssel-Schloss-Hypothese für durchaus plausibel.

Aber nein, im dritten Kapitel seines Buches ›Sexual Selection and Animal Genitalia‹ brach William Eberhard den Stab über dem Schmied genitaler Schlösser und Schlüssel.[21] Statt nach Beweisen (oder Gegenbeweisen) für eine – sei's mechanische, sei's sensorische – Passung der männlichen und weiblichen Genitalien zu suchen, ging Eberhard nach der Devise vor: Schauen wir uns doch einmal nach Situationen um, in denen die Umstände keine Evolution eines Schlüssel-Schloss-Systems erwarten lassen; was sehen wir da? In solchen Situationen befinden sich Arten, die schlechterdings niemals Gefahr laufen, einem liebestollen Angehörigen einer eng verwandten anderen Art zu begegnen, und deshalb für irgendwelche Spezialschlösser und -schlüssel keine Verwendung haben. Zum Beispiel die von Jeannel erforschten *Leptodirini*-Höhlenkäfer. Jede Höhle beherbergt ihre eigene Käferart, von der kein Individuum sich je nach draußen wagt, weswegen auch keines je mit irgendwelchen Angehörigen der verwandten Art aus der Nachbarhöhle zusammentrifft. Oder denken wir an Archipele, wo jede Insel von einer eigenen »endemischen« Art bewohnt ist, die nur dort und nirgendwo sonst vorkommt und an deren Stelle bereits auf der nächstgelegenen Insel eine verwandte, aber von ihr verschiedene Art tritt. Und dann sind da noch jene Parasiten, die nur auf oder in einem einzelnen »Wirt« leben und sich paaren; für sie ist ihr Wirt ihre Insel, und niemals treffen sie mit ihren nächstverwandten Familienmitgliedern zusammen, die sich auf andere Wirte festgelegt haben.

Eberhard durchkämmte die wissenschaftliche Literatur und brachte es auf Dutzende solcher Fälle: die Reisratten der Gattung *Oryzomys* auf den Galapagosinseln, die Scheckenfalter der Gattung *Atlantea* auf Haiti, Jamaica und Kuba, die Wasserkäfer der Gattung *Meropathus* auf dem subantarktischen Kerguelen-Archipel, nicht zu vergessen die Läuse im Pelz der Taschenratten, die Läuse im Gefieder der Krähen, die Madenwürmer im Gedärm des Menschen und anderer Primaten … Alles Gruppen von mehreren Arten, die nie miteinander in Kontakt kommen, die aber trotzdem sämtlich ebenso große genitale Verschiedenheiten aufwiesen, wie sie zwischen Arten bestehen, die tatsächlich dem Risiko der Inter-Spezies-Paarung ausgesetzt sind. Im Lichte der Schlüssel-Schloss-Hypothese liegt darin kein Sinn. Es erscheint so unsinnig wie das Verhalten des einsamen Schiffbrüchigen auf einer unbewohnten Insel, der die Tür seiner Hütte verschließt und verriegelt, bevor er Kokosnüsse sammeln geht.

In der seit dem Erscheinen von Eberhards Buch vergangenen Zeit haben sich solche die Schlüssel-Schloss-Hypothese entkräftende Befunde gehäuft. Eberhard verlängerte in späteren Büchern und Artikeln die Liste seiner Fallstudien, wann immer er auf neues Material stieß, und andere Wissenschaftler taten es ihm nach. Inzwischen scheint die Sache glasklar. Wie die Dinge liegen, kommen wir nicht darum herum, nach einer anderen Erklärung der genitalen Extravaganz zu suchen, die in der Natur der Normalfall zu sein scheint (und damit wollen wir im nächsten Kapitel beginnen). Nichtsdestoweniger muss ich Sie mit einem paradoxen Sachverhalt konfrontieren: Die Abdankung der Schlüssel-Schloss-Theorie besagt nicht, dass es keine Tiere gibt, die an der Paarung mit Individuen verwandter Arten durch inkompatible Genitalien gehindert sind. Das wurde bereits weiter vorn mit der

Erwähnung des Rhesusaffen und des Bärenmakaks angedeutet – es gibt jedoch noch mehr solcher Fälle.

Ein gutes Beispiel für eine echte Schlüssel-Schloss-Sachlage veröffentlichten 2012 die Evolutionsbiologen Yoshitaka Kamimura und Hiroyuki Mitsumoto von der Keio-Universität in Yokohama. Ihre Forschungsobjekte waren die *Drosophila santomea* und die *D.yakuba*, zwei Taufliegen von der kleinen afrikanischen Vulkaninsel São Tomé.[22] Bei den Männchen der Art *D.yakuba* sitzen an der Penisbasis zwei scharfe Stachel, die bei der Kopulation genau in zwei armierte Taschen an der Vagina des Weibchens passen. Bei der Art *D.santomea* fehlen sowohl die Stacheln wie die Taschen. Infolgedessen ist die Paarung eines *D.yakuba*-Männchens mit einem *D.santomea*-Weibchen für beide Partner kein Vergnügen: Das Weibchen, dem die schützende Armierung an der Vagina fehlt, wird von den Stacheln am Penis des Männchens verwundet; dieses wiederum ist ebenfalls nicht glücklich, denn weil keine Stachel-Taschen-Passung zustande kommt, ist sein Penis falsch ausgerichtet, sodass bei der Ejakulation das Sperma nicht in die Vagina gelangt, sondern auf dem Hinterteil der Partnerin landet. Infolge der bei der gegebenen räumlichen Größenordnung obwaltenden physikalischen Zusammenhänge trocknet der Samentropfen im Nu und leimt dabei das Pärchen (dessen Begeisterung füreinander bereits rapide am Schwinden ist) fest zusammen. Die Folge ist ein halbstündiger Kampf, in dessen Verlauf das Männchen und das Weibchen tüchtig aufeinander eintreten, bis sie sich endlich voneinander losgerissen haben.

Dies ist beileibe nicht der einzige Fall derartiger Schlüssel-Schloss-Diskrepanz. Man darf jedoch alle nicht als Belege für die Schlüssel-Schloss-Hypothese nehmen. Es ist nämlich so, dass in keinem dieser Fälle das Vermeiden von Inter-Spezies-Kreuzungen als die wahrscheinliche Ursache für die evolutionäre Ausformung eines dem Schlüssel-Schloss-Verhältnis ähnlichen Verhältnisses zwischen männlichen und weiblichen Genitalien infrage kommt. Die Wahrscheinlichkeit spricht eher dafür, dass die Unfähigkeit zur Inter-Spezies-Paarung ein unerquicklicher Nebeneffekt von Unterschieden in der Form der Genitalien ist, die sich aus ganz anderen Gründen herausgebildet haben. Und wie wir im nächsten Kapitel feststellen werden, sind diese Gründe sehr viel prickelndere Themen als Schlüssel und Schlösser.

III Ein Instrument zur kopulatorischen Balz

Ich habe gerade drei Bücher aus dem Regal geholt und sie vor mich hingelegt.[1] Das erste ist ›A Field Guide to the Birds of West Malaysia and Singapore‹ (etwa: Die Vögel im Westteil Malaysias und in Singapur. Ein Bestimmungsbuch) von Allen Jeyarajasingam. Der Band ist einmal in einem tropischen Regensturm durchnässt worden, sodass einige der großartigen Bildtafeln des Künstlers Alan Pearson aneinanderkleben, doch glücklicherweise befindet sich die Tafel Nr. 63 noch im ursprünglichen Zustand. Sie zeigt zwölf Fliegenschnäpperarten, jede repräsentiert durch ein lebensfrisch wiedergegebenes Paar, bestehend aus einem farbenprächtigen Männchen und einem Weibchen in trist monotonem Farbkleid. Am Federkleid des Männchens ist die Art leicht zu erkennen: Jede (sperlingsgroß, mit kurzem, robustem, an der flachen Basis mit kräftigen Borsten bestandenem Schnabel) hat ihre eigene unverwechselbare Weise, die Gefiederfarben Azurblau, Bernsteingelb, gebrochenes Weiß und rußfarbenes Schwarz zu kombinieren. Die Färbung des Weibchens dagegen ist meist ein unscheinbares Graubraun. Das zweite Buch ist ein Atlas zu den niederländischen Heuschrecken und Grillen. Die Männchen vieler europäischer Heuschreckenarten sehen einander ziemlich ähnlich, geben aber, um Weibchen anzulocken, sehr unterschiedliche Gesänge zum Besten: Es findet sich im Buch eine tabellarische Übersicht über die *Othoptera*-Hitparade und in einer Einstecktasche hinten im Buch eine CD, anhand deren der Heupferdchenliebhaber lernen kann, die Arten mit den Ohren zu identifizieren. Und zu guter Letzt werde ich in Kapitel 7 von Band 3 des vielbändigen Werks ›Die Käfer Mitteleuropas‹ darüber belehrt, wie man die etwa dreißig Arten winziger Wasserkäfer der Gattung *Hydraena* identifizieren kann, die in den fließenden und, seltener, stehenden Gewässern Deutschlands und der umliegenden Länder leben. Da sind gar nicht erst die Käfer selbst zu sehen, die einander im Aussehen in höchstem Maße gleichen. Stattdessen wird mir eine Bilderserie geboten, die so wirkt, als wäre sie dem Katalog eines Versandhauses für Küchengeräte entnommen: reihenweise abenteuerlich geformte Wasserkäferpenisse als die einzigen Indikatoren, die verlässlich Auskunft darüber geben, welcher Art dieser oder jener *Hydraenide* angehört.

Der kurze Abstecher in die Bibliothek hat mir eines vor Augen geführt: Die Penisextravaganzen, die wir im Tierreich beobachten (und bei denen es, wie wir im vorigen Kapitel feststellten, nicht um Schlüssel und Schlösser geht), sind Teil eines größeren Bildes. Des Bildes nämlich, auf dem zu erkennen ist, dass die größten Unterschiede zwischen verwandten Arten in den Signalen liegen, mit denen die Männchen um Weibchen werben (Beschaffenheit des Federkleids, Gesang) – und welche Naturforscher daraufhin eifrig zur Artbestimmung nutzen. Ich könnte noch eine gute Weile Bestimmungsbücher durchblättern und mit Dutzenden weiteren Beispielen aufwarten, die belegen, dass die beste Weise, in anderer Hinsicht gleich aussehende Arten von Fasanen, Kröten, Leuchtkäfern, Chamäleons etc. zu bestimmen, darin besteht, sich darauf zu verlassen, was die Federhauben oder »Federohren«, die Tonlage der Quaklaute, das Lidschlagmuster, die Hautfärbung usw. der Männchen aussagen.

Allem Anschein nach zählen diese männlichen Signale (die »sekundären Geschlechtscharaktere«, wie Darwin sie nannte) zu den Dingen in der Natur, welche der schnellsten und in ganz verschiedene Richtungen verlaufenden Evolution unterworfen sind, die zu denkbar großer Artenverschiedenheit führt. Wie wir im ersten Kapitel sahen, war es Darwin, der – zunächst in einer Randbemerkung in der ›Entstehung der Arten‹, ausführlicher dann in der ›Abstammung des Menschen‹ – als Erster die sexuelle Selektion als den Mechanismus dieser Evolution identifizierte.[2]

Die farbenfrohen Gefieder, wohlklingenden Stimmen und was die Männchen sonst noch aufbieten, um Aufmerksamkeit und Gunst zu erwecken, passen ihre Besitzer nicht an die Umwelt, sondern an weibliche Capricen an. Aber auch die Genitalien auf seine Liste zu setzen, so weit wollte Darwin nicht gehen, und erst 1985 gab ein uns inzwischen guter Bekannter namens William Eberhard (nachdem er die Schlüssel-Schloss-Theorie widerlegt hatte) zu bedenken, dass Genitalien ja demselben Grundmuster folgen und deshalb vielleicht die Vermutung berechtigt sei, dass sie sich auch auf dieselbe Weise entwickeln.

Dieses Kapitel ist Eberhards Theorie gewidmet, der zufolge in der Tat weibliche Präferenzen die Evolution der männlichen Geschlechtsorgane antreiben. Doch wollen wir uns zuerst der Frage zuwenden, wie es in der bisherigen Forschung zu jenem langen Zeitraum von Darwin zu Eberhard kommen konnte. Nachdem Darwin sich auf so vielen Buchseiten über das Imponieren mit aufwändigem Prachtgefieder von Vogelmännchen und die ungeheuer vielfältigen Formen von Hörnern, Geweihen und Stacheln auf Kopf oder Thorax von männlichen Wirbeltieren und Wirbellosen verbreitet hatte, warum tat er dann nicht den nächsten Schritt, der darin bestanden hätte, auch die Galerie priapischer Tierpenisse in seine Erörterungen einzubeziehen?

Möglicherweise war es die auf der Hand liegende Funktionalität der Geschlechtsorgane (im Gegensatz zu, sagen wir, virtuoser Sangeskunst oder rosa Daunenbüscheln), was ihn von der Zuordnung abhielt. Wie wir im ersten Kapitel sahen, veranlasste die Tatsache, dass ein Männchen für Fortpflanzungszwecke schlechterdings einen Penis benötigt, Darwin dazu, die Genitalien als primäre und nicht sekundäre Geschlechtsmerkmale und ergo als Ergebnisse natürlicher und nicht sexueller Selektion zu klassifizieren. Dieses »ergo« aber ist, genau besehen, nicht logisch: Vögel benötigen auch ihre Köpfe, doch das ändert nichts an der Tatsache, dass alle farbenfrohen Attribute am männlichen Kopf das Resultat weiblicher Selektion sein könnten – wir sehen uns hier wieder der

Ghiselin'schen Unterscheidung »hie Teil (des Organismus), hie Eigenschaft (des Teils)« gegenüber, der wir schon im ersten Kapitel begegneten. So könnte auch der Penis als solcher ein unverzichtbares Funktionselement sein, während alle seine ornamentalen Attribute (Stacheln, Wülste, Rippen, Höcker, kurz, alles, was über die bescheidenen Erfordernisse der Funktionalität einer Injektionsspritze hinausgeht) auf sexuelle Selektion zurückgehen könnten.

Möglicherweise erahnte Darwin aber auch einfach nicht das Ausmaß der Penis-Diversität. Jeannel war noch nicht geboren, und wenn damals überhaupt Zoologen Arten schon anhand der Genitalien bestimmten, dann fraglos nur wenige. Nach Eberhards Meinung erklärt dies tatsächlich, warum Darwin sich über dieses Thema ausschwieg: »Von der Wirkungskraft der sexuellen Selektion war Darwin so fest überzeugt, dass er, wenn die Komplexität und die Mannigfaltigkeit genitaler Strukturen unter den Zoologen der Zeit allgemein bekannt gewesen wären, und sogar auch, wenn er nur anstelle der Rankenfüßer Käfer erforscht hätte, die Genitalien nach meinem Dafürhalten in sein Verzeichnis würde mit aufgenommen haben.«[3]

Aber Darwin hat sich ja tatsächlich mit Käfern befasst: Während des Studiums in Cambridge war er ein so passionierter Käfersammler, dass ein Kommilitone eine Karikatur zeichnete, die ihn auf einem Mistkäfer reitend zeigt, den er gleichzeitig mit einem winzigen Kescher zu fangen sucht. Und in seiner Autobiografie spickt Darwin eine seitenlange Verherrlichung dieser Zeiten der Mistkäferjagd mit Anekdoten wie dieser: »Als ich eines Tages ein Stück alte Rinde abriss, sah ich zwei seltene Käfer und ergriff mit jeder Hand einen. Dann sah ich auf einmal einen dritten, noch dazu eine neue Art, dessen Verlust ich nicht hätte ertragen können; ich steckte daher den in meiner rechten Hand schnell in den Mund. Leider spritzte er aber da sofort eine intensiv scharfe Flüssigkeit aus, die mir auf der Zunge brannte, sodass ich gezwungen war, ihn auszuspucken; der Käfer war nun verloren, ebenso wie der dritte.«[4]

Er gesteht aber auch, über das Aufspießen und Bestimmen hinaus seine Käferfänge nicht besonders gründlich studiert und niemals welche seziert zu haben, und so mögen ihm die unter ihren Deckflügeln verborgenen Wunderwerke des Genitalienbaus in der Tat entgangen sein. Doch andererseits war die mannigfache Verschiedenheit der Genitalien der Rankenfüßer (*Cirripedia*), eines Unterstamms der Krebstiere, die Darwin über einen Zeitraum von acht Jahren hingebungsvoll erforschte und sezierte (weil er glaubte, mit der Ausarbeitung seiner Evolutionstheorie erst nach Veröffentlichung einer anständigen zoologischen Abhandlung beginnen zu können), für ihn alles andere als ein Geheimnis.[5] So zum Beispiel war er der Entdecker des Penis, der noch heute als der relativ längste in der Tierwelt gilt:[6] des männlichen Organs des bohrenden Rankenfußkrebses *Cryptophialus minutus*, das acht Mal die Körperlänge seines Besitzers misst.[7] Das erklärt sich aus dem Umstand, dass Rankenfußkrebse ihr Leben angeheftet an einen Stein oder einen Schiffsrumpf verbringen; der einzige Weg zu einer Begattung zwischen benachbarten Tieren (in einer von Wellen überspülten Umgebung, wo Sperma ins Wasser abzugeben zu nichts führen würde) ist das Ausstrecken des langen, greiffähigen Penis zum Ertasten einer Paarungsgelegenheit. Wenn es besonders heiß hergeht in der Rankenfüßerkolonie, sieht man Dutzende Penisse sich zwischen den Bewohnern schlangengleich mal hier-, mal dahin winden und jeden Spalt, auf den sie stoßen, überprüfen. Manchmal sind so viele gleichzeitig in Aktion, dass nicht zu sagen ist, wer sich da gerade mit wem paart.[8]

Nein, dass Darwin sich in seinen Büchern (mit Ausnahme der speziell für einen Kreis von Rankenfüßer-*Aficionados* bestimmten Publikationen) jeder allzu expliziten Rede von Sex und Geschlechtsorganen enthielt, ist wahrscheinlich wesentlich auf viktorianische Dezenz zurückzuführen. Das verbreitete Bild von Charles Darwin ist in vielen Fällen das eines backenbärtigen, von der Sonne verbrannten Naturforschers in Kniehose, der auf der Suche nach Spuren der Evolution zwischen den Vulkanfelsen auf

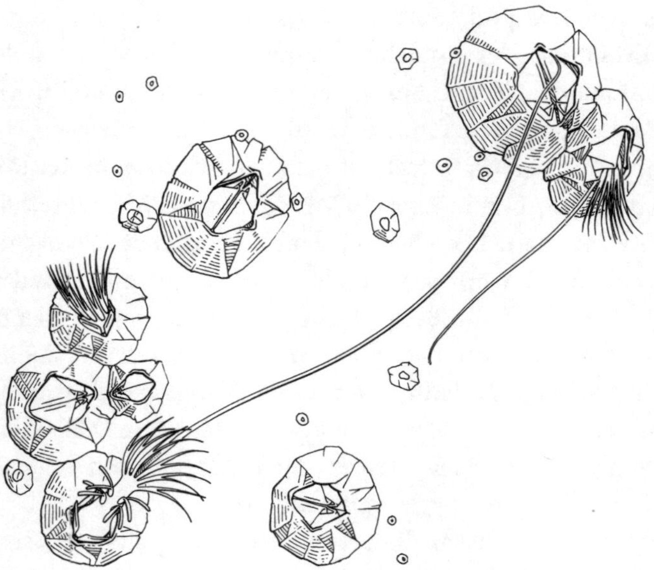

Gut ausgestattet auf wasserumspülten Felsen: Darwin entdeckte, dass diese Rankenfußkrebse, die sich einander nicht nähern können, um zu kopulieren, die längsten Penisse im Tierreich haben (im Verhältnis zu ihrer Körpergröße, heißt das). Auf der Abbildung penetriert das Tier unten links mit seinem schlangengleichen Penis das Tier ganz oben rechts, während ein anderes etwas weiter unten rechts sich tastend auf die Suche nach einem Partner begibt.

den Galapagosinseln herumkraxelt. In Wirklichkeit jedoch spielte sich zu der Zeit, da er seine größten Erfolge feierte, der größte Teil seiner Forschungstätigkeit in seinem Kopf und seiner Bibliothek ab, und sein Alltag war besonders eintönig. Der siebenfache Vater, der er war, war vernarrt in seine Kinder, und nächst dem Verfassen erderschütternder wissenschaftlicher Theorien war seine Hauptsorge, als Patriarch einer in Harmonie lebenden Familie der oberen Mittelklasse vorzustehen.

Es kann kaum überraschen, dass diese beiden Ambitionen zuweilen miteinander in Konflikt gerieten. Bestand zwischen Darwin und seiner Frau Emma seit Langem eine beiderseits in guter Stimmung tolerierte Meinungsverschiedenheit in der Frage »Evolution oder göttliche Schöpfung?«, so scheint des Vaters Kampf mit dem Thema Sex in der Tochter Henrietta (»Etty«) seine Personifikation gefunden zu haben. Während der Arbeit am Manuskript zu ›The Descent of Man and Selection in Relation to Sex‹ (dt. ›Die Abstammung des Menschen und die geschlechtliche Zuchtwahl‹) hatte Darwin noch dem Verlangen des Verlegers widerstanden, das Wort »sex« aus dem Titel zu verbannen, und hatte einige Passagen (zum Beispiel eine über bunte, geschwollene Affen-»hinterteile«) gerettet, indem er sie, in schwer verständliches Latein gefasst, in die Fußnoten verwies. Aber er gab Etty nach, die beim Gegenlesen des Manuskripts jedes Mal, wenn Dad sich ihrer Meinung nach über die Grenzen der viktorianischen Schicklichkeit hinaus verirrt hatte, zum Rotstift griff.

Zwar stellen Darwin-Biografen Etty oft als prüde Puritanerin mit ungutem Einfluss auf das Werk ihres Vaters dar, doch sollte man fairerweise nicht verschweigen, dass sie uns aus ihrem jüngst veröffentlichten Tagebuch als eine sehr nachdenkliche Persönlichkeit entgegentritt und dass sie es war, die aufs Leidenschaftlichste das Gerücht bekämpfte, Darwin habe sich auf dem Sterbebett zum Christentum bekehrt. Zu denken gibt einem freilich die Geschichte, die ihre Nichte Gwen Raverat von ihr erzählt: Später in ihrem Leben habe Tante Etty der obszön geformten Gemeinen Stinkmorchel (*Phallus impudicus*), wegen der Gefahr, den sein Erscheinungsbild in ihren Augen für die Moral junger Mädchen darstellte, den Krieg erklärt und sich auf einsamen Feldzügen durch die umliegenden Waldungen bemüht, den Pilz dort im Alleingang auszurotten.[9]

Darwin und der Preis von Eiern

Beschäftigen wir uns zunächst etwas eingehender mit der Theorie der sexuellen Selektion, ehe wir sie nach Eberhards Vorbild auf den Penis anwenden. Sie erinnern sich wahrscheinlich noch aus dem ersten Kapitel an ihr Grundprinzip: Besitzt ein Männchen ein vererbbares »sexy« Merkmal, das ihm im Wettkampf um die Möglichkeit, mit Weibchen zu kopulieren, einen Vorteil verschafft, so zeugt er mehr Nachkommen und sein erbliches Merkmal wird in der nächsten Generation überrepräsentiert sein – es findet also Evolution statt. Ich habe das illustriert mit dem Fall der Rebhuhnweibchen, die Männchen mit gelbbraunen Rückenflecken gegenüber solchen mit den gewöhnlichen rotbraunen Flecken bevorzugen. Nun könnten Sie sich mit Recht fragen, warum die Sache nicht auch andersherum funktionieren sollte: Wenn manche Weibchen auf Männchen attraktiver wirken als andere (was ja nicht unvorstellbar ist, oder?), erleben sie dann nicht auch eine sexuelle Selektion?

Nun, ja und nein; die Sache ist kompliziert. So kompliziert, dass es einer 65-jährigen Publikationsflut mit mathematischen Formeln vollgepackter wissenschaftlicher Artikel bedurfte, um eine Antwort auf die Ausgangsfrage zu finden. Aber keine Angst, ich werde mit vier mathematikfreien Absätzen auskommen. Die Hauptrolle in jener Debatte unter Evolutionsbiologen spielte nicht Darwin, sondern ein britischer Fortpflanzungsbiologe namens Angus Bateman. Der veröffentlichte 1948 in ›The Journal of Heredity‹ einen Artikel, in dem er bemerkte: »Für Darwin war es ein allgemein zu beobachtendes Phänomen, dass Männchen sich begierig mit jedem beliebigen Weibchen paarten, Weibchen hingegen, obschon der passive Teil, eine Wahl trafen. Er hatte jedoch keine Erklärung für diesen Geschlechterunterschied, obschon der ja offenkundig von großer Bedeutung ist.« Mit anderen Worten, wenn es sich in der Natur generell so verhalte, dass die Männchen und nicht die Weibchen das Geschlecht seien, das immer nur das eine im Sinn habe, ergebe sich da nicht die Frage, warum das so sei? Wie komme es, dass die Geschlechter so unterschiedliche Prioritäten hätten? Im Weiteren beschrieb und bewies Bateman dann, wie sich die Sache seiner Ansicht nach verhielt.[10] Und wenngleich er mit seinem Artikel auf viel Widerspruch gestoßen ist, hat er den Kernpunkt der Frage klargelegt: den Preis von Eiern.

Batemans Grundüberlegung lässt sich in etwa so zusammenfassen: Stellen wir uns eine Kolonie von Tieren vor, sagen wir von Mäusen. Stellen wir uns dann weiter vor, wir könnten ins Körperinnere der Nager hineinschauen. In jedem der Eierstöcke all der transparenten Weibchen sehen wir eine Menge Eier und in den Hoden der durchsichtigen Männchen nehmen wir Myriaden von Spermien wahr. Bleiben wir noch eine Weile bei diesem Bild. Unter dem evolutionstechnischen Gesichtspunkt sind diese in der Luft schwebenden Spermienklumpen und Eier das Ausgangsmaterial, aus dem die nächste Generation der Kolonie gebildet sein wird, und die durchsichtigen Körper der Mäuse, in denen sie lagern, sind die Vehikel, die sie zu ihrem Ziel befördern werden.

Beim Betrachten dieser geisterhaften Wesen mit ihrer kostbaren Fracht bemerken wir auch, dass die Eier vergleichsweise groß und an Zahl gering sind, die Spermien dagegen klein und zahlreich (wir wissen, warum das so ist – erinnern wir uns an den Krieg zwischen den Organellen im ersten Kapitel). Weil für jede neue Maus nur ein einziges Ei und ein einziges Spermium miteinander verschmelzen müssen, besteht ein Spermienüberschuss. Tatsächlich wären die Spermien eines einzigen Männchen wahrscheinlich auf Jahre hinaus mehr als ausreichend, um sämtliche Eier sämtlicher Weibchen der Kolonie zu befruchten. Das bedeutet: Eier, nicht Spermien sind der meistgefragte Rohstoff, und evolutionstechnisch gesehen müssten die Spermien für ihre Träger, die Männchen, Anlass sein, alles daranzusetzen, um sie zu der größtmöglichen Zahl von Eiern zu transferieren. Diese grundlegende Ungleichheit führt zur Asymmetrie bei der sexuellen Selektion: Männchen profitieren von möglichst vielen Kopulationen mit möglichst vielen Geschlechtspartnern, Weibchen hingegen nicht – oder jedenfalls nicht in gleichem Maße. Also wird alles, was ein Männchen für Weibchen attraktiv macht, sexuell selektiert, wohingegen die Attraktivität des Weibchens für

Männchen hauptsächlich darin liegt, dass es unbefruchtete Eier besitzt.

Dieser Sachverhalt, so Bateman, bedingt »beim Männchen wahlloses aktives Begehren und beim Weibchen wählerische Passivität«.[11] Und zum Beweis seiner These führte er eine Reihe von Experimenten mit Taufliegen durch. Er schloss jungfräuliche Männchen und Weibchen, mit reichlich Nahrung versehen, zusammen in leere Milchflaschen ein und beobachtete, wie viel Nachwuchs ein Weibchen produzierte, wenn es sich einmal oder zweimal oder öfter gepaart hatte, und ebenso registrierte er, wie die Zahl der von einem Männchen gezeugten Nachkommen davon abhing, wie oft dieses seinerseits zur Paarung gekommen war. Die Ergebnisse waren eindeutig: Weibchen brachten immer etliche Dutzend Larven hervor, einerlei, wie oft sie sich paarten. Bei den Männchen dagegen hing der Reproduktionserfolg ganz und gar von ihrem sexuellen Draufgängertum ab: je mehr Kopulationen, desto mehr Nachkommen. Und so schwankte der – bei allen Weibchen mehr oder weniger gleich große – zahlenmäßige Fortpflanzungserfolg bei den Männchen zwischen mickrigen plus/minus zehn und mehreren Hundert Neugeburten.

Das »Bateman-Prinzip« (»Spermien sind billig, Eier sind teuer, deswegen sind Weibchen wählerisch, Männchen zügellos«) avancierte in der Theorie der sexuellen Selektion zu einem zentralen Lehrsatz, aber er blieb nicht von Kritik verschont. Nicht nur entdeckten spätere Experimentatoren Schwachstellen in den statistischen Verfahren, mit denen Bateman seine Versuchsergebnisse ausgewertet hatte, sondern es fanden sich auch so viele Ausnahmefälle von großen und teuren (nicht kleinen und billigen) Spermien, billigen (nicht teuren) Eiern, wählerischen (nicht promiskuitiven) Männchen und zügellosen (nicht wählerischen) Weibchen, dass manche Wissenschaftler erklärten, das Prinzip sei völlig durchlöchert und man solle es in den Abfall werfen. Oder zumindest etwas tiefer hängen. Also wollen wir nicht mehr von einem Bateman-Prinzip, sondern lieber von der »Bateman-Faustregel« sprechen, der zufolge das elterliche Investment pro Nachkomme für Männchen gewöhnlich geringer ist als für Weibchen und es sich deshalb im Normalfall für das Weibchen auszahlt, wählerischer zu sein, als gemeinhin die Männchen es sind.

So viel zu Bateman. Nun zurück zu Darwin, der sich in der Tat nicht wirklich klar dazu geäußert hat, warum es so ist, dass Männchen hinter Weibchen her sind und nicht auch umgekehrt, sondern das als Selbstverständlichkeit hinnahm. Klar war ihm allerdings, dass das Hinterhersein auf zweierlei Weise vonstatten gehen konnte: auf dem Weg der Gewaltanwendung oder auf Freiersfüßen. Zur Gewaltanwendung bemerkt er: »Die stärksten und siegreichsten Männchen oder diejenigen, welche mit den besten Waffen versehen sind, tragen den Sieg davon. Im Verlauf der wiederholten Kämpfe auf Tod und Leben wird ein geringer Grad von Variabilität, wenn derselbe nur zu irgendeinem Vorteil führt, zu der Wirksamkeit der geschlechtlichen Zuchtwahl genügen.« Dies ist seit eh und je der am wenigsten umstrittene Teil in der Theorie der sexuellen Selektion. Wer jemals Hirsche (oder Hirschkäfer) beim Kampf um ein Weibchen beobachtet hat, wird Darwins Worten den Sinn nicht absprechen wollen.

Aber die Brautwerbung ist eine problematischere Sache. Die Umstände wollen, dass ich diesen Absatz auf einem Balkon in Borneo zu Papier bringe, und der Sternfruchtbaum, auf den meine Aussicht hinausgeht, ist die Domäne eines munteren karmesinroten Nektarvogelmännchens, das seine Zeit größtenteils damit hinbringt, seinem Namen alle Ehre zu machen, indem es Nektar aus den purpurroten Blüten nippt. Doch jedes Mal, wenn ein bestimmtes (reizlos grün-graues) Weibchen seinen Baum besucht, lässt es vorübergehend die Blüten Blüten sein und schmeißt sich an die Besucherin ran: Es hüpft von Zweig zu Zweig, vibriert mit den Flügeln und scheint dabei darauf zu achten, dass der Zuschauerin nicht entgeht, wie schön sein rot-gelb-metallisch-purpurnes Gefieder im Sonnenlicht glänzt. Die farbenfrohe Tracht der Nektarvögel ist keine Waffe, mit der Rivalen brutal vertrieben werden. Sie ist das

Prachtgewand von Dandys, das dazu dient, die Sinne der Weibchen zu betören. »Die Weibchen«, liest man bei Darwin, »werden durch die geschmückteren oder die sich als die besten Sänger zeigenden oder die am besten gestikulierenden Männchen am stärksten erregt. In derselben Weise, wie der Mensch je nach seiner Ansicht von Geschmack seinem männlichen Geflügel Schönheit geben kann, so haben auch allem Anschein nach im Naturzustand die weiblichen Vögel die Schönheit oder andere anziehende Eigenschaften ihrer Männchen dadurch erhöht, dass sie lange Zeit hindurch die anziehenderen Männchen sich erwählt haben.«

Bei Darwins Zeitgenossen kam diese spezielle Variante von sexueller Selektion nicht sonderlich gut an, weil in jener patriarchalen Viktorianischen Epoche von Frauen (und in erweiterter Perspektive von weiblichen Wesen überhaupt) allgemein erwartet wurde, dass sie sich fügsam zeigten und – ob nun in sexuellen oder in sonstigen Fragen – keinerlei Bestreben nach eigenmächtiger Entscheidung bekundeten. Selbst das Verhalten, als verfügten sie über die Befähigung und das Recht dazu, war anrüchig. Um aus diesem Geiste geborener Kritik zuvorzukommen, schrieb Darwin: »Ohne Zweifel setzt dies ein Vermögen der Unterscheidung und des Geschmacks vonseiten des Weibchens voraus, welches auf den ersten Blick äußerst unwahrscheinlich erscheint.« Und im Weiteren wies er nach, dass weibliche Tiere (und ähnlich auch Frauen) »faktisch dies Vermögen besitzen«, sich aufgrund feiner Kriterien zwischen ornamentierten Männchen zu entscheiden, die für das menschliche Auge (bzw. für andere menschliche Betrachter) mehr oder minder gleich aussehen. Trotzdem verging noch viel Zeit, bis im Zuge der sexuellen Revolution der 1960er-Jahre das Forschungsthema »weibliche Wahl« in Mode kam und Biologen nach und nach Darwins Dandy-Theorie experimentell bestätigten: Weibliche Tiere (seien es Primaten, Vögel, Insekten oder Spinnen) bevorzugen als Sexualpartner tatsächlich häufig Männchen, die besonders ansprechend aussehen, angenehme Laute produzieren oder sich »schön« benehmen.

Nun sind zwar Brautwerbung und weibliche Wahl längst völlig bewiesene Realität, doch ist es sogar heute noch einigermaßen rätselhaft, was ein Vogelweibchen dazu treibt, ein Männchen mit, sagen wir, einer extralangen roten Federhaube auf dem Kopf vorzuziehen – was hat es davon? Eine Zeit lang wurde darüber zwischen zwei fest hinter ihrem jeweiligen Credo verschanzten Lagern debattiert. Da waren auf der einen Seite die »Fisherianer«, so genannt nach ihrem Hausheiligen, dem legendären britischen Evolutionsbiologen Ronald Fisher, nach dessen Dafürhalten Weibchen schlicht und einfach von den aufwändiger geschmückten Männchen, wie Darwin es ausdrückt, »am stärksten erregt« werden und ihre Wahl schlichtweg aufgrund dieser Erregung treffen. Den Fisherianern gegenüber hatten die Verfechter der »Gute-Gene-Hypothese« Stellung bezogen. Ihnen fiel es schwer zu akzeptieren, dass Weibchen so kapriziöse Entscheidungen treffen sollten, wie die Wahl eines Männchens mit langer roter Federhaube einfach wegen dessen optischer Attraktivität. Ihrer Vermutung nach diente die geschlechtsspezifische Ornamentierung dem Weibchen als Hilfsmittel zur Einschätzung der »genetischen Qualität« des Männchens, dergestalt, dass ein besonders eindrucksvolles Ornament in den Genen verankerte besonders gute Gesundheit und hohe Fruchtbarkeit anzeige – und damit auch die Fähigkeit, diese guten Gene über sein Sperma an beider Nachkommen weiterzugeben.

Erst in den letzten rund zehn Jahren ist den Biologen aufgegangen, dass die Meinungsverschiedenheit zwischen Fisherianern und Verfechtern der Gute-Gene-Hypothese eine Fata Morgana ist. Denn für die Realität und Effektivität der sexuellen Selektion ist es unerheblich, welcher Art der Nutzen ist, den die Nachkommen eines Weibchens von dessen Partnerwahl haben. Sind die Söhne sexy, weil der Paarungspartner der Mutter sexy war, liegt der Gewinn für jene darin, dass sie ebenso erfolgreiche Freier wie ihr Vater sein werden. Sind die Nachkommen besonders gesund und fruchtbar, weil ihres Vaters Attraktivität dessen überragende Gesundheit und Überlebensfähigkeit transportierende Gene anzeigte, ist eben dies ihr Gewinn. Es kann also bei der Diskussion über die Paarung mit attraktiven Männchen nicht um die Frage gehen, ob sie einen genetischen Gewinn mit sich bringt, sondern lediglich darum, welcher Art der Gewinn ist, den sie mit sich bringt. Ob so oder so, die Gene, auf welche die Weibchen aus sind, sind in jedem Fall »gute Gene«.

Martine Maan von der University of Texas (inzwischen an der Universität Groningen) untersuchte die Güte männlicher Gene am Beispiel der Erdbeerfröschchen (*Oophaga pumilio*, auch: *Dendrobates pumilio*; Familie: Baumsteigerfrösche, auch: Pfeilgiftfrösche) auf dem panamaischen Archipel Boca del Toros. Diese winzigen Fröschlein – Körpergröße 17 bis 22 Millimeter – wehren Vögel und andere potenzielle Fressfeinde ab, indem sie in ihrer Haut tödliche Giftstoffe akkumulieren (sie produzieren diese Toxine nicht selbst, sondern extrahieren sie aus ihrer Lieblingsspeise, den Schuppenameisen). Potenzielle Feinde warnen sie vor ihrer Ungenießbarkeit mit Körperfärbungen in krassen Warnfarben, beispielsweise in Orange mit schwarzen Tupfen, in Rot mit blauen Extremitäten, oder in Gelblichgrün mit schwarzen Kleck-sen – über den ganzen Archipel wechseln die Färbungsmuster von Insel zu Insel. Wie Maan und Kollegen feststellten, sind die Frösche in den grellsten Farben auch die giftigsten (für den Nachweis schied bedauerlicherweise ein Bataillon Labormäuse aus dem Leben). Maan: »Somit können potenzielle Fressfeinde den Farben der Frösche entnehmen, wie giftig diese sind.« Das Forscherteam führte dann eine Meinungsumfrage unter den Froschweibchen durch: Was hielten sie von den Farben der Männchen? Die Befragung erfolgte in der Weise, dass Weibchen die Gelegenheit erhielten, zwischen zwei Männchen zu wählen, von denen die Färbung des einen scheinbar greller gemacht worden war, indem man das Tier – buchstäblich – ins Rampenlicht gesetzt hatte. Es zeigte sich, dass die Weibchen in der Mehrzahl das grellere Männchen bevorzugten.[12] Selbst wenn den Weibchen greller gefärbte Männchen einfach nur gefielen, würde ihre Vorliebe doch den Effekt haben, dass ihre Nachkommen Gene erben, die ihnen besseren Schutz gegen Fressfeinde verschaffen.

In der Vogelwelt ist dieserart Liebes- und Zweckehe ebenfalls gang und gäbe. Von den attraktivsten, mit der längsten Schleppe ausgestatteten Hähnen gezeugte Pfauenküken wachsen schneller heran und haben eine höhere Überlebenswahrscheinlichkeit, während die Rauchschwalbenmännchen mit den längsten Schwanzfedern die beste genetische Ausstattung zur Infektionsabwehr besitzen. Wir können jedoch nicht prinzipiell davon ausgehen, dass jedes der Ornamente, auf die Weibchen fliegen, auf Gesundheit und langes Leben hindeutet: In manchen Fällen von sexueller Selektion durch weibliche Wahl ist einfach nur Unwiderstehlichkeit im Spiel, wie wir bald noch sehen werden.[13]

Federn und Phallen

Wenn irgendwer den Wert der Serendipität – in diesem Fall: des Forschungserfolgs durch eine glückliche Fügung – kennt, dann die Verhaltensbiologin Nancy Burley von der University of California at Irvine, die eine bedeutende Strecke ihrer beruflichen Laufbahn auf ein verkorkstes Experiment zurückführen kann, das ihr Ende der 1970er-Jahre unterlief. Damals forschte Burley als junge Postdoktorandin an der University of Illinois in Urbana zum Thema Brutverhalten Australischer Zebrafinken. Diese Vögel nisten gemeinschaftlich; um in dem großen Vogelhaus, das die ganze Schar beherbergen sollte, die einzelnen Individuen identifizieren zu können, beringte sie, unter Verwendung von Ringen sieben verschiedener Farben, jedes ihrer vierzig geflügelten Versuchstiere mit einer individuellen Farbenkombination.[14] Was weiter geschah, war unerwartet: Seit dem Start des Projekts waren bereits fünf Monate vergangen, doch immer noch hatte ein Teil der Männchen keine Paarungspartnerin gefunden, und es waren durchweg diejenigen, die keinen roten oder rosa Reifen am Bein trugen. Nachdem sich Burley einige dieser gefrusteten Junggesellen vorgenommen und ihnen an den schon arg beladenen Beinen noch zwei rote Reifen angelegt hatte, fanden diese im Nu Partnerinnen (und begannen, sobald sie ihre neue Begehrtheit realisiert hatten, sich aufzuführen, als wären sie die von Gott erwählten Beglücker der gesamten Zebrafinken-Weiblichkeit). Es war unverkennbar: Die Plastikreifen an den Beinen konnten den Sex-Appeal der Männchen, je nachdem, auf ungeahnte Höhen oder in den Keller treiben: rote und rosa Ringe, und die Weibchen kamen in Scharen, grüne und blaue, und die Damen wandten sich angewidert ab.

An diesem Punkt angekommen, hätte eine unbegabtere Forscherin diese unerwartete Wende der Dinge verflucht, ihre Finken eingesammelt und das ganze Unternehmen mit anders markierten farblosen Reifen noch einmal von vorn angefangen – ist doch klar: Ein Experimentator darf das Verhalten seiner Untersuchungsobjekte nicht beeinflussen. Nicht so Nancy Burley. Sie begriff, dass sie da eigentlich einer interessanten Sache auf die Spur gekommen war. Immerhin haben Zebrafinken normalerweise keine mit hell leuchtenden Farben verzierten Beine, also hatten sich die Weibchen in ihrem Vogelhaus Paarungspartner aufgrund einer ästhetischen Präferenz ausgesucht, die sie unter normalen Umständen niemals zur Geltung bringen konnten. Neugierig gemacht, begann Burley mit anderen künstlichen Ornamenten an ihren Finkenmännchen zu experimentieren. So färbte sie zum Beispiel lose Federn ein und stellte weiße, rote und grüne Federbüsche zusammen, die dann mit einem ordentlichen Klacks Leim aufrecht auf den Köpfen der Männchen befestigt wurden. Und obwohl Federhauben von Natur aus weder bei den Zebrafinken noch bei irgendeinem ihrer Verwandten vorkommen, setzte der neue Kopfschmuck die Weibchen wieder in Verzückung, allerdings, wie um die Launenhaftigkeit der »weiblichen Vernunft« zu unterstreichen, nur in der weißen Variante, die roten und die grünen Federhauben ließen sie kalt.[15]

Was Frauen wollen: Weibliche Zebrafinken schmelzen dahin,
wenn Männchen weiße Schöpfe tragen.
Auch wenn sie ihnen nur von Forschern verpasst worden sind.

Die von Burley überraschend ans Licht gebrachten ästhetischen Vorlieben der Zebrafinken waren Wasser auf die Mühle eines evolutionspsychologischen Theorems, das als »Sensory-bias-Modell« (Sensorische-Bevorzugung-Modell; auch: »Sensory-drive-Modell«, Sensorischer-Trieb-Modell) bekannt ist.[16] Der Grundgedanke dabei ist: Es versteht sich von selbst, dass Tiere nicht anders können, als ihren Geschlechtspartner nach Maßgabe dessen zu wählen, was sie mit ihren Sinnen von ihm zu ermitteln in der Lage sind. Bei jeder Art sind der Arbeitsbereich und das Auflösungsvermögen der Sinne für den Lebensraum und die Lebensweise der Art optimiert, allerdings nur bis zur Grenze des bei der fraglichen Art »technisch« Möglichen. Nehmen wir zum Beispiel den Gesichtssinn. Nancy Burleys Zebrafinken fressen Körner und Früchte und sehen mehrfarbig (polychromatisch), damit sie ihre Nahrung in dem Laubwerk ringsum wahrnehmen und unterscheiden können. Auf ihrer Netzhaut befinden sich vier verschiedene Typen von Fotorezeptorzellen (»Zapfen«), jeder mit hoher Empfindlichkeit für einen von ebenso vielen Bereichen des Farbspektrums: den ultravioletten, den blauen, den grünen und den roten Spektralbereich. Die Zapfen sind über Neuronen mit dem Gehirn der Finken verbunden. Anstelle einer solchen visuellen Wahrnehmung über vier Farbkanäle haben Menschen nur deren drei, die meisten Affen zwei und die Nachtaffen sogar nur einen, der dann eben auch nur einfarbige (monochrome) Bilder produziert; die Komplexaugen der Fangschreckenkrebse wiederum verfügen über mindestens sieben Farbkanäle, drei davon im UV-Bereich. Andere Tiere verzichten auf die visuelle Wahrnehmungsfähigkeit und leben dafür in einer Welt der Laute oder der Gerüche, verlassen sich auf ihr Gehör, ihren Tastsinn oder exotischere Sinne wie den elektrischen Orientierungssinn (auch: Elektrorezeption oder Elektrosensorik) im Fall des Schnabeltiers.

Mit anderen Worten: Wir können für unseren speziellen Zweck ein Tierweibchen als einen – der zentralen Recheneinheit eines Computers (CPU) vergleichbaren – Prozessor mit einer Reihe von komplexen Eingabekanälen betrachten. Jeder Kanal hat einen anderen Empfindlichkeitsbereich, und eine Reizung innerhalb dieses Bereichs wird mit einer physiologischen Reaktion beantwortet. Eine Zone höchster Empfindlichkeit im Auge des Zebrafinkenweibches zum Beispiel wird durch ein nach Orange spielendes Rot gereizt, sodass ein Männchen mit einem Ornament in der richtigen Nuance von Rot zwangsläufig die Neuronen im weiblichen Auge stimuliert, einerlei, ob das Weibchen es mag oder nicht. Oder vielmehr, wie Befürworter des Sensory-bias-Modells argumentieren würden: Stimulation und Mögen ist in diesem Fall dasselbe. Alles, was am Balzverhalten eines Männchens dem Weibchen ins Auge sticht, seinem Ohr schmeichelt, mit anderen Worten, seine Sinne betört, wird registriert, ihm gutgeschrieben und automatisch gemocht. Man fühlt sich an das

Motto von F. Scott Fitzgeralds Roman ›Der große Gatsby‹ erinnert: »So trag den goldnen Hut, wenn es sie denn anspricht / Kannst obendrein du hohe Sprünge machen, gut: Lass sie es sehen / Bis sie aufschreit: ›Geliebter – mit goldener Kopfbedeckung so hoch springender Geliebter du / Dich muss ich haben.‹«[17]

Und das ist jetzt der Moment, wo der Phallus die Szene betritt. Die Rolle des Penis auf der Bühne der Fortpflanzung, so der revolutionäre Gedanke, der William Eberhard in den 1980er-Jahren kam, erschöpft sich nicht in der Spermienübertragung (die natürlich dazugehört), sondern besteht hauptsächlich in der Brautwerbung – und wird in einem Stück gespielt, in dem es um sensorische Bevorzugung geht. Weibchen, so Eberhard, gebrauchen ihre Sinne dazu, ihre Bevorzugung eines potenziellen Geschlechtspartners anhand der verfügbaren Phallen zu treffen, ebenso wie sie es auch anhand anderer männlicher Ornamente tun.[18] Bisweilen lassen sie den Augenschein bestimmen. Mithilfe von Animationssoftware führten Brian Mautz und Kollegen im Jahr 2013 weiblichen Testpersonen Projektionen von computergenerierten lebensgroßen nackten Männern vor und wollten von den Betrachterinnen wissen, wie sie deren Attraktivität bewerteten. Die Befragten bewiesen eine unverkennbare Vorliebe für virtuelle Männer mit großem Penis, besonders wenn dieser mit einer hochgewachsenen Gestalt oder/und maskulinen Körperproportionen (Schultern breiter als Hüften) verbunden war. Und bei einigen Wirbeltierarten – manchen Echsen, Lebendgebärenden Zahnkarpfen, Primaten – zeigen die Männchen sogar ihr Begattungsorgan stolz dem Weibsvolk vor. Einen Beispielfall beschrieben die Forscher Detlev Ploog und Paul MacLean 1963 in dem Journal ›Animal Behaviour‹ als »Zurschaustellung der Peniserektion beim Gewöhnlichen Totenkopfaffen«: »Ein Männchen nähert sich, aufgerichtet, frontal einem [auf seinem Hintern dahockenden] Weibchen oder anderen Männchen, legt ihm von oben her eine Hand oder beide auf den Rücken und stößt, die Beine gespreizt, dem Gesicht der/des Kauernden den erigierten

Penis entgegen.« (Eine rührende kleine Federzeichnung veranschaulicht den Vorgang.)

Unbeschadet derlei Primatenexhibitionismus ist Eberhard der Ansicht, dass bei der Evolution männlicher Genitalien aufgrund sensorischer Bevorzugung vor allem weibliche taktile Sinnesempfindungen der Treibstoff sind. Und dafür kann er überzeugungskräftige Gründe nennen: zunächst einmal die Komplexität der Penisse. Wie wir bereits gesehen haben, ist das Organ mit allem möglichen Krimskrams ausgestattet, der doch offenbar für die Aufgabe allein, Sperma in ein Weibchen zu spritzen, völlig entbehrlich ist. Wenn das wirklich seine einzige Funktion wäre, meint Eberhard, hätten die Penisse vieler Tiere eine fatale Ähnlichkeit mit Rube-Goldberg-Maschinen. Die ungeheuer komischen Erfindungen des Cartoonisten Rube Goldberg sind aus Unmengen aberwitziger Einzelteile zusammengesetzte fantastische Konstruktionen, die eine denkbar simple Funktion ausführen – wie der 19-teilige Bleistiftspitzer, zu dessen Komponenten unter anderem ein Spielzeugdrachen, ein alter Schuh und ein Specht gehören.[19] Die Natur hat aber keinen Sinn für Humor, also müssen die Einzelteile des Penis irgendeinen sinnvollen Zweck erfüllen. Und der scheint, schlicht gesagt, darin zu bestehen, dem Weibchen auf jede nur mögliche Weise einen angenehmen Kitzel zu verschaffen. Beginnen wir mit einem ziemlich überzeugenden Beispiel (2009 von Eberhard selbst veröffentlicht), einer Schnake mit einem Vibrator am Penis.

An einem kühlen Dezembermorgen 2006 entdeckte er, der neben seiner Tätigkeit am Tropenforschungsinstitut der Smithsonian Institution in Panama auch an der Universität von Costa Rica beschäftigt ist, an einer Hauswand im costa-ricanischen San Antonio de Escazú ein Schnakenpaar, das es dort miteinander trieb, das Männchen unter dem Weibchen baumelnd, wie bei diesen Insekten üblich. Immer bestrebt, seinen Katalog des animalischen Geschlechtsverkehrs zu erweitern, bugsierte Eberhard das Weibchen behutsam auf einen Pflanzenstängel und schaffte das Pärchen auf dem schnellsten Weg ins Labor, wo er es unters Mikroskop legte und die Videoaufzeichnung seiner Beobachtung vorbereitete – ohne zu ahnen, welche Überraschung die beiden für ihn bereithielten. In der Novemberausgabe 2009 der ›Revista de Biología Tropical‹ erzählen er und der Schnakenexperte Jon Gelhaus ihre Geschichte von Sex, Fliegen und Video.

Zunächst einmal war die Verklammerung der Genitalien des Pärchens eine ziemlich komplexe Angelegenheit. Der – um Jeannels Ausdruck zu gebrauchen – »Aedeagus« des Schnakenmännchens ist ein kompakter Packen von Röhren und Schalen. Mehrere von Letzteren bilden einen Zylinder, in den bei der Paarung als Erstes zwei Hinterleibsanhänge des Weibchens, die sogenannten »Cerci«, eingeführt werden. Solchermaßen präpariert, verharrte das von Eberhard in Gewahrsam genommene Paar zunächst etwa zehn bis 15 Minuten lang bewegungslos. Dann setzte plötzlich eine fast unmerkliche repetitive Bewegung ein, die sich unterm Mikroskop als die erste bestätigte »Genitalstridulation« seitens eines männlichen Geschlechtspartners zu erkennen gab.[20] Außen am Aedeagus befinden sich zwei klauenartige, behaarte »äußere Gonostyli«. Diese bewegten sich längs der Außenseite des die Cerci des Weibchens umfangenden zylindrischen Teils des Aedeagus rhythmisch hin und her. Bei genauerem Hinsehen war auf dem Teil des Zylinders, über den links und rechts die Klauen strichen, eine Riffelung wahrzunehmen, die Riffel quer zur Bewegungsrichtung der Gonostyli verlaufend. Mit anderen Worten, ein Miniaturwaschbrett, über das in wiederholten Furiosi von jeweils zwei Sekunden Dauer 15 bis 20 Mal pro Sekunde ein Fingerhut schrammte, der Schwingungen mit einer Rate knapp unter der eines mittleren C erzeugte. Das Weibchen, dessen Cerci in der Umklammerung dieses Waschbretts steckten, muss die Resonanz dieses Summens und Surrens in ihrer gesamten Genitalregion gespürt haben.

Es handelt sich wahrscheinlich nicht um einen Einzelfall. Wie Eberhard und Gelhaus feststellten, haben noch viele ande-

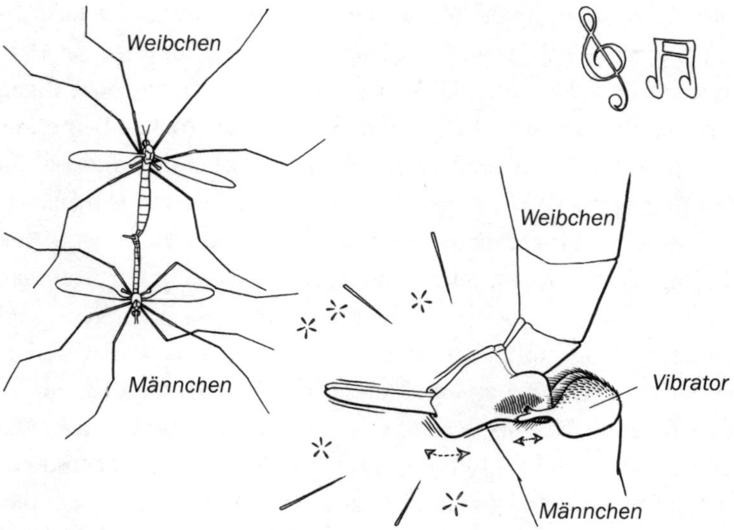

Der singende Penis der Schnake: Während der Begattung werden die weiblichen Genitalien durch einen Schlauch an die männlichen gesteckt. Diese haben eine waschbrettartige Riffelung, die eine Schwingung knapp unter dem mittleren C erzeugt.

re Schnakenarten solche Feile-und-Kratzer-Strukturen an den männlichen Genitalien. Manchmal hat die Feile dasselbe waschbrettähnliche Aussehen wie bei dem Männchen auf Eberhards Video. Bei anderen Arten sieht man anstelle einer Riffelung Höcker oder Gekräusel, Oberflächentexturen, die wahrscheinlich ganz andere Empfindungen bewirken. Und vergleichbare Strukturen findet man auch an den männlichen Genitalien verschiedener Nachtfalterfamilien. Von manchen dieser Strukturen war längst bekannt, dass sie ein Ultraschallsignal erzeugen, mit dem Männchen über Entfernungen hinweg mit Weibchen kommunizieren (die zwischengeschlechtliche sensorische Ausbeutung ist in diesem Fall ein Nebeneffekt des Umstands, dass die Evolution die Nachtfalter mit Ohren ausgestattet hat, mit denen sie die Ultraschallrufe Insekten jagender Fledermäuse hören können).

Aber Eberhard war der Erste, der genitale Stridulation tatsächlich während der Paarung beobachtete. Ja, nachdem er das Paar getrennt und dann zwecks Konservierung in achtzigprozentigen Äthylalkohol getaucht hatte, »führten«, wie er trocken bemerkte, »während das Männchen verendete, seine äußeren Gonostyli im Zeitlupentempo noch weiter die kratzenden Bewegungen aus«.

Und der Vibrator-Penis der Schnaken ist nur eines der vielen Highlights im umfangreichen Beate-Uhse-Katalog der Tierwelt. Erinnern Sie sich noch an die Parameren? Diese peitschen- oder trommelschlägelähnlichen Seitenstücke von so manchem Käferpenis, der es Jeannel erlaubte, diese oder jene Höhlenkäferart zu klassifizieren? Nun, peitschen oder trommeln ist genau das, was sie tun. Bei Käfern, Fliegen, Tagschmetterlingen, Nachtfaltern und vielen anderen Insekten ist häufig der Penis mit solchem (bei verschiedenen Insektentypen je verschiedene Namen tragendem) Zubehör versehen, das bei der Kopulation von außen gegen die Genitalregion des Weibchen trommelt, klopft oder klatscht oder über sie hinstreicht, während der Aedeagus drinnen sein Werk verrichtet. Susanne Düngelhoef, die in ihrer Bonner Dissertation untersuchte, wie Blattkäfer ihre Parameren einsetzen, beobachtete, dass die Weibchen während der Paarung oft mit einem Hinterbein die Parameren des Männchens in eine andere Position verschieben: nicht energisch, wie um sie wegzustoßen, sondern sanft (»mehr nach links – ja –, so ist's richtig«).[21] Bei manchen Marienkäferarten sind die Parameren besonders breit und flach, zum Beispiel bei der auf dem amerikanischen Kontinent weitverbreiteten ungepunkteten Art *Cycloneda sanguinea* (auch: *Coccinella sanguineda*). Beobachtet man ein kopulierendes Paar aus nächster Nähe, kann man die zwei Miniaturtischtennisschlägern gleichenden behaarten Parameren die Genitalregion des Weibchen regelrecht versohlen sehen.

Nun könnte man einwenden, dass der Schnakenvibrator und die Marienkäferparameren ja aus dem Weibchen draußen bleiben und deshalb nicht wirklich als »Instrumente zur kopulatorischen

Balz« gelten können, wie Eberhard sie versteht. Aber auch Teile der männlichen Genitalien, die tatsächlich tief in das Weibchen eingeführt werden, scheinen dazu da zu sein, es zu kitzeln. So hat zum Beispiel bei vielen Insekten, aber auch Säugern der Penis an der Spitze eine peitschenartige Verlängerung. Bei Huftieren tritt die Harn-Samen-Röhre links hinterm Eichelrand aus dem Penisschaft aus und setzt sich, in wurmartiger Gestalt, als »Processus urethrae« fort (beim Schafbock verlängert er den Penis um vier Zentimeter). Bei Bullen wurde beobachtet, dass dieser Harnröhrenfortsatz bei der Ejakulation vorwärtsschnellt, was wahrscheinlich irgendeine Empfindung bei der Kuh auslöst.[22] Und dann sind da noch all die anderen absonderlichen Verzierungen auf Penissen: die Dornen und Höcker bei Schlangen, Affen und Katzen und die seitwärts abstehenden Wülste bei den Nashörnern (deren vermutetem Effekt die Männer mancher Eingeborenenvölker auf Borneo mit horizontalem Piercing des Penis [»palang«] nahe zu kommen suchen).[23] Nicht zu vergessen die scheinbar starren, offenbar aber flexiblen Platten des Wespenpenis, dem Eberhards Gattin, die renommierte Entomologin und Evolutionsbiologin Mary-Jane West-Eberhard, die Fähigkeit bescheinigte, »die fließendsten und am raffiniertesten modulierten Bewegungen auszuführen, die ich je an Wespen beobachtet habe«.[24]

Apropos Bewegungen: Die Stoßbewegungen des Genitales, die für uns fast gleichbedeutend mit Geschlechtsverkehr zu sein scheinen, sprechen per se schon für Eberhards Hypothese. Denn so selbstverständlich das altgewohnte Rein-Raus uns auch sein mag, es ist kein Grund ersichtlich, warum die Genitalien zwecks Spermienübertragung unbedingt rhythmisch bewegt werden müssten: Tiere stoßen alle möglichen Flüssigstoffe aus (Gift, Urin, Fäzes, Schleim), ohne dass dazu eine rhythmische Bewegung des fraglichen abstoßenden Organs erforderlich wäre. Trotzdem findet bei 75 Prozent aller Arten von Insekten, Spinnentieren und Säugern (aber auch bei Schlangen, Tausendfüßern und Rundwürmern) die Begattung eindeutig unter »Bumsen« statt. Und gebumst wird nicht nur bis zur Ejakulation: Viele Arten fahren mit den Stoßbewegungen noch lange – im Falle der Riesengalagos (Galagos bzw. »Buschbabys« der Gattung *Otolemur)* bis zu viereinhalb Stunden lang – fort, nachdem das Männchen ejakuliert hat.[25] Selbst bei manchen Insekten, die sich paaren, ohne dass im Außenbild auch nur die geringste Bewegung wahrzunehmen wäre, bewegt sich der Penis im Weibchen vor und zurück oder pulsiert; Eberhard nennt dies »kryptisches Stoßen«. Diese Bewegungen sollen wohl kaum die Freisetzung von Sperma einleiten, eher leuchtet ein, dass sie für das Männchen die effektivste Art und Weise darstellen, sich seines Penis als eines Instruments zur kopulatorischen Balz zu bedienen und das Weibchen alles an Höckern, Rippen, Stacheln und »palangs« spüren zu lassen, womit das Ding ausgestattet ist.

Es ist aufschlussreich, dass Singvögel, die keinen Penis haben und sich schlicht mit einem flüchtigen »Kloakenkuss« (Gegeneinanderpressen von männlicher und weiblicher Genitalöffnung) paaren, die Sache binnen Sekunden und ohne rhythmische Bewegungen erledigen. Das heißt mit Ausnahme des Büffelwebers (*Bubalornis niger*), des einzigen Singvogels, der so etwas wie einen Penis besitzt – ein knapp vor seiner Kloake sitzendes, anderthalb Zentimeter langes Stäbchen aus Bindegewebe; weil es nicht zur Spermienübertragung dient, sprechen Ornithologen von einem Pseudophallus: Den reibt er bis zu dreißig Minuten lang an der Umgebung der Kloake des Weibchen, bevor er aus seiner eigenen Genitalöffnung mit bebenden Flügeln und verkrampften Füßen ejakuliert.[26]

Natürlich benötigt das Weibchen, damit all das funktioniert, die geeignete neuronale Verdrahtung in seinen Genitalien, damit es diese subtilen Formen und Bewegungen wahrnimmt. Leider steckt die Erforschung der vaginalen Sinnesorgane noch in den Kinderschuhen. Aber wenn jemand mal nachgeschaut hat, hat er in den weiblichen unteren Regionen meistenteils Anhaltspunkte für das Vorhandensein hoher und differenzierter Reizempfindlichkeit gefunden. Die Kleinlibellen zum Beispiel haben auf beiden Seiten der Vaginalwand jeweils eine mit Dutzenden unterschiedlichen Sinnesorganen besetzte Platte. Und die Gemeine Küchenschabe (Kakerlake) straft ihren schlechten Ruf als krudes Ungeziefer Lügen mit einer verzwickten Konstellation von sogenannten »Kuppel- oder Campaniformen Sensillen« in den weiblichen Genitalien: winzige Organe, die noch die kleinste Verbiegung oder Verdrehung an dem Chitin, das ihre Vulva stützt, registrieren. Doch selbstverständlich sind die bestbekannten – wenngleich, wie wir sehen werden, noch zu wenig erforschten – weiblichen Genitalien die des Menschen.[27] Die Scheidenwand ist durchweg mit einem Geflecht aus Nerven des vegetativen Systems sowie aus sensorischen Nerven durchsetzt, und die Furche zwischen Klitorisvorhaut und Klitoriseichel ist sogar noch reichlicher bestückt mit mehrerlei für feinste Grade von Berührung, Druck und Vibration empfindlichen Nervenendorganen, die so exotische Namen tragen wie Meissner-Körperchen, Vater-Pacini-Körperchen, Krause-Körperchen (oder Krause-Endkolben), Ruffini-Körperchen und mukokutane Körperchen.

Da hätten wir ja gefunden, was wir suchten: Zumindest auf den ersten Blick haben wir offenbar eine Menge Beweismaterial für Eberhards Theorem vorliegen, dass die Evolution der animalischen männlichen Geschlechtsorgane genauso vonstatten geht wie die aller anderen männlichen Balzinstrumente, nämlich nach Maßgabe weiblicher Wahl. Aber Moment mal: Haben Sie nicht vielleicht beim Lesen dieses Abschnitts die ganze Zeit das bohrende Gefühl gehabt, dass da irgendwas nicht ganz stimmen kann? Besteht denn nicht zwischen Brautwerbung und Begattung ein himmelweiter Unterschied, insofern das Weibchen, solange das reguläre Balzritual währt, das Männchen immer noch ablehnen kann, es, das Weibchen, aber in dem Augenblick, wo es das Männchen seinen Penis in sein Geschlechtsorgan hat einführen lassen, wohl etwas zu spät dran ist mit der Überlegung: »Hm, von diesem Kerl will ich meine Eier doch lieber nicht befruchten lassen.« Dazu kann ich nur sagen: Bereiten Sie sich darauf vor, eine weitere Ihrer Gewissheiten in Sachen Sex den Bach runtergehen zu sehen.

Verlorene Liebesmüh

Berichte über wissenschaftliche Forschungsprojekte und deren Ergebnisse sind, bedingt durch ihren furztrockenen Ton und ihren streng vorgeschriebenen Aufbau, gewöhnlich kein gierig verschlungener Lesestoff. Appetit hemmend wirkt oft der Abschnitt »Materialien und Methoden«: Wie der Finanzwirtschaftsteil in der Tageszeitung wird er gern verschmäht zugunsten gaumenfreundlicherer Kost. Aber gerade in den »M&M« (wie die Kurzfassung der Wissenschaftler lautet) ruhen, unter langweiligem Fachchinesisch verborgen und in die passive Verbform gehüllt, die Juwelen originärer wissenschaftlicher Forschung. Bis zur Unkenntlichkeit zu nüchternen gedrängten Sätzen verknappt sind hier Tage, Monate, mitunter Jahre erfreulicher oder beglückender, aber oft auch geisttötend langweiliger harter Arbeit, Augenblicke der Verzweiflung und des Jubels, Fehlstarts, wiederholtes Fast-Resignieren, erleuchtende Ideen und innovativer Einfallsreichtum. Und nicht selten ein ordentliches Maß an Courage.

Die M&M-Abschnitte der beiden Artikel von Robin Baker und Mark Bellis in der Novemberausgabe 1993 des Fachjournals ›Animal Behaviour‹ sind solche Texte: Texte, die in sachlich-trockener Sprache ein Unternehmen beschreiben, das nach meiner Einschätzung zu den couragiertesten Experimenten aller Zeiten zählt.[28] »Bei Kopulation oder Masturbation wurden vollständige Ejakulate in Kondomen aufgefangen. Den Versuchspersonen wurde ein ›Kit‹ ausgehändigt, das eine Anleitung und die nötigen Sachmittel enthielt, einschließlich einer Mischung von Kondomen mit (nicht-spermizider) Gleitsubstanz und ohne. Ejakulatgewinnung und -fixierung sowie die Spermienzählung erfolgten nach einem Doppelblindprotokoll«, ist da zu lesen und: »Spermienzählungen wurden vorgenommen an ›Flowbacks‹ (das Gemisch aus Seminalplasma, Spermien, weiblichen Sekreten und weiblichem Gewebe, das postkoital aus der Vagina zurückfließt).«

Mag sich Robin Baker auch mit seinem drei Jahre später veröffentlichten halb pornografischen, halb populärwissenschaftlichen Buch ›Sperm Wars‹ (dt. 1996 ›Krieg der Spermien: Weshalb wir lieben und leiden, uns verbinden, trennen und betrügen‹) harsche Kritik vonseiten seiner Fachgenossen eingehandelt haben, die ihm vorwarfen, er habe als Wissenschaftler die Grenze zwischen Fakten und Fiktionen verwischt – dem Rang jener von Baker und Bellis 1993 publizierten Arbeiten tut dies keinen Abbruch.[29] Sie berichten von den bisher einzigen Experimenten, die je zur Untersuchung menschlichen Flowbacks unternommen wurden.

Lange Zeit als die unvermeidliche Folge kopulatorischer Wirrnis angesehen, wird Flowback oder, deutlicher gesagt, Spermienabstoßung (»sperm dumping«) – heute eher als eine der vielen verschiedenen Methoden verstanden, wie die weibliche Sexualpartnerin selbst nach einer Besamung noch die Kontrolle darüber ausüben kann, welcher männliche Sexualpartner ihre Eier befruchten darf. Überall im Tierreich ist zu erleben, dass Weibchen unmittelbar nach der Kopulation mit einem Männchen in Mengen, die von Tröpfchen bis zum Schwall reichen, Samen abstoßen, und beim Menschen ist das nicht anders.

Das Baker-Bellis-Experiment begann damit, dass die zwei Evolutionsbiologen ihre Kollegen und Studenten an der Universität Manchester irgendwie überredeten, sie beide an einem sehr persönlichen Etwas im buchstäblichen Wortsinn »Teil haben« zu lassen. Mehrere Monate lang warfen 35 heterosexuelle Manchesterer Paare (33 Männer und 33 Frauen – ein bisschen Partnertausch war zusätzlich mit im Spiel) brav Umschläge in Bakers Briefkasten ein, die jeweils eine Dokumentation ihres Sexuallebens in flüssiger Form enthielten: ordentlich etikettierte und abgebundene Kondome sowohl mit Ejakulat aus Masturbation oder geschütztem Vaginalverkehr als auch mit aufgefangenem Flowback aus ungeschütztem Geschlechtsverkehr (den Frauen war empfohlen worden, sich zum Auffangen über einem Becher niederzukauern und zu husten). Außerdem führten die Paare auch pflichtbewusst Tagebuch über ihre sexuellen Aktivitäten, im Besonderen über die weiblichen Orgasmen. Am Ende waren Baker und Bellis stolze Besitzer einer Gefriertruhe voller einzigartiger Proben: 67 Masturbationsejakulate, 84 Kopulationsejakulate und 127 Flowbacks. Es war Zeit, die Mikroskope hervorzuholen und mit dem Zählen und Rechnen zu beginnen.

Für jede Probe bestimmten die beiden Forscher in genormten mikroskopischen Verfahren den Spermiengehalt. Als Erstes nahmen sie sich die zwei Ejakulattypen vor. Anhand der Spermienzählung und der in den Tagebucheintragungen enthaltenen Informationen sowie weiterer persönlicher Angaben konnten sie für jede einzelne männliche Versuchsperson eine Formel erarbeiten, die es ermöglichte, aus drei unabhängigen Variablen – erstens, wie weit liegt die letzte Masturbation oder/und Kopulation zurück?, zweitens, wie viel Zeit haben die beiden Sexualpartner seit ihrem letzten Geschlechtsverkehr miteinander verbracht?, drittens (und einigermaßen überraschend), wie viel wiegt die Partnerin? – eine ziemlich genaue Voraussage über die abhängige Variable, nämlich die Zahl der Spermien im aktuellen Ejakulat, zu errechnen. Dann wandten sich die Forscher den Flowbackproben zu.

Auch die Flowbacks unterzogen sie einer Spermienzählung. Natürlich war es nicht möglich, die Quote des von der Partnerin abgestoßenen Samens auf unmittelbarem Wege zu bestimmen, denn ein Teil war im Uterus und in der Vagina zurückgeblieben und nicht in den Gefrierschrank der beiden Forscher gewandert. Aber sie hatten ja ihre Zauberformel, und mit ihr konnten sie ziemlich präzise berechnen, wie viele Spermien das Ejakulat des Mannes ursprünglich enthalten haben musste. Die Befunde waren frappierend; als Baker und Bellis ihre Arbeit auf einem Kongress in Princeton präsentierten, war der Saal, in dem das stattfand, brechend voll, »während bei einer gleichzeitigen Veranstaltung in einem anderen Saal die Redner praktisch Monologe hielten«, erinnert sich ein Beobachter.[30]

Zuallererst ist zu erwähnen, dass nach fast jeder Kopulation jede Partnerin eine gewisse Menge Samen abstieß. Im Durchschnitt wurden ungefähr 35 Prozent der übertragenen Spermien im Flowback wieder hinausgespült, doch verbirgt sich in dieser Zahl eine breite Streuung. Manchmal enthielt der Flowback fast null Spermien, die Frau hatte also das gesamte Ejakulat im Reproduktionstrakt zurückbehalten. Andere Male schaffte sie es, sämtliche Spermien, die der Partner gerade an sie abgegeben hatte, wieder hinauszubefördern (das gilt für etwa zwölf Prozent aller Flowbacks). Mit anderen Worten, theoretisch könnte die Spermienabstoßung der Frau die Macht verleihen, über Fortpflanzungserfolg oder -misserfolg des Mannes zu entscheiden. Aber tut sie das? Und, wenn ja, wie? Hier kommt der Orgasmus ins Spiel.

Baker und Bellis fanden heraus, dass es vom Orgasmus der Frau abhing, welche Quote an Sperma sie abstieß. Wenn sie gar nicht oder bereits früher als eine Minute vor der Ejakulation des Mannes zur Klimax kam, behielt sie nur wenig von seinem Sperma in sich zurück. Viel behielt sie dagegen zurück, wenn sie während der Ejakulation des Mannes oder danach zu einem Orgasmus kam. Mit anderen Worten, eine Frau »kann« vermittels ihrer Orgasmen die Wahrscheinlichkeit beeinflussen, dass ein bestimmter Mann ein Ei von ihr befruchtet. Auch in Bezug auf Menschen sollte dieses »Können« aber nicht so verstanden werden, als ob es eine bewusste Willensentscheidung implizierte; vielmehr handelt es sich um eine von Denken und Wollen unabhängige Geschehensoption, die allein der Verantwortung der unserer Evolution geschuldeten Komplexität unserer Physiologie unterliegt. Auf den weiblichen Orgasmus des Menschen werden wir später zurückkommen (jawohl, dieses Buch wird Sie mit mehrfachen Orgasmen beglücken!), vorläufig wollen wir jedoch unserer eigenen Spezies den Rücken kehren und uns den Spermien abstoßenden weiblichen Individuen weniger bekannter Arten zuwenden.

Niemand kann sagen, ob die Weibchen der Zwergsechsaugenspinne *Silhouettella loricatula* (Familie *Oonopidae*) einen Orgasmus empfinden, gewiss ist jedoch, dass sie Spermien abstoßen.[31] Die winzigen »Koboldspinnen« (wie der Vulgärname der Familie lautet) leben unter Steinen oder in der Laubstreu unter Johannisbrotbäumen, woselbst der Schweizer Arachnologe Matthias Burger sie entdeckte. An einigen Männchen und Weibchen, die er in sein Labor im Naturhistorischen Museum Bern mitgenommen hatte, beobachtete er, dass die Weibchen bei der Kopulation mit einem Männchen ein winziges Säckchen Spermien absetzten. Aus dem ersten Kapitel ist Ihnen bekannt, dass Spinnenmännchen sich paaren, indem sie zuerst ihre Pedipalpen mit Sperma beladen und sie dann von unten in die Geschlechtsöffnung des Weibchens hineinarbeiten. Das ist, nebenbei bemerkt, keine Blitzaktion. Die Kopulation kann ein sehr lang dauernder Vorgang sein, bei dem das Männchen mit seinen Pedipalpen allerlei komplexe hebelnde und drehende Bewegungen ausführt – eine kopulatorische Balz.

So auch bei der *Silhouettella loricatula*. Burger kam jedoch dahinter, dass, anders als bei menschlichen Paarungspartnerinnen, das von diesen Spinnendamen abgestoßene Sperma nicht von dem aktuellen Partner stammte, sondern die Hinterlassenschaft dessen Vorgängers war. Zu dieser Erkenntnis gelangte er in zwei Schritten. Als Erstes schockgefror er kopulierende Pärchen mit jeweils einem Guss Flüssigstickstoff (minus 200 Grad Celsius – wenn das keine kalte Dusche ist!), sodann unterzog er die »in actu gefrorenen« Genitalien einer sorgfältigen Sektion. Ehrfurcht ist hier geboten, denn diese Spinnen sind nur etwa anderthalb Millimeter lang.

Und dabei entdeckte er beim Weibchen einen überraschend raffinierten Spermienbehandlungsmechanismus. Jedes Mal, wenn es den Pedipalpen eines Männchens gelungen war, sich Zugang zu dessen Geschlechtsöffnung zu verschaffen und ein Tröpfchen Spermien hineinzubugsieren, schafften diese es nicht weiter als bis in einen Vorraum, das sogenannte »Receptaculum seminis«. Verschlossen durch eine feste Klappe und unzugänglich für die Pedipalpen lag dahinter der Uterus, in dem die Eier zu befruchten waren. Die Wand des Receptaculums war innen mit einem Feld von Drüsen ausgekleidet, welche ein Sekret absonderten, das die Spermien einkapselte. An der Spitze verlängerte sich die Kapsel zu einem dünnen Röhrchen, das zwischen zum Uterus führende Platten geklemmt wurde. Mit anderen Worten, das Koboldspinnenweibchen verpackt die Spermien verschiedener Männchen jeweils separat und kann daraufhin »entscheiden« (man beachte die Gänsefüßchen!), ob es dieses oder jenes Paket seine Eier befruchten lässt oder ob es den ganzen Packen wegwirft, sobald ein besserer Freier auftaucht (beispielsweise einer, der seine Pedipalpen gewandter zu gebrauchen weiß).

Silhouettella loricatula und *Homo sapiens* sind nur zwei aus der Vielzahl von Arten, die bekanntermaßen Spermienabstoßung praktizieren. Die Praxis wurde auch bei anderen Spinnen untersucht (unter anderem bei der weltweit verbreiteten Großen Zitterspinne *Pholcus phalangioides*, die sich gern in Häusern einquartiert und, wenn sie sich bedroht fühlt, sich und ihr Netz in heftige Zitterbewegung versetzt), ebenso bei zahlreichen Insektenarten und bei anderen Säugern. Grevyzebrastuten zum Beispiel scheiden nach der Paarung eine große Menge Samen wieder aus. Der Zoologe Joshua Ginsberg maß (im Eiltempo, bevor sie im trockenen Boden der kenianischen Steppe versickert waren) Durchmesser und Tiefe dieser Samenpfützen. Nach seiner Schätzung betrug die Menge durchschnittlich 0,3 Liter. Eine ähnliche Untersuchung führten Rebecca Dean und Kollegen an einer Population frei lebender Hühner der Zoologischen Forschungsstation Tovetorp in Schweden durch. Mit Videokameras zeichneten sie über tausend Kopulationen auf und kamen dann anhand des Bildmaterials aus zwei Kameras, die auf die Kloaken der Hennen ausgerichtet gewesen waren, zu dem Befund, dass die Hennen mehr Spermien abstießen, wenn sie von einem jungen, in der sozialen Rangordnung auf untergeordneter Position angesiedelten Hahn getreten worden waren.

Sogar so niedere Lebewesen wie Fadenwürmer können anspruchsvolle »Entscheidungen« treffen wie die, ob sie Spermien bei sich behalten oder abstoßen. *Caenorhabditis elegans* ist ein mikroskopisch kleiner, im Boden lebender Rundwurm, der seit den 1960er-Jahren als Modellorganismus der Genetiker fungiert. In Anbetracht seines nur einen Millimeter langen, aus nur 959 Zellen einfach gebauten Körpers traut man ihm das reichlich verzwickte Paarungsverhalten kaum zu, das David Barker in einem ›Animal Behaviour‹-Artikel von 1994 so liebevoll beschreibt.[32] Wenn ein Männchen auf ein Weibchen trifft, so Barker, klappt das Männchen seine sogenannte Begattungstasche (»Bursa copulatrix«), zwei zusammengelegte Hautlappen an seinem Hinterende auf, schlägt sie um das Weibchen und führt sie an diesem langsam auf und ab, bis es die Vulva gefunden hat. Da der Körper dieser Würmer für den Tastsinn kaum Orientierungsmerkmale aufweist, sucht das Männchen manchmal eine Seite des Weibchens rauf und runter vergebens ab, ehe es sich irritiert der anderen zuwendet, wo es endlich findet, was es gesucht hat.

In die geortete Vulva führt es sodann seine »Spicula« ein – dies sind im Prinzip die Penisse des Fadenwurms. Anders als der schwammartig weiche übrige Körper sind die – wie wir es mittlerweile von Penissen gewohnt sind – komplex aufgebauten Spicula (Einzahl: Spiculum) hart und steif. In der Regel sind es zwei an der Zahl; ihnen obliegt das Öffnen der Vulva sowie auch hier wieder etwas, das einer kopulatorischen Balz ähnlich sieht: eine repetitive stoßende Bewegung, die der zweiminütigen eigentlichen Kopulation vorausgeht (in Anbetracht der Generationszeit von vier Tagen ist das keine so kurze Zeit, wie es sich anhören mag). Hilfreicherweise sind diese Fadenwürmchen durchsichtig, sodass Barker, nachdem die Kopulation begonnen hatte, genau beobachten konnte, was mit den Spermien in den Körpern des Paares passierte. Zehn Sekunden, nachdem das Männchen seine

Spicula in die Vulva gesteckt hatte, begannen die Spermien sich in dem von der Keimdrüse zu den Spicula führenden Samenleiter zu sammeln und wurden dann in kleinen Schwallen in die Vagina gepumpt. Gegen Ende der zwei Minuten nahm die übertragene Spermienmenge immer stärker ab und schließlich begann das Männchen seine Spicula zurückzuziehen. Und das war der Moment, wo das Weibchen – und es fällt schwer, sich der Vorstellung zu erwehren, dass Barker jetzt mit aufgerissenen Augen in das Okular seines Mikroskops starrte und einen leisen Fluch ausstieß –, der Moment also, wo das Weibchen mitunter das volle Maß an soeben empfangenen Spermien in nicht misszuverstehender Weise retour sandte. Barker schreibt: »Die Vulva öffnete sich und die gesamte Masse von Samenflüssigkeit schien druckvoll aus dem Uterus hinausgepustet zu werden. Was gewöhnlich darin resultierte, dass auch die Spicula des Männchens aus der Vulva gepustet wurden.«

Der verbreitete Fall, dass, wie es diesen Wurmmännchen passieren kann, eine Besamung manchmal buchstäblich nach hinten losgeht, führt zu, mit Eberhards Worten gesagt, »einem aus männlicher Sicht traurigen Fazit«, nämlich dem, dass Kopulation nicht notwendigerweise mit Besamung und Befruchtung abschließt. Wie man nicht automatisch den Jackpot knackt, wenn man eine Münze in einen Glücksspielautomaten einwirft, so startet man, wenn man einen Penis in eine Vulva steckt, lediglich in einen Hürdenlauf, bei dem das Risiko der Spermienausstoßung bloß das erste Hindernis ist. Wie Eberhard schreibt, »haben Weibchen, weil die Befruchtung in ihrem Körper stattfindet, in Sachen Fortpflanzung generell das letzte Wort und können ›kryptische Weibchenwahl‹ ausüben«. Neben der Spermienausstoßung wenden weibliche Tiere (Menschen eingeschlossen) eine breite Palette anderer Tricks an, um unter den Männchen, mit deren Penis ihre Vagina aneinandergerät, ihre Wahl zu treffen. Im nächsten Kapitel werden wir noch etliche weitere dieser Tricks kennenlernen.

IV Fünfzig Wege, einem Lover ein Schnippchen zu schlagen

Nun ja, vielleicht doch nicht fünfzig Wege, aber immerhin mindestens 23, sagt William Eberhard in seinem Buch ›Female Control: Sexual Selection by Cryptic Female Choice‹ (1996; ›Weibliche Kontrolle: Sexuelle Selektion durch kryptische Weibchenwahl‹). Mit diesem Folgeband zu ›Sexual Selection and Animal Genitalia‹ von 1985 wollte der Verfasser nur eines, nämlich nachweisen, dass die Paarungsbereitschaft eines Weibchens entgegen unserer Intuition nicht so verstanden werden sollte, als hätte es sich dem Wollen des fraglichen Männchens gebeugt, der Vater seines Nachwuchses zu werden. Laut Eberhard ist die Kopulation keineswegs »das sichere Anzeichen für das endgültige Plazet bei der Weibchenwahl«.[1] Vielmehr ist sie lediglich eine einzelne Hürde auf einer regelrechten Hindernisbahn, die das Weibchen aufgebaut hat. Die Bahn beginnt bereits ein langes Wegstück weit vor der Kopulation, dort, wo sie noch das Forschungsfeld traditioneller Studien zur sexuellen Selektion darstellt. Aber – und auf jeden Fall damals, in den 1990er-Jahren, war dies unter Biologen noch nicht Gemeinwissen – sie setzt sich auch auf langer Strecke noch fort, nachdem die Kopulation begonnen hat. Kopulieren führt nicht notwendigerweise zur Besamung, Besamung ist nicht gleichbedeutend mit Befruchtung und Befruchtung nicht gleichbedeutend mit Fortpflanzung. Über alle Stationen des männlichen Hindernislaufs übt Eberhard zufolge das Weibchen mit einem von ihm als »kryptische Weibchenwahl« bezeichneten Strategiekomplex die Kontrolle aus – »kryptisch« deshalb, weil die dabei anfallenden Entscheidungen tief im Innern des weiblichen Körpers vollzogen werden und somit sowohl für den Geschlechtspartner als auch für einen Beobachter gleichermaßen unsichtbar bleiben.

Wenn Biologen diese Erweiterung der Partnerwahl im Körperinneren ignorieren, so Eberhard, begehen sie einen schweren Fehler. Ein Weibchen ist keine »passive Maschine zur Nachwuchserzeugung«, sondern ein hoch differenziertes Produkt evolutionärer Selektion, optimiert für den Zweck, eigene Interessen und die seines Nachwuchses zu wahren. Und diese Optimierung schlägt sowohl in seinen vor als auch in den nach Beginn der Einführung eines Penis in seinen Körper getroffenen fortpflanzungsrelevanten Entscheidungen zu Buche. Entscheidungen im Stadium vor der Kopulation trifft das Weibchen anhand einer breiten Palette vom Männchen ausgehender Signale (dessen Färbung und Größe, Pheromone, Balztänze und -gesänge, um nur einige zu nennen), die mit breit gefächertem Sensorium (Gesicht, Gehör, Geruch) wahrgenommen werden. Aber sobald der Kopulationsakt begonnen hat, verlagern sich sowohl die Signalgebung des Männchens als auch die Sinneswahrnehmungen – samt der mit ihnen verkoppelten Entscheidungsfindungsmaschinerien – des Weibchens in ihre jeweiligen Komponenten in den Genitalien der beiden Partner. Und obschon die Genitalien nur kleine Körperteile sind, sind die Bewertung der Signale und die sich daraus ergebenden Entscheidungen darum um kein Jota weniger wichtig und wirksam.

Spermienabstoßung ist lediglich *eine* wirksame (wenn auch vielleicht nicht sonderlich raffinierte) Methode, wie das Weibchen unter seinen Paarungspartnern eine Auswahl treffen kann. In diesem Kapitel werden wir die zahlreichen anderen Strategien im Arsenal des Weibchens erkunden, mit denen es die Fortpflanzungsabsichten bestimmter Freier durchkreuzt.

Eine besonders ausgefuchste Strategie ist die von bestimmten Nagern praktizierte Art von Zwei-Stufen-Koitus. Die *Neotominae* sind eine 130 Arten (unter anderem die Amerikanische Buschratte und die Eigentliche Hirschmaus) umfassende, in Nord- und Mittelamerika heimische Gruppe von Mäusen, und wir würden, was die sexuellen Präferenzen dieser kleinen Säuger angeht, wahrscheinlich noch heute im Dunkeln tappen, wäre da nicht das rastlose Bemühen eines einzelnen Forschers gewesen, des Professor emeritus der Psychologie an der University of Florida, Donald Dewsbury. Von der zweiten Hälfte der 1960er-Jahre an veröffentlichte er an die dreißig Artikel, die sämtlich nach dem Schema »Kopulationsverhalten der …« betitelt waren (denken Sie sich anstelle der drei Punkte irgendeine *Neotominae*-Spezies hinzu). Jedes Paper präsentierte zu der jeweiligen Mäuseart ausführliche Beobachtungen über Dauer, Abfolge und Häufigkeit einzelner Elemente der Nagetiersexualität wie etwa »Jagen-und-Bespringen«, »Penetrationsstoßfrequenz«, »Ejakulationslatenz«, »Genitalgrooming« und (mein Favorit) »Flachliegen«. Man kann sich vorstellen, welche triste Lustlosigkeit den Herausgeber einer Fachzeitschrift befallen haben mag, wenn sich im Posteingang wieder einmal eine Versandtasche mit einem Maus-Manuskript aus der Feder des Herrn Dr. Dewsbury fand, und vermutlich deswegen beglückte der Autor mit seinen Erzeugnissen eine umfangreiche Liste von Journalen wie ›Animal Behaviour‹, ›American Zoologist‹ oder ›Journal of Mammalogy‹. Dessen ungeachtet bilden Dewsburys Artikel zusammengenommen so etwas wie einen unübertroffenen »Kinsey Report« für Nagetiere, und sie machen uns mit manchen beachtenswerten Verhaltensmustern bekannt – Mustern, bei denen im Verlauf der Kopulation kritische Augenblicke auftreten können, in welchen dann das Mausweibchen seine kryptische Wahl ausüben kann.[2]

Bei den meisten *Neotominae* verhaken sich die Genitalien bei der Paarung ineinander, indem der keulenförmige Penis anschwillt und sich nicht mehr herausziehen lässt; manchmal führt das dazu, dass noch bis lange nach der Ejakulation das Weibchen, solchermaßen mit dem Männchen verbunden, von diesem herumgeschleift wird, bis der Penis endlich wieder erschlafft. Bei manchen Arten tritt an die Stelle dieserart Verhaktseins ein weibchenfreundlicherer Kopulationsstil. Das Männchen der Kalifornischen Maus (*Peromyscus californicus*) pflegt das Weibchen mehrmals hintereinander zu bespringen. Dabei beglückt es die Partnerin jedes Mal mit einem Stakkato »tiefer Beckenstöße« und steigt dann wieder ab, aber nur, um zu einem Dacapo ein zweites Mal aufzureiten und mitunter ein drittes Mal, jedes Mal, ohne zu ejakulieren. Erst bei der letzten Serie von Stößen kommt es zum Höhepunkt, der unschwer daran zu erkennen ist, dass »auf mehrere tiefe Stöße eine Serie von spasmodischen Muskelkontraktionen folgt, die mit raschem, flachem intravaginalen Stoßen gepaart ist, und darauf ein langer Zeitraum, in dem das Männchen bewegungslos das Weibchen umklammert hält«. Ouuh.

Solche Perioden von »trockenem Sex«, bevor es zum »nassen Sex« kommt, könnten wohl für das Weibchen ein besonders zielsicherer Weg zur Gattenwahl sein. Anhand der Signale, die es von den Genitalien – oder, wie Eberhard es ausdrückt, von der »kopulatorischen Balz« – des Aspiranten empfängt, könnte es nach der »trockenen« Phase seine Wahl treffen, ob es sich auf die entscheidende »nasse« einlässt oder nicht. Und zwei- oder mehrstufige Kopulation ist im Tierreich auf erstaunlich breiter Artenskala gang und gäbe. Sandlaufkäfer praktizieren sie, ebenso bestimmte Nachtfalter, Wespen, Gespenstschrecken, Prachtkäfer, Milben, Ratten und manche Spinnen. Als man in den 1960er-Jahren die Praxis der trockenen Kopulation bei den Baldachinspinnen entdeckte, war das zumindest für Arachnologen eine ordentliche Überraschung (die Baldachinspinnen – wissenschaftlich: *Linyphiidae*; volkstümlich auch: Glücksspinnen – sind eine artenreiche Familie von Zwergspinnen, von denen viele in Gesträuch oder hohem Gras diese baldachin- oder hängemattenartigen Netze weben, in denen sich der Morgentau sammelt). Wie Sie sich vielleicht noch aus dem ersten und dem dritten Kapitel erinnern, lautet die verbreitete Lehrmeinung in Sachen Spinnen-Sex, dass das Männchen ein winziges Netzchen webt, aus seiner Geschlechtsöffnung etwas Sperma daraufpresst, dieses dann in seine nicht selten bizarr geformten Pedipalpen aufsaugt und sich anschließend auf die Suche nach einem Weibchen macht, um es mit seiner Last zu besamen. So halten es viele Spinnenarten bei der Paarung, und naturgemäß erwartete der niederländische Arachnologe Peter van Helsdingen, genau das bestätigt zu finden, als er 1962 sein Grundstudiumprojekt zum Paarungsverhalten der Glücksspinne *Lepthyphantes leprosus* startete, einer Höhlen und Keller bewohnenden europäischen Spezies der *Linyphiidae*-Familie.[3]

Seine Spinnen besorgte sich van Helsdingen aus dem künstlichen Höhlensystem, das ein über Jahrhunderte währender Mergelstein-Abbau im Cannerberg bei Maastricht hinterlassen hatte. Die mehreren Dutzend juveniler Männchen und Weibchen, die er zwischen den von den Bauern der Umgebung dort geparkten Ackergeräten aufgesammelt hatte, verbrachte er in den feuchtkalten, dunklen Keller des Zoologie-Labors in Leiden. Unter den dort herrschenden Quasi-Höhlenbedingungen, so seine Hoffnung, werde er die vorerst noch nicht geschlechtsreifen Tierchen, sobald sie mit der Reifehäutung das Adultstadium erreicht hätten, zur Paarung bringen können. Dabei wollte er sie im Licht einer winzigen Leuchte durch das Mikroskop beobachten.

Überrascht stellte van Helsdingen fest, dass sich seine Spinnen bei der Paarung unbekümmert darüber hinwegsetzten, was in den arachnologischen Handbüchern stand. In dem feuchtkalten Keller fröstelnd über das Mikroskop gebeugt beobachtete er, dass die Spinnenmännchen, sobald es ans Sich-Paaren ging, keineswegs ihre Pedipalpen mit Spermien befüllten, sondern sich für einen längeren Zeitraum damit beschäftigten, ihre noch leeren zwei Pedipalpen abwechslungsweise in raschem Takt immer wieder von Neuem in die »Epigyne« – das komplex geformte äußere weibliche Geschlechtsorgan der Webspinnen – einzuhaken. Anfangs war da noch etwas Ungeschicklichkeit mit im Spiel und der Pedipalpus rutschte das ein oder andere Mal an der Epigyne ab, nach einiger Zeit jedoch hatte das Männchen gewöhnlich den Bogen raus. Ein Pedipalpus blieb jeweils nur wenige Sekunden in der Epigyne stecken, dann löste er sich und es folgte eine sekundenlange Selbstputz- und Ruhephase, ehe der andere Pedipalpus in die Epigyne eingeführt wurde; diese »trockenen« Penetrationen wiederholten die Männchen Hunderte oder sogar Tausende Male – ein bis zu sechs Stunden dauernder Kraftakt![4] Indem van Helsdingen den Geschlechtsakt unterbrach, das Weibchen isolierte und wartete, bis es Eier legte, die sich allesamt als unbefruchtet erwiesen, ve-

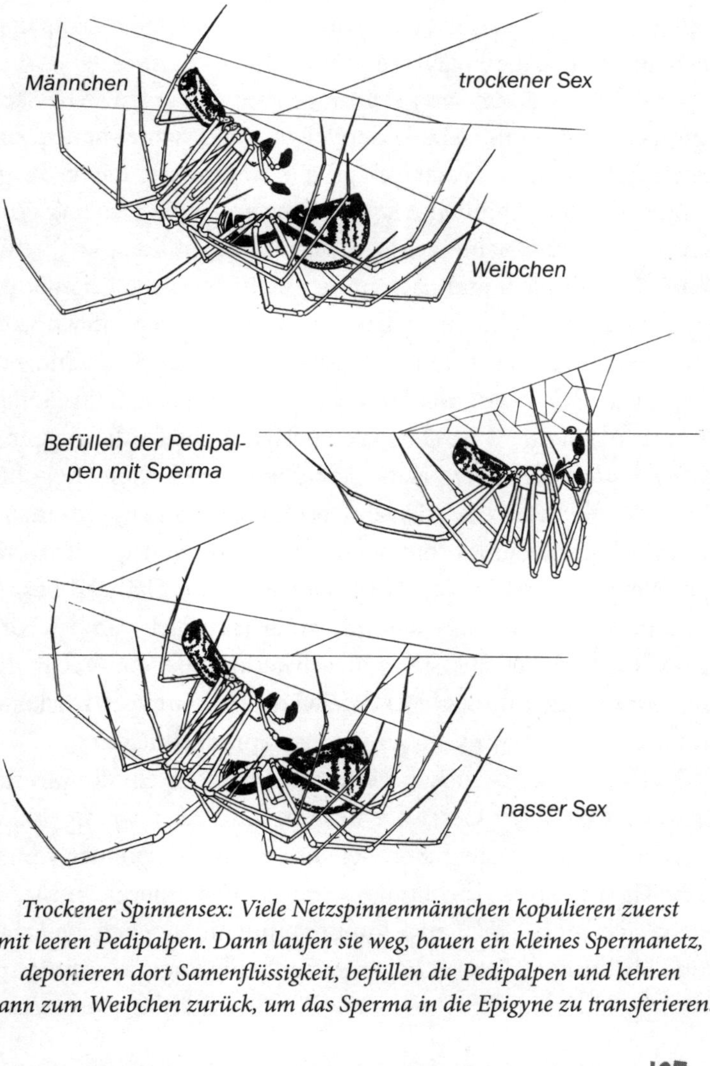

Trockener Spinnensex: Viele Netzspinnenmännchen kopulieren zuerst mit leeren Pedipalpen. Dann laufen sie weg, bauen ein kleines Spermanetz, deponieren dort Samenflüssigkeit, befüllen die Pedipalpen und kehren dann zum Weibchen zurück, um das Sperma in die Epigyne zu transferieren.

rifizierte er, dass während dieser Paarungsphase keine Spermienübertragung stattgefunden hatte.

Nach dieser langwierigen trockenen Phase verlässt das Männchen abrupt das Weibchen, baut am Rand von dessen Netz ein winziges dreieckiges Spermanetz, deponiert einen Tropfen Samenflüssigkeit darauf, befüllt damit dann seine beiden Pedipalpen und kehrt eilends zu dem Weibchen zurück, um nun »ernsthaft« mit der Kopulation zu beginnen, indem er seine Pedipalpen nacheinander in die Epigyne einführt und dort entleert.

Über Jahre befragte van Helsdingen auf Tagungen seine Fachgenossen, ob sie ihrerseits je dergleichen beobachtet hätten, und keiner hatte – oder, besser gesagt, alle waren stets davon ausgegangen, dass ein Spinnenmännchen, wenn es die Paarung eröffnet, zuvor bereits seine Pedipalpen mit Samenflüssigkeit befüllt hatte[5]. Erst als nach und nach immer mehr Biologen genauer untersuchten, was Spinnen so trieben, wurde unbezweifelbar klar, dass eine längere »trockene« Phase ein bei allen Baldachinspinnen sowie in einigen weiteren Spinnenfamilien anzutreffendes Kopulationsmoment ist. Die nordamerikanische Baldachinspinne *Neriene litigiosa* (»Sierra-Kuppelspinne«) zum Beispiel kopuliert in ganz ähnlicher Weise wie van Helsdingens höhlenbewohnende Spezies.[6] Der Evolutionsbiologe Paul Watson von der University of New Mexico hat auf seiner Feldstation am Flathead Lake in Montana diese Spinnen – deren Populärname sich von der Form der Netze herleitet, die sie in Buschwerk aufbauen – über drei Jahrzehnte lang untersucht und dabei das Studium des trockenen und nassen Spinnensex ein gutes Stück vorangebracht.

Watson versetzte sich paarende Spinnen in ein Respirometer (oder RQ-Gerät: Gerät zur Bestimmung der respiratorischen Quotienten), ein Instrument, das die genaue Menge der von einem Kleintier über die Lunge verausgabten Energie misst. Es zeigte sich, dass ein Sierra-Kuppelspinnenmännchen bei einer Runde hektischer Trockenbegattung auf eine Energieleistung von etwa einem Zehntelmilliwatt kam. Für den Glühbirnen-Normalverbraucher mag sich das nach nicht viel anhören, aber, schreibt Watson, »für eine Spinne ist es das Äußerste an Schwerstarbeit« – faktisch derselbe Kraftaufwand wie ein Rennen in höchstem Tempo auf allen acht Beinen. Das ist darauf zurückzuführen, dass es zum Einhaken des Pedipalpus in die Epigyne für das Männchen erforderlich ist, mit einiger Mühe die sogenannte »Haematodocha« aufzupumpen. Dazu muss es Hämolymphe (Blutersatz) in diesen großen, Flüssigkeit enthaltenden Sack im Innern des Pedipalpus pressen, woraufhin der sich entrollt wie eine Luftrüssel-Tröte. Dies wiederum ermöglicht es diversen beweglichen Teilen des komplexen Pedipalpus, sich zu dehnen, in das weibliche Genitale zu gleiten und darin in korrespondierende Hohlräume vorzudringen. Je schneller das Männchen seine Pedipalpen aufpumpt und wieder entleert und von Neuem aufpumpt (was zwischen ein Mal und mehr als zehn Mal pro Minute schwankte), desto höher ist nach Watsons Feststellung seine Energieleistung – und desto begehrenswerter mag es wohl als Paarungspartner sein.

Mittels einer Art Genetic Fingerprinting kam Watson auch dahinter, welches der zwei bis fünf Männchen, mit denen ein Weibchen im Lauf einer Paarungssaison kopuliert, die meisten von dessen Spiderlingen zeugt. Am erfolgreichsten, so fand er heraus, ist zwar normalerweise das Männchen, das als erstes zum Zuge kommt, doch hängt der Erfolg nachfolgender Aspiranten großenteils von deren »kopulatorischem Elan« ab, der sich nach den drei Faktoren Tempo der trockenen Penetrationen, Zahl der fehlgeschlagenen Penetrationsversuche und Dauer der trockenen Paarungsphase bemisst. Mit anderen Worten, das Sierra-Kuppelspinnenweibchen wählt unter den Spermien, die es während einer Paarungssaison empfängt, die derjenigen Männchen aus, die ihre Epigyne am kräftigsten und einprägsamsten zu stimulieren wussten.[7] Und eine Möglichkeit für das Weibchen, die getroffene Wahl in die Tat umzusetzen, besteht darin, die nasse Phase gar nicht mehr abzuwarten, sondern einfach zu verschwinden, solange das Männchen noch damit beschäftigt ist, seine Pedipalpen zu befüllen, und dieses so, ungeachtet seiner viele Stunden langen kopulatorischen Balz, der Chance zu berauben, auch nur ein einziges von des Weibchens Eiern zu befruchten. Auch bei vielen anderen Tieren, bei denen der nassen Kopulation eine trockene Phase vorausgeht, bietet die zwischen den beiden Phasen eintretende kurze Stockung des Geschehens den Weibchen eine sehr probate Gelegenheit, ihre Wahl durch die Tat zu bekräftigen, indem sie sich aus dem Staub machen.

Dieses neue und nutzlose Teil

Wenn man es recht bedenkt, ist der Kopulationsakt zwischen einem Baldachinspinnenpaar ein schlagender, wenn auch etwas langatmiger Videobeweis für die Prädominanz der kryptischen Weibchenwahl. Wüssten wir es nicht besser, würden wir das Paar vielleicht durch die viktorianische Brille betrachten und ein männliches Wesen sehen, das sich eine Partnerin gewählt hat und nun eifrig die Rechte des erfolgreichen Freiers wahrnimmt. In Wirklichkeit jedoch tanzt das Männchen nach der Pfeife des Weibchens. Das Männchen verschwendet viele Stunden seines kurzen Lebens an ein schimärisches Kopulieren mit leeren Pedipalpen, obwohl es sich viel lieber (wenn eine Spinne solcher Empfindungen fähig wäre), bevor es sich dem Weibchen nähert, die Pedipalpen mit Samenflüssigkeit befüllen würde, um sodann die Partnerin kurzerhand sofort bei der ersten Begegnung zu besamen. Dass das Spinnenmännchen und die Männchen vieler anderer Tierarten dank sexueller Selektion gezwungen sind, einen langwierigen Kopulationsprozess auszuführen, bei dem das oberste Ziel offenbar keineswegs die Ejakulation ist, zeigt, wie weitgehend ihr reproduktives Los in den Händen ihrer Partnerinnen liegt. Trotz alledem könnte man immer noch eine kontrafaktische Ansicht vertreten: Selbst die Möglichkeit, dass sich das Weibchen verdrückt, bevor das Männchen zum Abschluss kommt, oder die, dass es einen Teil von dessen kostbaren Spermien abstößt, sind keine Risiken, die solche Verstiegenheiten wie eine lang gezogene Periode sinnlosen trockenen Penetrierens mit den Pedipalpen rechtfertigen würden. Allgemeiner gesprochen: Warum halten sich Männchen nicht an eine Ruck-zuck-Strategie (bzw. Penetrieren-dann-ejakulieren-Strategie)? Mit der so gesparten Zeit würde ihnen immerhin eine gewisse Kompensation für die Fälle zuteil werden, in denen das Weibchen letzten Endes doch nichts mit ihren Spermien anfängt.

Die Gründe dafür sind in dem weiblichen »Rohrleitungssystem« zu suchen. Vorzeitige Ejakulation verringert nicht nur die Chancen des Männchens, die Eier des Weibchens zu befruchten, sondern sie macht diese Chancen bei vielen Organismen schlichtweg zunichte. Es gibt nämlich nur wenige Tierarten, bei denen die Männchen ihre Spermien direkt auf die Eier des Weibchens abgeben. Bei der großen Mehrzahl gelangt das männliche Ejakulat lediglich in einen Auffangraum vor einem möglicherweise labyrinthisch angelegten System von engen Röhren, Ventilen, Schleusen und Sackgassen. Beim Menschen zum Beispiel lässt der männliche Geschlechtspartner seine Samenzellen als eine Pfütze am äußeren Muttermund zurück, von wo sie hinaufbefördert werden müssen durch den verschleimten Gebärmutterhals, über die Uteruswand und durch die ventilartige Mündung in den einen der beiden Eileiter, der ein befruchtbares Ei enthält. Eine Chance, dieses Ei zu befruchten, haben sie nur, wenn sie es bis in die »Ampulla tubae uterinae« schaffen, die scharfe Kurve, die der Eileiter nahe am Eierstock beschreibt. Und auf dem ganzen Weg haben sie es mal mit Engpässen, mal mit ihnen entgegenschlagenden Flimmerhärchen oder anderen Hindernissen zu tun.

Sich im labyrinthischen Reproduktionsapparat des Weibchens der Spezies *Homo sapiens* zurechtzufinden, ist ein Kinderspiel im Vergleich zu der Odyssee, die ein Spermium im Rohrnetz, sagen wir, des Hamsterweibchens zurücklegen muss, wo der Eileiter direkt neben dem Zugang zu einer Sackgasse in die Gebärmutter mündet und auf gesamter Länge über 15 Zickzackwindungen beschreibt. Bei den Zwergkäfern oder Federflüglern (*Ptiliidae*) und bestimmten Taufliegen besitzen die Weibchen ein ähnliches überladenes Rohrleitungssystem. Und ebenso ja eigentlich auch bei den Baldachinspinnen, bei denen die – aus zwei Stapeln von bis zu zehn Windungen bestehenden – Tunnel von der Epigyne zum Spermienlagerungsplatz (der Samentasche oder Spermathek) mitunter irrwitzig lang und verschlungen sind.[8] Das alles bekräftigt unmissverständlich, dass Besamung nicht gleich Befruchtung ist. Für einen fortpflanzungswilligen Geschlechtspartner ist der Samenerguss in seine Geschlechtspartnerin nur der erste Schritt. Damit die Spermien durch das innere Labyrinth der Partnerin zum Ziel geleitet werden, bedarf der Partner deren Mithilfe.

Und es kann sein, dass die Geschlechtspartnerin ihre inneren Pforten für die Spermien des Geschlechtspartners nur dann öffnet, wenn ihr die Stimulation, die sie während der Trockenkopulationsphase von ihm erhielt, zugesagt hat – ein Umstand, der die künstliche Besamung von Nutztieren häufig zur Ergebnislosigkeit verurteilt. Jeder »Besamungstechniker« weiß, dass die Reaktion einer Sau auf eine Polyethylenpipette – ganz im Gegensatz zu ihrer Reaktion auf ein echtes Schwein männlichen Geschlechts mit einem echten männlichen Geschlechtsteil – eher lauwarm ausfällt; zudem – und das ist das Entscheidende – nimmt sie weniger Spermien in ihren Uterus auf, wenn diese ihr von einem Mann im Laborkittel und nicht von einem richtigen Eber appliziert wurden. Bei der künstlichen Besamung von Schweinen greift man deshalb auf reale Eber als Stimmungsaufheller zurück und verwendet Latexpipetten, die in der haptischen Qualität eine verblüffende Ähnlichkeit mit dem Eberpenis aufweisen (in manchen Fällen sind sie zusätzlich mit einem Spezialvibrator ausgestattet) – und erwirtschaftet mit diesem Illusionstheater für das Schweinesensorium tatsächlich einen reproduktiven Gewinn.

Ein bedeutender Anreiz für das Männchen, seinen Penis als Instrument zur kopulatorischen Balz zu gebrauchen, geht also

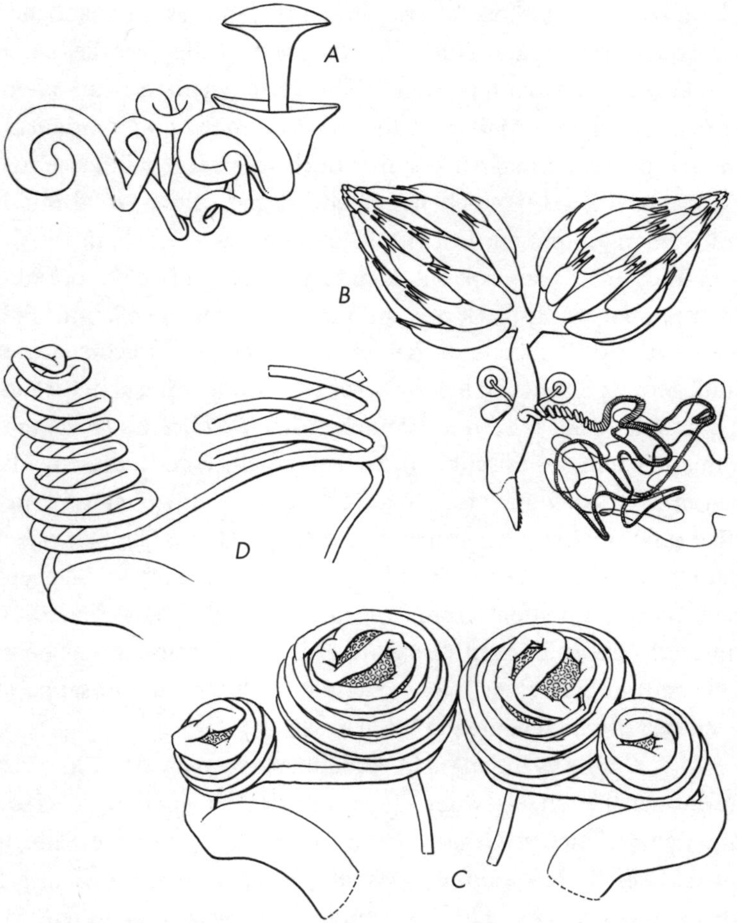

Labyrinthische Röhrensysteme: Bei vielen weiblichen Tieren sind die Eier hinter einem ausgedehnten System von Röhren und Klappen versteckt, zum Beispiel beim Zwergkäfer (A), bei der Fruchtfliege (B) und bei der Baldachinspinne (C). (D) zeigt das Röhrensystem der Letzteren in Einzeldarstellung.

von dessen Wunsch aus, das Weibchen dazu zu bewegen, dass es ihm seine inneren Pforten öffnet, die für nachrangige Männchen geschlossen bleiben. Bei den meisten Tieren, ob groß oder klein, so haben Biologen herausgefunden, gibt es im weiblichen Reproduktionsapparat eines oder mehrere solcher Ventile, deren Steuerung unbewusstem weiblichen Verfügen unterliegt. Wenn zum Beispiel zwei Maiswurzelbohrer *Diabrotica undecimpunctata* sich paaren, streichelt der männliche Käfer, sobald er seinen Aedeagus in das Weibchen eingeführt hat, dieses rhythmisch mit seinen Antennen. Dabei hält freilich das Weibchen die Vaginalmuskulatur angespannt, sodass der Aedeagus nicht bis zum Spermienlagerungsplatz, der Spermathek, vordringen kann.[9] Erst wenn das Weibchen entscheidet, dass der Geschlechtspartner flink genug gestreichelt hat, lockert es die Vaginalmuskeln für ihn. Tut es das nicht, wird das Männchen noch endlos lange vergeblich streicheln, bis es schließlich vergrätzt absteigt. In diesem Abschnitt werde ich mich jedoch auf Säuger konzentrieren, weil hier die Funktionsweise der inneren weiblichen Genitalien besser bekannt ist als bei anderen Tieren. Überdies erhalte ich so Gelegenheit, mein im dritten Kapitel gegebenes Versprechen einzulösen und auf den weiblichen Orgasmus zurückzukommen, der beim Öffnen und Schließen solcher Ventile im Reproduktionsapparat eventuell die entscheidende Rolle spielt.

Man könnte es Ihnen nicht verdenken, wenn Sie den Eindruck gewonnen hätten, dass der Hype und das Hin-und-her-Gerede um den weiblichen Orgasmus und damit auch um die Klitoris ausschließlich im Rahmen des überladenen Layouts heutiger Hochglanzmagazine stattfindet. Indes ist die wissenschaftliche Literatur zu diesem Thema ein ähnliches Minenfeld der gesteigerten Empfindlichkeit, des Hypes und der Hyperbolik.[10] Als Mitte des 16. Jahrhunderts der Anatom Gabriele Falloppio den Anspruch erhob, die Klitoris »entdeckt« zu haben (das heißt entdeckt für die von Männern beherrschte Wissenschaft; Frauen waren sich der Existenz des Organs selbstverständlich seit Anbeginn der Zeit bewusst), und der große Andreas Vesalius das in scharfem Ton kommentierte, dieser »neue und nutzlose Körperteil« sei doch wahrscheinlich nur bei zwittrigen Missbildungen anzutreffen, kündigte sich in diesem hitzigen Wortwechsel bereits der verwirrende Verlauf an, den der Diskurs über die Klitoris in den folgenden 450 Jahren nehmen sollte.[11]

Im 17. Jahrhundert sahen die Anatomen in der Klitoris wenig mehr als das Signal, ihr Klitoridektomie-Besteck hervorzuholen – getreu der von der Autorität Vesalius in die Welt gesetzten Irrlehre, dass dieses Ding an eine Frau nicht hingehöre. Doch 1672 veröffentlichte der niederländische Arzt Reinier de Graaf eine detaillierte Beschreibung der Klitoris in ihrem vollen Umfang (und wir werden später noch sehen, wie groß dieser Umfang tatsächlich ist) und begleitete die Faktendarstellung mit dem Ausruf: »Aufs Äußerste überrascht es uns, dass manche Anatomen dieses Körperteils nicht öfter Erwähnung tun, als wenn er im Universum der Natur gar nicht vorkäme.« Ziemlich deutlich sprach er auch aus, dass der Natur offensichtlich daran gelegen sein musste, Frauen mit einem solchen Lustfleck auszustatten – würden sie andernfalls die Risiken von Schwangerschaft und Wehen auf sich nehmen?

Mit de Graafs Wiederentdeckung der Klitoris hätte ein anhaltend fortschreitendes Verständnis dieses Organs einsetzen können, wäre es nicht so gekommen, dass de Graaf bereits im Jahr nach der erwähnten Veröffentlichung in einem Anfall von Depression ob einer Kontroverse mit einem Fachgenossen sich das Leben nahm. Nachdem sie so ihren wichtigsten Sachwalter verloren hatte, geriet die Klitoris in der Medizin für über 150 Jahre wieder in Vergessenheit. Erst im Jahr 1844 holte die brillante Studie ›Die männlichen und weiblichen Wollust-Organe des Menschen und einiger Säugethiere (usw.)‹ des deutschen Anatomen Georg Ludwig Kobelt sie in den wissenschaftlichen Diskurs zurück.

Noch in der zweiten Hälfte des 20. Jahrhunderts wiederholte sich die Geschichte in einem (vorläufig) letzten Kreislauf von Entdeckung, Vergessenheit und Wiederentdeckung. Als de Graaf und Kobelt die menschliche Klitoris beschrieben, brachten sie zutage, dass die gut bekannte und gewöhnlich erbsengroße Kli-

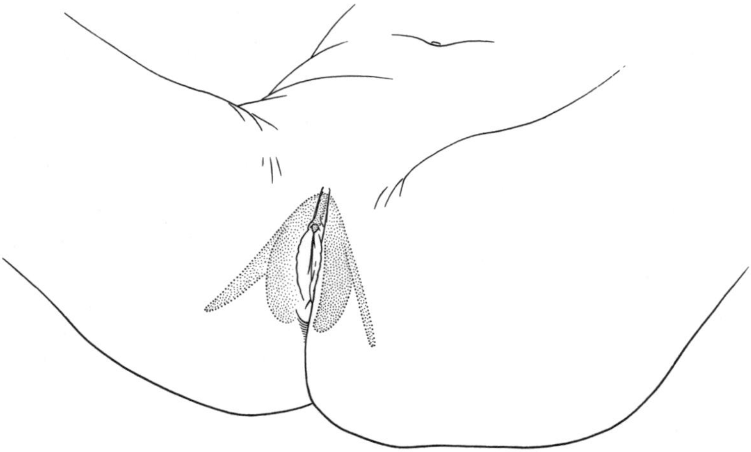

Alles andere als kümmerlich: Die wahre Größe und Komplexität der menschlichen Klitoris ist über die Jahrhunderte mehrfach entdeckt und wieder vergessen worden.

toriseichel und die zwei nach links und rechts abgewinkelten Hautfalten (»Frenula clitoridis«) unmittelbar darunter im Grunde nur die Spitze des Eisbergs sind. Der größte Teil der Klitoris liegt im Fett- und Knochengewebe der Schambeinregion verborgen, kann sich aber, was seinen Umfang angeht, sehen lassen: Zwei jeweils zehn Zentimeter lange dünne Schwellkörper (die »Corpora cavernosa clitoridis«) ziehen sich ins Körperinnere hinein zu Scham- und Sitzbein; sie umgeben die zwei kürzeren dicken, birnenförmigen Vorhofschwellkörper (»Bulbi vestibuli«), die unter der Scheidenvorhofschleimhaut entlang den tieferen Partien der Vagina liegen. Die vier Komponenten zusammen bilden eine große Pyramide, von der von außen nur die Spitze, die Klitoriseichel (»Glans clitoridis«), zu sehen ist. Das ganze Organ ist reichlich mit Blutgefäßen versehen, die ihm das Anschwellen ermöglichen, und mit unglaublich dicken Nervenbündeln verdrahtet, über die Kobelt schrieb: »Hier sind sie, noch vor ihrem Eintritte, so sehr dick, dass man in der That kaum begreift, wie eine solche Fülle von Nervenmasse zwischen den zahllosen Gefäßen dieses kleinen Körperchens noch Raum finden kann.«

Ungeachtet dieser wertvollen Fundstücke exakten Wissens aus dem 17. und 19. Jahrhundert wurde die Klitoris noch bis vor Kurzem in vielen Lehrbüchern der Anatomie des Menschen entweder ganz ignoriert oder lediglich mit ihren recht kleinen, von außen sichtbaren Teilen kurz erwähnt. Also war es für viele wieder einmal eine große Überraschung, als die australische Urologin Helen O'Connell 1998 eine auf dem Einsatz moderner technischer Hilfsmittel wie der Magnetresonanztomographie basierende Neubeschreibung des vollen Umfangs der Klitoris vorlegte. »Zehn Mal größer, als der Mann auf der Straße sie sich vorstellt«, staunte das britische Wissenschaftsmagazin ›New Scientist‹.

Ein ähnliches Schicksal ist im Lauf der Jahrhunderte dem weiblichen Orgasmus widerfahren, der ja unmittelbar von der Klitoris abhängt. Männer, die als Sachkenner galten (immer waren dies nur Männer), taten ihn entweder als ein Überbleibsel aus unserer animalischen Vergangenheit ab oder betrachteten ihn – so etwa Freud – als ein der infantilen Stufe im psychosexuellen Reifungsprozess der Frau zugeordnetes Phänomen, dem es bestimmt ist, später im Leben der eigentlichen erwachsenen, nämlich vaginalen Lust zu weichen. Wer sich zu keiner von diesen zwei Ansichten bekennen mochte, beschritt den diametral entgegengesetzten Weg, indem er den weiblichen Orgasmus zu einer einzigartigen menschlichen Fähigkeit verklärte, die von der Evolution eingerichtet wurde zu dem Zweck, die Bindung zwischen Mann und Frau zu stärken. Diese Sicht der Dinge war in den 1960er-Jahren populär und wurde von dem britischen Zoologen Desmond Morris in dem Bestseller ›Der nackte Affe‹ (1967) einem breiten Publikum vorgetragen. Dort liest man, »dass unsere Art mit dem Orgasmus der Frau unter allen Primaten einzig dasteht« und dass es einen solchen gebe, sei der »ungeheuren Befriedigung« geschuldet, welche »die Entwicklung eines Orgasmus bei der Frau dem Akt der geschlechtlichen

Vereinigung mit dem Ehepartner verleiht – und diese Befriedigung wiederum dient, wie alle Vervollkommnungen im Bereich des Sexuellen, dazu, die Paarbindung zu festigen und die Familie als Einheit zu erhalten«.

Die Wirklichkeit sieht anders aus. Weder die Klitoris noch der Orgasmus ist ein menschliches Alleinstellungsmerkmal, beide sind wahrscheinlich bei den meisten Säugern vorhanden, und die »Familie als Einheit« hat mit diesen Dingen nicht im Entferntesten zu tun.

Weitestgehend gesichertes Faktum ist das Vorhandensein einer Klitoris bei nichtmenschlichen Säugern. Bei allen Säugetieren – beim Menschen ungefähr bis zur neunten Schwangerschaftswoche – hat der junge Embryo zwischen seinen paddelartigen hinteren Extremitäten einen kleinen Knubbel, den sogenannten Genitalhöcker (»Tuberculum genitale«). Im Reifungsprozess des Embryos verlängert sich bei männlichen Individuen dieser Höcker am oberen Ende und wächst sich zum Penis aus, oder er entwickelt sich bei weiblichen Individuen stärker an der Basis und wird zur Klitoris. Höhere Säugetiere (»Plazentatiere«) wie wir Menschen, die in einer behaglichen, nährenden Gebärmutter heranreifen, werden mit vollständig ausgebildeten Genitalien geboren. Beuteltiere jedoch, die in einem viel früheren Entwicklungsstadium geboren werden und anschließend lange im Beutel der Mutter verbleiben, sind, wenn sie zur Welt kommen, in der Entwicklung erst so weit gediehen, dass die Genitalien der zukünftigen Männchen und Weibchen noch identisch sind. Für, sagen wir, eine Wallaby-Familie klärt sich das Rätsel »Junge oder Mädchen?« nur nach und nach durch regelmäßiges Nachsehen im Beutel auf und ist erst nach ungefähr viermonatigem Aufenthalt des Nachwuchses im Beutel vollständig gelöst.[12]

Aber sowohl bei den Beuteltieren als auch bei den Höheren Säugetieren sehen alle weiblichen Individuen ihren Genitalhöcker zu guter Letzt zu einer voll entwickelten Klitoris werden, und das Organ steht in der Vielfalt von Form und Größe dem Penis der männlichen Säuger nicht nach.[13] Schafe haben eine unauffällige, gut versteckte Klitoris, während sie bei Bonobos, bestimmten Krallenaffen und anderen südamerikanischen Affen, ebenso bei Nagetieren und vielen Fleischfressern eine ausladende Angelegenheit ist, deren äußerer Teil wie ein kleiner Penis vorragt, nicht selten im Innern durch einen Klitorisknochen versteift und außen manchmal mit Borsten besetzt ist. Verglichen mit anderen Klitorides schießen die des Maulwurfs und die der Tüpfelhyäne wahrlich den Vogel ab, insofern sie in Größe und Gestalt fast exakt dem männlichen Penis gleichen, bis hin zu dem Umstand, dass sie von der Harnröhre durchzogen werden und erigibel sind. Das Tüpfelhyänenweibchen hat mit ihrer 17 Zentimeter langen Klitoris ein Extrem erreicht: Es bringt seine Jungen durch sie zur Welt – der Geburtskanal verläuft durch das Organ, was die Gebärende oft das Leben kostet – und es rollt sie auf wie einen Ärmel, wenn sie sich mit einem Männchen paart.

Die Tatsache, dass die Klitoris beim Menschen der Sitz des weiblichen Orgasmus ist – der sogenannte vaginale Orgasmus gilt inzwischen als durch Erregung der Klitoris von innen mitbedingt –, macht es wahrscheinlich, dass alle Säugetierweibchen Orgasmen erleben.[14] (Im nächsten Abschnitt werde ich Gelegenheit haben zu erklären, warum dies im Zusammenhang mit der kryptischen Weibchenwahl wichtig ist.) Ich sage »wahrscheinlich«, weil hierin absolute Gewissheit selbstverständlich schwer zu erlangen ist. »Woher will man wissen, dass irgendwas sonst einen Orgasmus hat?«,[15] klagte der Verhaltensbiologe Tim Birkhead einmal. In ihrer sexualwissenschaftlichen Pionierstudie ›Die sexuelle Revolution‹ (1966) widmeten William Masters und Virginia Johnson ein ganzes Kapitel der Beschreibung und Analyse des Trubels der Zeichen, die verraten, dass einer Frau gerade »la petite mort« widerfährt – der kleine Tod, wie die französische Metapher für den Orgasmus lautet. Sie registrierten eine »Zunahme der myotonischen Spannung« in den langen Muskeln des gesamten Körpers, »ungewollten Karpopedalspasmus« (das heißt Krampf in Händen und Füßen), rhythmische Kontraktionen von Anus, Vagina und Uterus, dazu erhöhten Blutdruck (Hypertonie) und beschleunigte Atmung (Hyperventilation). Seither wurde die Liste dank technischem Fortschritt um etliche Positionen erweitert, so etwa um die vermehrte Ausschüttung des »Kuschelhormons« (oder »Orgasmushormons«)[16] Oxytocin ins Blut und die mittels Magnetresonanztomografie nachweisbare Veränderung der Aktivität in einem bestimmten Hirnareal, dem »Orbitofrontalen Cortex«.[17]

Selbstverständlich können viele dieser »Symptome« auch durch andere Vorgänge ausgelöst werden – eine hyperventilierende Frau hat nicht unbedingt gerade einen Orgasmus. Hier zeigt sich das Problem, vor dem der Zoologe steht, der den tierischen Orgasmus studieren möchte: Ein menschliches weibliches Individuum kann einem einfach sagen und bestätigen, ob es einen Orgasmus hatte oder nicht, ein Laborrattenweibchen kann das nicht. Doch konnten Zoologen mit Beobachtungen aufwarten, die überzeugend dafür sprechen, dass der Orgasmus auch im weiblichen Teil der Tierwelt weitverbreitet ist.[18] Die besagten Laborratten, die ja mit dem Ausfüllen von Fragebogen bekanntermaßen nichts am Hut haben, wurden betäubt und an ein Monitoring-Gerät angeschlossen, das nach gebührender Stimulierung ihrer Genitalien den sogenannten »urethrogenitalen Reflex« anzeigte: eine Serie rhythmischer Kontraktionen der Muskulatur von Vagina und Anus, deren grafisches Bild sich in nichts von dem unterscheidet, das man beim Monitoring von mitten im Orgasmus befindlichen Menschen erhält. Und vor längerer Zeit, im Jahr 1952, brachten die unternehmungsfreudigen Forscher N. L. van Demark und R. L. Hays in den Uterus einer brünstigen Kuh einen mit Wasser gefüllten Ballon ein, ließen diese dann von einem Bullen besteigen und zeichneten (vermutlich aus sicherer Entfernung) mittels eines über einen dünnen Gummischlauch mit dem Ballon verbundenen Schreibhebels die Druckschwankungen im Innern des Uterus auf. Obwohl der Bulle für das Besteigen und Penetrieren der Kuh, das Ejakulieren, das Sich-Zurückziehen und Absteigen nicht länger als fünf Sekunden benötigte, zeigte der Druckmesser der Forscher bis volle zwei Minuten nach dem Absteigen des Bullen »krampfartige Kontraktionen des Uterus« an. Ein Orgasmus? Darüber könnte man streiten.

Bei Primatenweibchen ist ein allfälliges Erreichen des sexuellen Höhepunkts für den menschlichen Beobachter ein bisschen leichter zu erkennen, sodass die Ergebnisse von Versuchen mit ihnen weniger zweideutig ausfallen. Im Jahr 1970 entschloss sich die Anthropologin Frances Burton von der University of Toronto, die damals weitverbreitete Meinung, dass der weibliche Orgasmus genauso ein Alleinstellungsmerkmal unserer Spezies sei wie die Sprache und der Werkzeuggebrauch, auf den Prüfstand zu stellen.[19] Sie legte adulte Rhesusaffenweibchen bäuchlings auf ein Gestell, das man nicht anders denn als eine Art Sado-maso-Bondage-Tisch beschreiben kann, wo sie in Hundegeschirre geschnallt und mit einem Herzfrequenzmessgerät verschaltet wurden. Es war ein ziemlich grausamer Versuchsaufbau, aber für Burton auch der einzig mögliche, um die Affen in einer Stellung zu halten, die es ihr ermöglichte, sie zum Orgasmus zu bringen. Was in Anbetracht der nicht gerade romantischen Umstände überrascht, ist, dass sich die Affen manchmal willig fügten. Nachdem Burton ihre Versuchstiere mit Fellpflege und Füttern beruhigt hatte, ging sie dazu über, ihre Vaginen rhythmisch mit einem dem Affenpenis nachempfundenen Dildo zu traktieren. In mehreren Fällen begann das Weibchen nach einiger Zeit zu grunzen, blickte nach hinten zu Burton und machte mit den Armen Klammerbewegungen rückwärts – ein Verhalten, von dem Primatologen bereits vermutet hatten, dass es bei Makaken einen unmittelbar bevorstehenden Orgasmus anzeigt. In einigen wenigen Fällen beobachtete Burton eine Serie von »heftigen Vaginalspasmen«, wie sie als Begleiterscheinung des weiblichen Orgasmus ganz ähnlich auch beim Menschen bekannt sind.

Über den weiblichen Orgasmus rede ich deswegen so ausdauernd, weil von wissenschaftlicher Seite wiederholt die These vorgetragen wurde, dass er das Mittel sei, mit dem Säugetierweibchen Einfluss darauf nehmen können, die Spermien welchen Männchens hinauf in ihr labyrinthisches Reproduktionssystem gelangen dürfen und welchen Männchens nicht – dass er bei den Säugern die Schaltstelle der sexuellen Selektion sei, wenn Sie so wollen. Robin Barker und Mark Bellis fanden heraus, dass der postkoitale Rückfluss von Spermien aus der Frau sehr viel geringer war, wenn diese während oder nach der Ejakulation ihres Geschlechtspartners einen Orgasmus gehabt hatte, und dass ein weibliches Individuum vermittels seines Orgasmus das Sperma eines bestimmten männlichen Individuums »erwählen« kann, indem es diesem Sperma sozusagen auf die Sprünge hilft. Die Frage, wie genau das funktionieren könnte, haben wir uns freilich noch nicht gestellt. Die Antwort liefert – zumindest den Anhängern der sogenannten Ansaug-Hypothese (»Upsuck-Hypothesis«) zufolge – die Hydraulik.

Im ›Australian Veterinary Journal‹ vom Mai 1952 beschrieb ein Wissenschaftler namens R. Millar ein Experiment, bei dem er den Uterus einer Vollblutstute über eine Kupferrohrleitung mit einem Behälter, der Methylenblau enthielt, verbunden hatte und dann beobachtete, wie bei der Paarung plötzlich Unterdruck im Uterus auftrat, infolge dessen etwa achtzig Milliliter der blauen Flüssigkeit aus dem Behälter gesaugt wurden. Andere Zoologen führten in jener Ära ähnliche Experimente mit Ratten und Mäusen durch und stellten fest, dass farbige Flüssigkeiten »auf manuelle Stimulierung der Vulva hin« vom Uterus angesaugt wurden.[20] Ende der 1960er-Jahre wurde der naheliegende nächste Schritt unternommen: der Test der Theorie an Menschen.

Nun ja, eigentlich nur an einem Menschen. Im Juli 1970 berichteten ein Dr. C.A. Fox und seine Kollegen vom National Institute for Medical Research in London im ›Journal of Reproduction and Fertility‹, dass sie ein mit einem Kleinstfunksender gepaartes winziges elektronisches Druckmessgerät in den Uterus einer Frau eingebracht hatten – vermutlich in den von Dr. Fox' Ehefrau Beatrice, der in der Danksagung am Ende des Berichts bescheinigt wird, dass »ohne ihre Mithilfe diese Untersuchung nicht hätte durchgeführt werden können«. Diese ließ sich wohl auf einen heterosexuellen Koitus ein – mit dem erstgenannten Mitverfasser des Berichts, ist anzunehmen. Währenddessen wurden die Druckschwankungen in ihrem Uterus über eine Rahmenantenne unter der Matratze, auf welcher dieser Dienst an der Wissenschaft zwei Mal geleistet wurde, an einen elektrodynamischen Messschreiber vermittelt. Beide Male ließ das Liniendiagramm auf der Papierbahn des Messschreibers für den Zeitpunkt unmittelbar nach dem Orgasmus der Frau einen starken Druckabfall in ihrem Uterus erkennen.

Wenn die Ansaug-Hypothese zutrifft, könnten Säugetierweibchen mit einem Orgasmus den Spermien eines erregenderen Männchens einen Wettbewerbsvorteil verschaffen. Die Tatsache, dass die meisten Frauen (und Affenweibchen) nicht bei jedem Kopulationsakt einen Orgasmus haben, scheint zu dieser Anschauung zu passen, ebenso auch der mehrfach festgestellte Befund, dass manche männlichen Individuen leichter als andere weibliche Individuen zum Orgasmus bringen. Als beispielsweise die italienischen Primatologen Alfonso Troisi und Monica Carosi 1990 das Sexualverhalten in einer großen Gruppe japanischer Makaken des römischen Zoos untersuchten, beobachteten sie, dass die Weibchen während der Kopulation manchmal nach hinten zu dem Männchen sahen und mit den Armen Klammerbewegungen in seine Richtung ausführten, Muskelkrämpfe erkennen ließen und »vokalisierten« – eben das Verhalten, das Frances Burton an ihren Rhesusaffen beobachtet hatte und das ein beredtes Anzeichen der Makakenklimax zu sein schien (vorausgesetzt, Affenweibchen simulieren nicht). Troisi und Carosi registrierten dieses Verhalten in ungefähr sechzig Prozent der Fälle, in denen ein rangniederes Weibchen von einem ranghohen Männchen bestiegen wurde; bei Paarungen auf gleicher Ranghöhe indessen, oder wenn das Weibchen sich mit einem Partner niedrigeren Ranges einließ, kam das Weibchen nur in zwanzig Prozent der Fälle zum Höhepunkt.

Das Problem bei solchen Tierversuchen, ich wiederhole es, liegt darin, dass es schwierig ist, sich des Orgasmus der Weibchen sicher zu sein, außer man hat die Genitalien jedes einzelnen mit Sensoren und Sendern bestückt. Zumindest wenn es um Gewissheit in der Frage »War's ein Orgasmus oder nicht?« geht, dürfte es sich als verlässlicher empfehlen, mit Organismen zu arbeiten, die, nach ihren orgastischen Erfahrungen befragt, schlicht und einfach eine verbale Antwort geben. Wie zum Beispiel Studenten. Für eine Entlohnung von 14 Dollar oder in Kurspunkten warben David Puts, Lisa Welling und ihre Kollegen an der Pennsylvania State University siebzig heterosexuelle studentische Paare an, die bereit waren, sich fotografieren zu lassen und Fragebogen betreffend den letzten Sex, den sie miteinander hatten, auszufüllen. Die Frauen wurden (außer Hörweite ihrer Partner) gefragt, ob sie einen Orgasmus gehabt hatten und, wenn ja, in welchem Moment des Koitus. Dann wurden Porträtfotos der männlichen Studenten an eine britische Universität geschickt, wo eine Jury aus neun Männern und neun Frauen Männlichkeit und Attraktivität der Gesichter nach einer Skala zwischen 0 und 7 bewerteten. Im Endergebnis zeigte sich, dass Frauen, die Sex mit einem männlichen Partner gehabt hatten, der (zumindest in Großbritannien) als besonders männlich aussehend und attraktiv galt, viel öfter als andere während oder kurz nach der Ejakulation des Mannes einen Orgasmus gehabt hatten – also in etwa in der Zeitspanne, die nach Bakers und Bellis' Feststellung eine gesteigerte Spermienaufnahme verbürgte.

Im Rahmen einer anderen Untersuchung ließ ein portugiesisch-amerikanisch-schottisches Forscherteam 320 größtenteils schottische Frauen einen Fragebogen zu den Themen Orgasmus und sexuelle Präferenzen ausfüllen. Die Mehrheit gab an, dass Männer mit überdurchschnittlich langem Penis – länger als 15 Zentimeter, hatten die Forscher in ihrem Fragebogen hilfreicherweise ergänzt – häufiger einen Vaginalorgasmus auslösten.[21]

Allein nicht jeder teilt die Überzeugung, dass der weibliche Orgasmus beim Menschen im Grunde das Mittel sei, mit dem Frauen ihre kryptische Wahl unter den Männern treffen, deren Samen sie empfangen. Tatsächlich gibt es eine Denkrichtung, die bezweifelt, dass der Orgasmus der Frau überhaupt irgendeine Funktion hat. Donald Symons, der Autor des Buches ›The Evolution of Human Sexuality‹ (1979), gab als Erster zu bedenken, dass er vielleicht nichts anderes als ein angenehmes, aber funktionsloses Relikt aus vorangegangener Entwicklung ist – keine Freud'sche »archaische Erbschaft« aus dunkler animalischer Vergangenheit, sondern ein Überbleibsel aus dem ontogenetischen Programm, das männliche wie weibliche Embryonen in den ersten Wochen ihres Aufenthalts im Mutterleib durchlaufen.

Anatomisch gesehen sind Klitoris und Penis nämlich Homologe: Organe mit in den Grundzügen gleichem Bauprinzip, hervorgegangen aus demselben Genitalhöcker zwischen den Beinstummeln des Embryos. Mehr noch, die beteiligten Nerven und Hormone, ja der ganze urethrogenitale Reflex, der die 0,8-sekündlichen Genitalspasmen während des weiblichen wie des männlichen Orgasmus in Gang setzt, sind bei Männern und Frauen die gleichen. Kann sein, sagt Symons, dass Frauen einfach nur deshalb Orgasmen haben, weil Männer sie haben. Und Männer haben Orgasmen ausgebildet, weil sich durch diese mit dem Kopulieren und Ejakulieren Lust verbindet. Für Männer – und männliche Individuen im Allgemeinen – zahlt es sich aus, auf Paarungsgelegenheiten aus zu sein. Wissen wir doch seit Bateman, dass mehr Kopulationen für männliche Individuen mehr Nachwuchs bedeuten, nicht aber für weibliche. Folglich muss ein Orgasmen vergebender Belohnungsmechanismus, der männliche Individuen veranlasst, sexuelle Kontakte in wachsender Zahl zu suchen, sich umgehend evolutionär verbreitet haben. Und der weibliche Orgasmus saß da vielleicht einfach nur passiv mit im Boot. Ebenso, wie männliche Brustwarzen ein sinnloses Nebenprodukt der Evolution der unendlich sinnvolleren weiblichen Milchdrüsen und Mamillen sind, könnte der weibliche Orgasmus ein evolutionäres Nebenprodukt des männlichen sein. Wie der namhafte Evolutionsbiologe und Verfechter der Nebenprodukt-Hypothese[22] Stephen Jay Gould in seinem Aufsatz »Male Nipples and Clitoral Ripples« (dt. »Von Männerbrüsten und Kitzlergelüsten«) schrieb, haben Männer Brustwarzen und Frauen Orgasmen, weil »männliche und weibliche Individuen keine gesonderten, unabhängig voneinander von der natürlichen Selektion geformten, sondern ein und denselben Grundriss variierende Wesen sind«. Mit anderen Worten, es ist möglich, dass Männer und Frauen ein Merkmal gemeinsam haben, das nur einem von beiden Geschlechtern evolutionäre Vorteile einbringt.

Angesichts des Zeugnisses sowohl der uterinen Hydraulik bei Zuchtvieh als auch von Affenweibchen auf dem sexuellen Höhepunkt sowie ferner solch aufregender Entdeckungen wie der, dass die Ausschüttung von Oxytocin beim Orgasmus bewirkt, dass Spermien durch den Gebärmutterhals und über die Uteruswand genau zu dem einen Eileiter hinaufbefördert werden, der ein reifes Ei enthält – angesichts all dessen würde ich keinen größeren Betrag auf die Nebenprodukt-Hypothese verwetten.[23] Indes ist in dieser Sache das letzte Wort noch nicht gesprochen – bei Weitem nicht: Die Nebenprodukt-Theorie erlebte eine nachhaltige Auffrischung, als die Philosophieprofessorin an der Indiana University Elisabeth Lloyd – eine Gould-Schülerin – 2005 ihr Buch ›The Case of the Female Orgasm‹ (dt. ›Der Fall »Weiblicher Orgasmus«‹) veröffentlichte, das es allein zuwege brachte, dass die ganze Diskussion um die Rolle des weiblichen Orgasmus bei den Säugetieren von Neuem aufflammte. Es regte zudem Forscher an, sich aktiv um die Beschaffung neuen Datenmaterials zu bemühen. Und offen gesagt ist die bitter nötig.

Denn bei all dem vielen Papier, auf dem die Biologie des weiblichen Orgasmus bisher schon behandelt wurde – allein in den letzten fünf Jahren sind sage und schreibe 500 wissenschaftliche Texte neu hinzugekommen –,[24] ist es, besonders was unsere eigene Spezies angeht, kümmerlich wenig, was wir an Fakten und Zahlen besitzen. Nur jene eine Mrs. Fox hat Drucksensoren im Uterus getragen, und die zwei Diagramme des Uterus-Innendrucks aus dem Jahr 1970 sind das Einzige, was die Ansaug-Theoretiker an Beweisen vorzubringen haben. Baker und Bellis bezogen ihre Informationen über den postorgastischen Samen-Rückfluss von gerade einmal elf Frauen, von denen eine einzelne allein zwei Drittel der mit Samenflüssigkeit gefüllten Kondome zur analysierten Gesamtmenge beisteuerte. Und Fragebogen haben nur begrenzte Aussagekraft – daran würde sich auch nichts ändern, wenn sie von der gesamten weiblichen Bevölkerung Schottlands ausgefüllt wären. Um wirklich dahinterzukommen, welche Rolle der weibliche Orgasmus bei der kryptischen Weibchenwahl spielt, müssen Wissenschaftler dazu übergehen, entweder an Menschen oder an Labortieren (mit Stichproben, die mehr als eine Probandin zählen!) zu untersuchen, wie sich ein Orgasmus auf die Chance auswirkt, dass ein Spermium und ein Ei zusammenkommen. Wie schrieb doch Olivia Judson, die Autorin des unvergleichlichen Buches ›Dr. Tatiana's Sex Advice to All Creation‹ (dt. ›Die raffinierten Sexpraktiken der Tiere. Fundierte Antworten auf die brennendsten Fragen‹; 2003): »Es ist Zeit, Fakten zu sammeln. Ohne sie wird die Debatte auf Dauer genauso sein, wie der Sex manchmal ist: frenetisch, hohl und enttäuschend.«

Weibliche Vorratsspeicher und Spontanaborte

Hin und wieder schafft es eine Geschichte in die Schlagzeilen, die davon handelt, dass eine Frau sich selbst mit dem insgeheim in ihrem Gefrierschrank aufbewahrten Sperma eines Ex-lovers geschwängert hat und welche unerfreulichen juristischen und moralischen Konsequenzen so was hat.[25] In der Presse des Tierreichs – dem »Dungfliegen-Tageblatt«, dem »Schnecken-Merkur«, den »Neuesten Schildkröten-Nachrichten« – würden Meldungen dieser Art die Leser kaum verwundern. Die würden vielmehr den Kopf schütteln und trocken bemerken, das sei ja mal wieder typisch für die Menschen, dass sie so etwas dermaßen aufbauschten. Bei den meisten Tieren halten nämlich die Weibchen routinemäßig Andenken von früheren Paarungspartnern in Gestalt von Spermaproben in ihrem Reproduktionssystem vorrätig. Und das tun sie aus genau demselben Grund wie jene Frauen mit Gefrierschrank: Eines Tages hätten sie vielleicht gern Kinder von einem längst entschwundenen einstigen Lover.

Wir alle glauben zu wissen, dass Spermien nicht mehr lange zu leben haben, sobald sie erst einmal ejakuliert worden und in der Vagina einer Frau gelandet sind. In dieser neuen, weiblichen Umgebung sind ihre Tage gezählt; nach nur drei, höchstens vier Tagen sterben sie; wenn also Befruchtung stattfinden soll, dann muss das vor dieser Deadline geschehen.[26] Aber die schwache Konstitution der menschlichen Spermien ist genau gesehen eine Ausnahme. Bei den meisten Tieren bleibt den Spermien ihre Frische im Innern eines Weibchens viel länger erhalten. In kälteren Klimaten lebende Fledermäuse zum Beispiel verfallen im Herbst in einen Paarungsrausch, um sich dann mit sicher und fest an den Uteruswänden der Weibchen haftenden Spermien zufrieden in den Winterschlaf zu begeben; erst nach dem Wiedererwachen im Frühjahr entlassen die Weibchen die nach wie vor quicklebendigen Samenzellen aus ihrer Haft, damit diese bei der Produktion kleiner Fledermäuse mitwirken können. Manchen Schlangen und Schildkröten macht es nichts aus, den Samen eines Männchens jahrelang zu speichern, denn taugliche Männchen sind oft dünn gesät. Und in so manchem Ameisennest herrscht ein und dieselbe Königin jahrzehntelang über die Kolonie und befruchtet die ganze Zeit über ihre Millionen Eier aus dem einzigen Sperma, das sie je empfangen hat: auf ihrem Hochzeitsflug, mit dem ihre Karriere als einziges reproduzierendes Weibchen in der Kolonie begann. Und über all die Jahrzehnte bleibt ihr Spermienvorrat frisch und verwendbar.

Wie sehen nun diese Spermienvorratsspeicher in anatomischer Perspektive aus und wie funktionieren sie? Da bestehen zwischen den einzelnen Tiergruppen große Unterschiede.[27] Viele Schlangen haben im Eileiter (das ist die Schlauchverbindung zwischen Kloake und Eierstock) tiefe Längsfalten, in denen Spermienvorräte angelegt und in vorübergehender Leblosigkeit gehalten werden. Insekten wiederum haben am Ende der Vagina eine – häufig sehr große und verzweigte – zentrale Spermasammeltasche (»Receptaculum seminis«), von der lange Schläuche zu einer oder mehreren Vorratstaschen führen, wo Sperma gelagert werden kann, bis es gebraucht wird. Bei den Landschnecken ist das Arrangement noch komplexer; wie bei vielen anderen Weichtieren (siehe Kapitel 1 und 8) wird das Sperma in Form eines zusammengekitteten Pakets – einer »Spermatophore« – übergeben und zunächst in die Begattungstasche (»Bursa copulatrix«) aufgenommen; hier wird das Paket zersetzt, wobei nur wenige der Spermien dem Verdautwerden entkommen und dann Eintritt in den Eileiter finden. Dort führt ihr Weg in die Befruchtungstasche und in dieser wiederum in einen von ihr abgegrenzten Blindsack, der als Spermienvorratsspeicher (auch Samentasche oder Spermathek genannt) dient, aus dem sie jederzeit nach Belieben zur Befruchtung von Eiern abgerufen werden können.

Zwar gibt es eine breite Palette an möglichen Typen von Spermienvorratsspeichern, doch ist ihnen allen ein Wesensmerkmal gemeinsam: Sie werden über Schalthebel gesteuert, die letztlich in weiblicher Hand liegen. Männchen mögen ihre Spermien direkt in ein zentrales Zwischenlager abgeben, es sind jedoch die Muskeln und das Nervensystem des Weibchens, welche diese dann in die spezialisierten Langzeitspeicherorgane transportieren, und jede Entnahme von bevorrateten Spermien aus diesen Speichern unterliegt in ähnlicher Weise weiblicher Kontrolle. Und noch ehe diese Spermienlogistik in Aktion tritt, hat ja schon die aktive Spermienaufnahme unmittelbar nach der Ejakulation stattgefunden, die, wie wir im vorigen Abschnitt gesehen haben, durch den weiblichen Orgasmus herbeigeführt sein könnte.

Man beachte auch, dass zur Spermienbevorratung häufig nicht bloß ein einzelner Langzeitspeicher, sondern mehrere separate Depots vorhanden sind. Viele Fliegen haben zwei oder drei separate Spermatheken; die essbare Gefleckte Weinbergschnecke (*Cornu aspersum*) hat drei bis 19 separate Spermienspeicher, und Schildkröten haben zahllose über die ganze Länge des Eileiters verteilte Mini-Samentaschen. Das bedeutet nicht mehr und nicht weniger, als dass Weibchen im Prinzip über die Möglichkeit verfügen, das Sperma ihrer einzelnen Paarungspartner jeweils in einem eigenen »Gefrierschrankfach« zu lagern, um später dann nach Belieben den Samen dieses oder jenes bestimmten Männchens abrufen zu können.

Ich sage »im Prinzip«, weil die Indizien dafür, dass dies tatsächlich geschieht, noch ziemlich schwach sind. Die besten Anhaltspunkte für einen solchen selektiven Sameneinsatz stammen aus eher unerwarteter Quelle: von frischen Kuhfladen auf der grünen Wiese. Genauer gesagt, von den Dungfliegen, die sich auf ihnen daheim fühlen.

Die Gelbe Dungfliege (*Scatophaga stercoraria*) ist in der nördlichen Hemisphäre ein gewöhnlicher Anblick, besonders auf Weiden und Wiesen, wo Rinder und Schafe für steten Nachschub von frischem Dung sorgen. Die Fliegen selbst verschmähen den Verzehr von Dung (sie ernähren sich von Nektar und kleineren Insekten), großen Appetit zeigen dagegen ihre Larven und eben deshalb zählt ein Kuhfladen für Dungfliegen zu den romantischsten Plätzen der Welt. Dort betreiben sie ihre Brautwerbung, paaren sich, legen ihre Eier ab. Aus dem Tiefflug über die Grasnarbe lassen die Fliegen sich abrupt bodenwärts fallen, sobald ihre Fühler den unverwechselbaren Duft von frisch produziertem Dung registrieren, und wenn sie dann, wie es oft vorkommt, über ihr Ziel hinausschießen, legen sie den Weg zu dem Haufen zu Fuß zurück. Dort angekommen – wenn nicht sogar schon auf dem Weg dorthin –, greifen sich die Männchen das nächstbeste Weibchen und versuchen es zu begatten. Es kümmert sie nicht groß, wenn da bereits ein anderer mit demselben Ziel am Werk ist, mit der häufigen Folge, dass ein Weibchen von zwei oder mehr Männchen bedrängt auf dem Kuhfladen ankommt. Die später hinzugekommenen Männchen versuchen, sich unter das bereits aufgerittene zu zwängen, welches seinerseits mit den Vorderbeinen seine Beute umklammert hält, mit den Hinterbeinen auf dem Kuhhaufen um sein Gleichgewicht kämpft und mit dem mittleren Beinpaar seine Mitbewerber wegzutreten sucht. Nicht selten hat das Weibchen unter solch einem Gerangel am meisten zu leiden und unter dem Gewicht seiner vielen Freier ertrinkt es so manches Mal regelrecht in Kuhscheiße. So dass »romantisch« eigentlich doch nicht das richtige Wort ist.[28]

Eine Hauptrolle in der Sexualforschung wies diesen zuvor kaum beachteten goldfarbenen Fliegen erstmals der britische Evolutionsbiologe und Verhaltensökologe Geoffrey Parker zu. Gegen Ende seines Promotionsstudiums an der University of Bristol ausgangs der 1960er-Jahre ging Parker auf, dass Dungfliegen auf Kuhfladen das ideale Sujet für eine Doktorarbeit in Verhaltensökologie waren. Erstens verursachte die erforderliche Recherche nur geringe Kosten: Alles, was er an Handwerkszeug brauchte, waren »eine Stoppuhr, ein Maßstab, ein Thermometer, ein Tonbandgerät, Glasfläschchen, Insektennadeln, ein Notizbuch und ein Bleistift«. Zweitens waren die Fliegen und ihr Lebensraum so gut wie überall zu finden; Feldforschung bedeutete kaum mehr als auf die heimische Viehweide hinauszugehen, auf der windabgewandten Seite des Exkrements sacht einen alten Mantel auszubreiten und mit dem Datensammeln anzufangen. Wirkliche Gefahr drohte lediglich von »vereinzelten unbemerkten Bullen«, und lästig werden konnten einem lediglich »der Regen und die

Neugier von Kühen, Hunden und Kindern, die noch nie einen Sexualforscher bei der Arbeit gesehen hatten«. Während also seine ebenfalls in Verhaltensökologie promovierenden Kommilitonen sich zur Großwildbeobachtung auf kostspielige Expeditionen nach Afrika begaben und nach vielen Monaten mit Notizen über ein paar Stunden Beobachtung eines einzelnen Geparden wiederkamen, verbrachte Parker die Sommer auf einen Ellbogen gestützt neben einem Kuhfladen gelagert, wo er einen Berg von Material für seine Doktorarbeit aufhäufte, die dann, als neunteilige Artikelserie veröffentlicht, zu einem verhaltensökologischen Klassiker werden sollte. Und was das spannende Sexualverhalten angeht, das er beobachtete, so standen die Fliegen in diesem Punkt den Großsäugern nicht nach. »Wenn Dungfliegen so groß wie Rotwild wären, wären schon tausend Bücher über sie geschrieben und tausend Dokumentarfilme über sie gedreht worden«, merkte Parker mit trockenem Humor an.

Da aber Dungfliegen nun einmal nur so groß wie Dungfliegen sind – und wohl auch ihrer Affinität zu Kot wegen –, zieren Berichte über sie nur die Seiten von Nischenjournalen wie ›Ethology‹, ›Evolution‹, ›Journal of Evolutionary Biology‹ und ›Behavioral Ecology and Sociobiology‹. Und das tun sie in einer von Parker und seinen Schülern bestrittenen ununterbrochenen Folge von wissenschaftlichen Publikationen seit 45 Jahren. Unter anderem fanden die Forscher heraus, dass Dungfliegenweibchen eine zentrale große Spermienvorratskammer, die Begattungstasche, besitzen und dazu drei kleinere Samentaschen oder Spermatheken, die alle drei jeweils über einen langen, engen Verbindungskanal an die Begattungstasche angeschlossen sind. Zwei dieser Spermatheken befinden sich auf der rechten, die dritte auf der linken Bauchseite. Im Jahr 1990 richtete der Parker-Schüler Paul Ward am Zoologischen Museum der Universität Zürich ein Dungfliegenlabor ein (die Luft über den Matten der Alpenrepublik Schweiz ist erfüllt vom Gesumm der Dungfliegen). In den 18 Jahren bis zu seinem vorzeitigen Tod im Jahr 2008 wies Wards Arbeitsgruppe nach, dass Dungfliegenweibchen das Spiel auf diesem inneren Dudelsack mit stupendem Geschick beherrschen.

Im Labor ließ Ward Dungfliegenweibchen zwanzig Minuten lang mit ein, zwei Männchen kopulieren. Anschließend durfte ein Teil der Weibchen seine Eier auf genau bemessenen Kuhfladenbatzen in Petrischalen ablegen. Danach untersuchte Ward, welche Larven von welchem Männchen gezeugt waren; ermöglicht wurde das dadurch, dass die Männchen durch Züchtung zu Trägern unterschiedlicher Genmutationen gemacht worden waren, an denen man ihre Nachkommen erkennen konnte. Die anderen Weibchen wurden getötet und seziert, damit Ward die Zahl der Samenzellen in den einzelnen Spermatheken bestimmen konnte. Dabei kam heraus, dass Weibchen bei der Spermienspeicherung dem Samen großer Männchen – die auf Weibchen attraktiver wirken, wie Parker nachgewiesen hat – den Vorzug geben vor dem kleinerer Männchen. Auch speichern sie den Samen großer Männchen vorzugsweise auf der rechten Körperseite – sei's in einer, sei's in beiden der dortigen Spermatheken –, statt ihn etwa gleichmäßig über alle drei zu verteilen. Und wenn die Zeit zum Eierlegen gekommen ist, quetschen sie für die benötigten Spermien bevorzugt die rechtsseitigen Spermatheken aus, sodass die meisten ihrer Nachkommen einen großen Kerl zum Vater haben.

Als später dann auch auf Dungfliegen anwendbare Genetischer-Fingerabdruck-Methoden zur Verfügung standen, konnten Ward und seine Arbeitsgruppe sogar die Spermien aus den einzelnen Spermatheken extrahieren und nachweisen, dass diese in unterschiedlicher Mengenverteilung von unterschiedlichen Männchen stammten. Dass diese ganze Spermienpositionierung größtenteils das vom Männchen unbeeinflusste Werk des Weibchens war, konnten zwei Mitglieder der Ward'schen Arbeitsgruppe, Barbara Hellriegel und Georgina Bernasconi, mit einem schlauen kleinen Experiment beweisen. Sie teilten frisch begattete Fliegenweibchen in zwei Gruppen: in solche, die wach bleiben durften, und solche, die mit Kohlendioxid betäubt wurden.

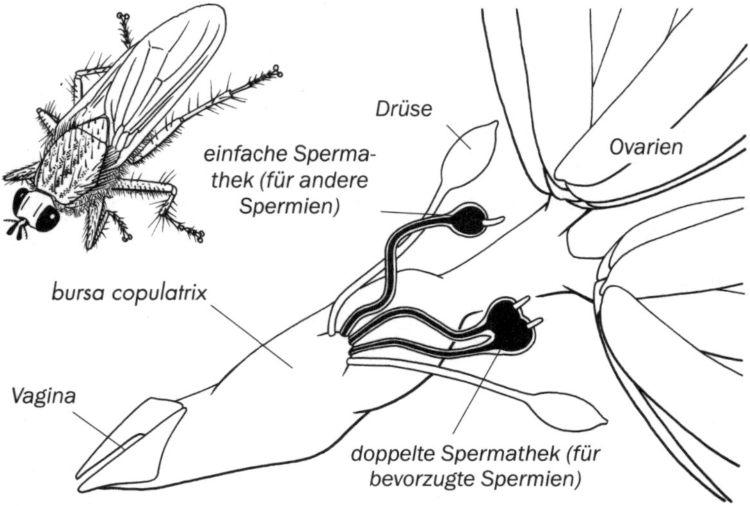

Weibliche Entscheidungsfreiheit: Eine Dungfliege hat in ihrem Inneren drei Spermatheken, in denen sie die Spermien der Männchen aufbewahrt, mit denen sie sich gepaart hat. Die doppelte Spermathek ist reserviert für das Sperma von »sexy« Männchen, die einfache für einen Sicherheitsvorrat an weniger qualitätvollem Sperma.

Es stellte sich heraus, dass nur die wachen Weibchen in der Lage waren, differenzierte Spermienspeicher anzulegen, während die narkotisierten die Spermien aufs Geratewohl verteilten.

In der Gelben Dungfliege haben wir es hier mit dem vorläufig letzten in einer langen Reihe von Organismen zu tun, die uns lehren, dass im Tierreich die Weibchen ein breites Spektrum von Tricks auf Lager haben, mit denen sie bestimmen, welcher Samen zu ihren Eiern gelangen wird. Nicht nur kann ein Weibchen von seinem Geschlechtspartner ein trockenes Kopulieren erzwingen und ihm entwischen, bevor er zum Höhepunkt kommt, sondern es kann auch seine Spermien abstoßen oder unerwünschten Spermien mit inneren Ventilen und Schleusen den Zugang zu seinen Eiern versperren. Selbst wenn es das Sperma eines Männchens entgegennimmt, kann es dieses immer noch an einem sicheren

Ort verwahren und später darüber befinden, ob sie es nutzt oder nicht. Und damit ist die Liste nicht zu Ende. Noch nachdem sie ihre Eier mit dem Samen eines Männchens befruchtet haben, können manche Weibchen zu einem letzten Mittel greifen, das in der vorzeitigen Beendigung der Schwangerschaft besteht. Diese drastische Maßnahme, mit der einige Säugetierweibchen ihre Bevorzugung eines bestimmten Männchens vor einem anderen in die Tat umsetzen, ist als »Schwangerschafts-Blockierung«, besser noch als »Bruce-Effekt« bekannt, so genannt nach der britischen Zoologin Hilda Bruce, die das Phänomen 1959 entdeckte.[29]

Die Entdeckung verdankt sich mehr oder weniger dem Zufall. Bei der Untersuchung der Auswirkung von Hormonergänzungsmitteln auf Labormäuse fiel Bruce auf, dass trächtige Weibchen manchmal eine Fehlgeburt hatten, nachdem sie mit einem unbekannten Männchen zusammengebracht worden waren und hinterher von diesem neuen Partner mit einem kompletten neuen Wurf geschwängert wurden. Seit damals haben Zoologen diesen Bruce-Effekt auch bei vielen anderen Labortieren, insbesondere Nagern, festgestellt, und es hat sich gezeigt, dass der von dem neuen Männchen ausgehende Auslösereiz, der das Weibchen zur Beendigung seiner bestehenden Schwangerschaft veranlasst, von Art zu Art variieren kann. Bei der Kiefernwühlmaus (*Microtus pinetorum*) zum Beispiel wirkt der Geruch des Männchens als Trigger, während bei der Erdmaus (*Microtus agrestis*) bloßer Körperkontakt mit einem unbekannten Männchen den Schwangerschaftsabbruch herbeizuführen vermag. Bei der Wiesenwühlmaus (*Microtus pennsylvanicus*) schließlich beendet ein Weibchen seine bestehende Schwangerschaft und produziert anschließend neue Eier nur, wenn es zuvor schon mit dem neuen Männchen kopuliert hat.

Lange Zeit hat man den Bruce-Effekt nur in von natürlichen Lebensräumen sehr verschiedenen Laborumgebungen beobachtet, und so mancher Zoologe fragte sich, ob er denn überhaupt ein natürliches Phänomen oder nicht vielmehr lediglich eine durch die hochgradig artifiziellen Laborbedingungen bedingte Macke der Tiere sei. Doch 2011 wurde er dann auch in freier Wildbahn entdeckt. Die Zoologin Elia Roberts, die viele Jahre im äthiopischen Hochland mit der Erforschung von Gruppen frei lebender Dscheladas (oder Blutbrustpaviane) – enger Verwandter der Paviane – verbracht hatte, entdeckte die verräterischen Anzeichen eines in der Natur vorkommenden Bruce-Effekts in den Exkrementen ihrer Dscheladas. Am Östrogengehalt des Kots einzelner Weibchen konnte sie erkennen, ob diese trächtig waren, und ein jäher und dauerhafter Rückgang des Östrogengehalts verriet ihr, dass die Schwangerschaft vorzeitig beendigt worden war. Fast alle Fälle von Schwangerschaftsabbruch ereigneten sich unmittelbar, nachdem ein neues Alphamännchen zu der Gruppe gestoßen war, der das Weibchen angehörte.

Nun ist der Bruce-Effekt nach unserem gegenwärtigen Wissensstand wahrscheinlich eine evolutionäre Anpassung an die traurige Realität des Infantizids. Bei vielen Arten, in denen das Phänomen beobachtet wurde, pflegen die Männchen alle Jungen ihrer Partnerin, die sie nicht selbst gezeugt haben, zu töten. Wenn bei den Dscheladas ein Newcomer das lokale Alphamännchen von seinem Platz verdrängt, hat er anschließend nichts Eiligeres zu tun, als alle von seinem Vorgänger gezeugten Jungtiere umzubringen. Wenn also der neue starke Mann die Jungen eines Weibchens ohnehin töten wird, fährt es besser, wenn es den Bruce-Effekt einschaltet, als wenn es Zeit und Energie auf eine zum Misserfolg verurteilte Schwangerschaft verschwendet.

Indes deutet der Bruce-Effekt vielleicht auch auf eine bei Tierweibchen vorhandene weiter gehende Fähigkeit hin, Schwangerschaften nach Belieben zu beendigen. Bei vielen Säugern sind Fehlgeburten ziemlich häufig. Beim Menschen, so wird geschätzt, enden bis zu zwei Drittel aller Schwangerschaften mit einem Spontanabort, oft ohne dass die betroffene Frau ihrer Schwangerschaft überhaupt gewahr wird. Die Mehrzahl solcher Fehlgeburten ist wahrscheinlich darauf zurückzuführen, dass der weibliche Körper den Fetus einem Check auf schwere Gendefekte unterzieht, aber es gibt auch diffizilere Mechanismen.[30] Beispielsweise haben sowohl Frauen als auch Schweinsaffenweibchen häufiger Fehlgeburten, wenn ihr Immunsystem dem ihres Geschlechtspartners sehr ähnlich ist. Hier haben wir es wahrscheinlich wieder mit einer evolutionär entwickelten Strategie zu tun, die in diesem Fall das Ziel verfolgt, die Abwehrkräfte des Nachwuchses zu maximieren – von den Elternteilen je verschiedene Abwehrwaffen zu erben ist besser, als von beiden das gleiche Arsenal mitzubekommen –, wobei allerdings nicht klar ist, ob derlei Fehlgeburten nicht vielleicht vom Männchen beziehungsweise vom Fetus ausgelöst werden. Gleichwohl sind diese Dinge hochinteressante Indizien dafür, dass weibliche Individuen als letztes Mittel, bestimmten männlichen Individuen die Fortpflanzungsgelegenheit zu nehmen, Spontanaborte heraufbeschwören könnten. (Anders als man intuitiv hätte erwarten können, haben manche Abtreibungsgegner das Phänomen Spontanabort für ihre eigenen Zwecke usurpiert und argumentieren nun mit verquerer Logik, wenn der weibliche Körper auf natürliche Weise abtreiben könne, dann sollten wir es unterlassen, dies auf künstlichem Wege zu tun.)

Fassen wir zusammen: Der weibliche Körper ist alles andere als ein passives Behältnis, Ort der Hege und Pflege des Lebens, das den Eiern des weiblichen Individuums von den männlichen Individuen eingehaucht wird, die es der Ehre würdigen, ihren Samen zu empfangen. Er birgt vielmehr einen mannigfaltigen Vorrat an Mitteln und Wegen, dem Geschlechtspartner ein Schnippchen zu schlagen. Er ist eine hoch entwickelte Maschine für die Qualitätsauslese, die bei jedem Koitus anspringt. Von dem männlichen Individuum und seinem »Balzinstrument« ausgehende Signale verarbeitend, prüft sie den Samen, filtert Spermien aus, lässt andere passieren und betätigt ihre inneren Ventile und Federn wie eine Briefsortiermaschine im Verteilungszentrum der Post. Wie wir im nächsten Kapitel sehen werden, ist dieses innige Zusammenwirken von männlichen und weiblichen Genitalien der Antriebsmotor ihrer unvorhersehbar verlaufenden evolutionären Entwicklung. Wir werden aber auch sehen, dass dem, was dieses Zusammenwirken zu leisten vermag, Grenzen gesetzt sind.

V Ein wankelmütiger Plastiker

Grob gesprochen gibt es drei Typen von Biologen: Freilandbiologen, Laborbiologen, Theoretiker. Der Biologe, der nur glücklich ist, wenn er sich eine Regenhaut überziehen, Bleistift und Notizbuch, Fernglas, Lupe und Sammelgefäße in einem alten Militärrucksack verstauen und in die freie Natur losstiefeln kann, vertritt eindeutig den erstgenannten Typ. Die freie Natur ist in den Augen des Laborbiologen ein viel zu unübersichtlicher Ort; er zerstückelt biologische Vorgänge lieber in schön überschaubare, in Petrischalen Platz findende Teilsysteme. Und dann ist da noch der Vertreter der Theoretischen Biologie, für den sogar eine Taufliege in einer Laborflasche noch viel zu unberechenbar ist. Er lässt die Finger ganz vom Leben als solchem und befasst sich nur mit dessen Spiegelung in mathematischen Formeln auf dem Papier und in Ketten von Computercodes.

Der als Forscher in Sachen sexuelle Selektion zu Berühmtheit gelangte Professor Andrew Pomiankowski vom University College London verkörpert das Musterbild des letztgenannten Typs, nicht zuletzt mit Artikeln wie »Die Kosten der Wahlfreiheit bei der sexuellen Selektion« (1987), »Warum haben Vögel multiple sexuelle Ornamente?« (1993) und »Eine Auflösung des Lek-Paradoxes« (1995) – alle außerordentlich einflussreich, aber auch außerordentlich bar jeglicher Erwähnung von realen Tieren oder von Beobachtungen solcher.[1] Dafür sind sie vollgestopft mit mathematischen Formeln, Computersimulationen und einleitenden Sätzen wie: »Sei ›t‹ ein männliches Merkmal, das Weibchen bei der Partnerwahl beeinflusst, und sei ›p‹ die Stärke der weiblichen Präferenz …«[2] Nun sind sich aber auch Biologie-Theoretiker im Klaren darüber, dass der Marktwert ihrer Theorien steigt, wenn diese

Anwendung im Labor und in der Feldforschung finden können, und deshalb testet Pomiankowski seit den späten 1990er-Jahren die Ergebnisse seiner Arbeit an Tieren in freier Wildbahn. Das erklärt, warum ich vor einigen Jahren, während ich auf Borneo lebte und arbeitete, eine E-Mail von ihm erhielt, in der er mich bat, ihn als Ortskundiger auf der Stielaugenfliegen-Jagd zu begleiten.

Stielaugenfliegen (*Diopsidae*) zählen zum Bizarrsten, worauf man unter den in den Tropen beheimateten Insekten treffen kann. Gleich nachdem sie aus der Puppenhaut geschlüpft sind und während die – später zum Chitinpanzer erstarrende – äußere Schicht ihres Körpers noch weich und formbar ist, blähen und verlängern Weibchen wie Männchen – ganz besonders jedoch die Männchen – die Sockel, auf denen ihre Augen sitzen, und diese verhärten dann zu ungeheuer lang gestreckten Stielen, mit denen die Tierchen ihr weiteres Leben lang herumfliegen.[3] So kulminiert eine Entwicklung, deren Motor die äonenlange weibliche Bevorzugung von Männchen mit weit auseinanderstehenden Augen ist. In den extremsten Fällen, etwa bei der Spezies *Teleopsis belzebuth* auf Borneo, hat sich evolutionär ein Augenabstand entwickelt, der sage und schreibe das Zweieinhalbfache der Körperlänge beträgt – ein Kopfschmuck, der das »insektische« Gegenstück zur Pfauenschleppe ist: beschwerlich, übersteigert und bei der sexuellen Selektion sehr gefragt.

Wie Pfauen und andere Fasanenartige praktizieren Stielaugenfliegen das sogenannte Lek-Paarungssystem. »Lek« – Schwedisch für »Spiel«, »Aufführung« – ist in die transnationale Terminologie gelangt, weil Skandinavien lange Zeit das Epizentrum der Forschung zur sexuellen Selektion war; in biologischer Verwendung bedeutet das Wort »Balzplatz«, »Balzrevier« oder »Balzarena«. Ein als Lek bezeichneter Balzplatz ist eine Arena, in der mehrere Männchen um außerhalb zuschauende Weibchen balzen, bis Letztere, nachdem sie ihre Wahl getroffen haben, mit ihren Favoriten kopulieren, wobei es durchaus auch zur Promiskuität kommt. Solche Arenabalz findet bei den Stielaugenfliegen in der

Abenddämmerung im Tropenwald auf den aus ausgewaschenen Flussufern herausstehenden kleinen Zweigen und Wurzelhaaren statt. So fand ich mich denn an einem Spätnachmittag im April des Jahres 2006, während über dem malaysischen Borneo gerade die Sonne unterging, gemeinsam mit Pomiankowski und meinem Freund Stephen Sutton, einem Tropenökologen, auf einem steilen Hügelhang wieder, wo wir, uns an den nachgiebigen Stängeln von wildem Yams festhaltend und über abgebrochene Äste und Gesteinsbrocken stolpernd, nach unten mehr rutschten als tappten.[4] Schließlich am Fluss angekommen, aber immer noch etwas unsicher auf den Beinen, richteten wir die Strahlen unserer Stirnlampen auf die schlammverschmierten Würzelchen, die, wie Pomiankowski meinte, von den Fliegen als Leks benutzt werden könnten. Und das wurden sie auch: Da und dort wurden Ansammlungen von flinken Fliegen sichtbar, die sich auf Wurzelhaaren ruckartig auf und ab bewegten und dabei ihre absurd weit gespreizten Stielaugen vor sich hertrugen wie Hochseilartisten ihre Balancierstange.

Pomiankowski und seine Mitarbeiter haben in ihren Arbeiten nachgewiesen, dass in jedem Lek die Rolle des Alphamännchens einem einzelnen Individuum vorbehalten ist, während niederere Ränge mehrfach besetzt sein können. Weibchen lassen sich am liebsten auf den Wurzelhaaren nieder, die von den Männchen mit dem größten Augenabstand besetzt sind. Durch Laboruntersuchungen ist erwiesen, dass der Augenabstand, den ein Männchen erreichen kann, genetisch bedingt ist, dass er aber auch etwas über die Qualität des Männchens als Paarungspartner aussagt: Ein Männchen kann nur dann einen großen Augenabstand ausbilden, wenn es zuvor die Mühen des Larvendaseins gut bewältigt hat, außerdem hat ein Männchen mit lang gestielten Augen größere Keimdrüsen, die dementsprechend mehr Spermien produzieren, sodass es bei einer einzelnen Kopulation mehr Eier befruchten kann.

Das Vorstehende erklärt zur Genüge, warum in den einzelnen

Stielaugenfliegenarten der Augenabstand immer weiter zunehmen müsste (den Hintergrund dieser Erklärung haben wir im dritten Kapitel kennengelernt, wo von der weiblichen sexuellen Selektion üppig ornamentierter Männchen die Rede war). Männchen mit längeren Augenstielen fallen mehr Paarungsgelegenheiten zu und so zeugen sie mehr Nachwuchs; und dieser Nachwuchs erbt nicht nur die väterlichen Gene für lange Augenstiele, sondern von der Mutter auch die Gene, die weibliche Fliegen auf lang gestielte Augen abfahren lassen – mit der evolutionären Folge, dass sich anhaltendes Wachstum der Augenstiellänge innerhalb der Spezies wie durch ein Schneeballsystem verbreitet. Doch in diesem Bild des Geschehens zeigen sich Komplikationen, und ebendiese hat Pomiankowski mit seinen Computermodellen in Angriff genommen. Da ist zum Beispiel die Frage: Wieso haben diese Fliegenarten längere Augenstiele als jene? Oder die andere: Was, wenn die Augenstielevolution irgendwann einmal in der Sackgasse steckt, weil alle Männchen die längsten überhaupt möglichen Augenstiele haben und alle Weibchen die größtmögliche Präferenz dafür? Eine festgefahrene evolutionäre Situation, die als »Lek-Paradox« bekannt wurde.

Aber sexuelle Selektion als solche ist keine Einbahnstraße, wie Pomiankowski und sein japanischer Kollege Yoh Iwasa von der Universität Kyushu gemeinsam herausfanden. Die Evolution jeder Stielaugenfliegenart kann theoretisch einmal an einem Punkt angelangen, wo bei allen Männchen der Augenabstand sein mögliches Maximum erreicht hat – um nur eine Kleinigkeit längere Augenstiele, und der Träger ist flugunfähig oder die Augen brechen einfach ab – und alle Weibchen das so hinreißend finden, wie es ihrem winzigen Fliegengehirn überhaupt möglich ist. Doch bei diesem Stand der Dinge fällt der Nutzen der weiblichen Auswahl unter den Männchen weg, denn die Männchen sind ja jetzt an Attraktivität einander alle gleich. Das bedeutet, dass das Bewerten und Auswählen von Männchen – das ganze Balzgeschäft – für die Weibchen nun zur Zeit- und Energieverschwendung geworden ist. Die Folge davon: Mutationen, die Weibchen weniger wählerisch machen, bringen den Betroffenen einen Vorteil, und wie Pomiankowski und Iwasa es auf ihren Computermonitoren verfolgen konnten, könnte in einer Population, in der das vorkommt, tatsächlich eine evolutionäre Entwicklung zu immer kürzerem Augenabstand einsetzen. Ja, anhand der Simulation mehrerer Gene für männlichen Augenabstand und weibliche Präferenzen kamen die beiden Forscher zu dem Befund, eine Population werde niemals zu einem stabilen Zustand finden, sondern, solange Leben und damit Evolution in ihr sei, weiterhin rastlos um die Grenzwerte des Augenabstands und der Augenabstand-Präferenz pendeln.

In dieser evolutionären Rastlosigkeit liegen die größten Unterschiede zwischen natürlicher und sexueller Selektion beschlossen. Die natürliche Selektion, durch die sich eine Spezies etwa an einen Bodentyp oder eine Temperatur anpasst, kennt nur ein einziges Optimum. Boden und Temperatur bleiben gewöhnlich über lange Zeiträume hinweg mehr oder minder gleich und reagieren nicht mit Veränderungen auf Organismen, die sich ihnen anpassen. Es gibt da keine Rückkopplungsschleifen, sodass eine Spezies über viele Generationen dem Anpassungsoptimum immer näher kommt. Ganz anders verhält es sich mit der sexuellen Selektion. Bei der gibt es kein singuläres Optimum, auf das hin die Spezies sich entwickelt, sondern es passt sich die männliche Hälfte der Spezies der weiblichen Hälfte an und umgekehrt. Dass beide Geschlechter ein bewegliches Ziel verfolgen, das allein garantiert schon fortwährende evolutionäre Bewegung, und die in jeder Generation stattfindende Kombination, Durchmischung und Neuverteilung männlich und weiblich angepasster Gene bringt eine weitere Komplexitätsebene ins Spiel. Sexuelle Selektion ist also das Nunplusultra an evolutionärer Dynamik – daher viel komplexer und in ihren Schritten viel schwerer vorauszusehen als natürliche Selektion.

Pomiankowkis beachtliches Aufgebot an mathematischem Instrumentarium zu dem Zweck, sich ein Bild von dem evolutionären Tango der männlichen und weiblichen Stielaugenfliegen zu verschaffen, führt uns lediglich ein Beispiel von vielen für einen Vorgang bei der sexuellen Selektion vor Augen, der so komplex und schwer vorauszusehen ist, dass wir ihn nur mit Hilfe von Computersimulationen begreifen können. Ein weiteres Beispiel dieser Art ist das »rare-male effect« (Seltenes-Männchen-Effekt) genannte Phänomen (in Deutschland ist auch der Ausdruck »negative häufigkeitsabhängige Selektion« in Gebrauch).[5] Bei Fischen und Insekten – und wahrscheinlich auch einer Vielzahl anderer Tiere – paaren sich die Weibchen manchmal vorzugsweise mit dem »ungewöhnlichsten« Männchen.

Bei den Guppys zum Beispiel. Wie jeder weiß, der sich diese beliebten Aquariumfische einmal gehalten hat, zeichnen sich Guppys durch die erstaunlich breite Variationsskala ihrer genetisch bestimmten Farbzeichnung aus, die sich zusammensetzt aus Klecksen und Streifen von Gelb, Rot und Schwarz sowie aus gold-, grün- oder violett-metallic schimmernden Flecken. Zwar kann man in öffentlichen Schauaquarien unter Umständen in ein und demselben Becken viele verschiedene Färbungstypen beisammen sehen, in der ursprünglichen Heimat dieser Fische jedoch, in den Flüssen Zentralamerikas, werden die Farbzeichnungen der Männchen durch die Wasserscheiden einigermaßen voneinander getrennt gehalten. Auf Trinidad zum Beispiel beherbergt der Río La Selva den recht prosaisch als M7 bezeichneten Männchentypus, der mit leuchtend goldgelben Vertikalbalken an der Schwanzbasis und einem schwarzen Punkt an der Basis einer überdies oben und unten orange geränderten Schwanzflosse prunkt. Die M1-Männchen im nahen Río Guanapo hingegen besitzen eine weiße Rückenflosse, einen schwarzen Balken an der Schwanzbasis und orange gepunktete Flossenbasen.

Im ersten Schritt eines an der University of California at Riverside durchgeführten Versuchs präsentierten Forscher jungfräulichen Guppyweibchen aus dem Río Guanapo entweder eine

Gruppe M1-Männchen oder eine Gruppe M7-Männchen zur Betrachtung. Zum Zweck dieser Guppy-Peepshows unterteilten sie ihre Aquarien jeweils mit einer gläsernen Trennschreibe in eine männliche und eine weibliche Abteilung, sodass die Weibchen die Männchen (und deren Balzverhalten) sehen, aber sich nicht mit ihnen paaren konnten. Im zweiten Schritt wurden einzelne Weibchen aus dem Becken genommen und jeweils mit einem M1- und einem M7-Männchen zusammengetan. Diese Trios überließ man 24 Stunden lang sich selber, damit sie sich völlig ungestört über ihre sexuellen Präferenzen klar werden und sie ausleben konnten. Im dritten Schritt wurde das Weibchen aus der Dreisamkeit herausgenommen und allein in ein Becken gesetzt, wo sie ihre Jungen gebären konnte. Da die Farbzeichnungen im Erbgut verankert sind, konnten die Forscher unschwer erkennen, wie viele Jungfische das M7-Männchen und wie viele das andere zum Vater hatten. Fazit: Für Weibchen, die zuvor schon mit M7-ern zusammen gewesen waren, war die Wahrscheinlichkeit, dass sie ihre Eier von einem dieser Männchen befruchten ließen, drei Mal geringer als für Weibchen, die noch niemals zuvor einen M7 gesehen hatte. Bekanntschaft hatte Geringschätzung erzeugt.[6]

Mit diesem »rare-male effect«, dass Guppyweibchen sich am liebsten mit dem Neuen am Ort zu paaren scheinen, stehen die Guppys durchaus nicht einzig da. Er ist auch von vielen Insektengruppen bekannt, bei denen die Weibchen etwa auf Männchen mit ungewöhnlich weißen Augen (Taufliegen) oder eigentümlichem Balzstil (Grillen) abfahren. Aber es ist nicht ganz klar, was Weibchen so liebenswert an einem Unbekannten finden. Es könnte sein, dass wir es einfach mit einem Fall jener sensorischen Bevorzugung zu tun haben, die wir im dritten Kapitel kennengelernt haben: Dann wäre es so, dass das weibliche Nervensystem besonders intensiv reagiert, wenn es plötzlich mit neuen Signalen konfrontiert wird, gegen die es noch nicht abgestumpft ist. Aber vielleicht handelt es sich häufiger um eine Partnerwahlstrategie, die sich zur Verhinderung von Inzucht entwickelt hat: Zu viel

Paarung mit Verwandten bringt eine gefährliche Bedrohung der genetischen Gesundheit des Nachwuchses mit sich, sodass die Bevorzugung von Männchen, die so aussehen, als wären sie nicht irgendwo in der Nachbarschaft zu Hause, ein Vorteil sein könnte.

So oder so könnte der »rare-male effect« zu jener Spielart evolutionärer Dynamik führen, von der ich einige Absätze weiter vorn gesprochen habe. Und wieder hat es eines Biologie-Theoretikers – einer Theoretikerin in diesem Fall – bedurft, damit uns jemand das vollumfänglich darlegte. Hanna Kokko, Evolutionsbiologin/-ökologin und Theoretikerin an der Australian National University (und bekannt für die rätselhaften Haiku, in denen sie auf ihrer Homepage ihre Forschungsprojekte zusammenfasst: »Vogel hier, zwei da draußen / Eier in Körben feucht oder trocken / Kovarianzen«),[7] ließ als Erste Computersimulationen des »rare-male effect« ablaufen. Dabei zeigte sie auf, dass in einer Population von, sagen wir, Guppys, in der es sowohl mehrerlei Färbungstypen bei den Männchen gibt als auch den »rare-male effect« bei den Weibchen, die Häufigkeit der Gene für vom Mainstream abweichende männliche Färbung im Verlauf der Zeit stetig schwankt.[8] Das ist so, weil ein seltener Färbungstyp aufgrund weiblicher Präferenz mit der Zeit zunächst häufiger aufzutreten beginnt. Doch liegt in seinem Erfolg bereits sein Niedergang beschlossen, denn je weiter dieser Typus sich verbreitet, desto weniger »sexy« wirkt er auf seltene Männchen bevorzugende Weibchen. Schließlich verlagert sich das weibliche Interesse auf die nächste seltene Spielart der männlichen Färbung. Gleichzeitig sind aber auch die für die weibliche Bevorzugung seltener Männchen verantwortlichen Gene solchen Häufigkeitsschwankungen unterworfen: Jedes Mal, wenn diese Gene im Genpool an Zahl zunehmen, wird der aktuelle Typus »seltenes Männchen« von einer Generation zur nächsten zum Normalfall, der mit der Seltenheit zugleich die Attraktivität eingebüßt hat. Und weil die durch ihre Vielzahl unattraktiven Nachkommen der einstigen attraktiven Raritäten auch die Erbanlage für die Präferenz ihrer Mütter in sich tragen, werden in der nächsten Generation auch diese Gene wieder in geringerer Zahl vorhanden sein.

Die Computersimulationen der Guppyfärbung wie des Sex-Appeals von Fliegenaugenstielen belehren uns darüber, dass bei der evolutionären Entwicklung männlicher Signale und weiblicher sexuellen Präferenzen Rückkopplungsschleifen auftreten können, aufgrund deren es unter Umständen zu unvorhersagbaren Verlaufsmustern kommt. Wie ein Wettersystem, in dem Luftfeuchte, Luftdruck und Sonneneinstrahlung in ihrem Zusammenwirken ein Tohuwabohu von Regen und Sonnenschein anrichten, ist die Evolution der Verführung absolut unvorhersehbar. Stellen wir uns in einem Gedankenexperiment vor, wir hätten den Überblick über eine Anzahl identischer Populationen einer Tierart und ließen in jeder der sexuellen Selektion ihren Lauf. Das wäre das Gleiche, wie wenn wir auf derselben Anzahl PCs jeweils ein von Kokko oder Pomiankowski geschriebenes Simulationsprogramm ablaufen ließen. Selbst wenn die Ausgangsbedingungen (Populationsgröße, Generationslänge und die für Signale und Präferenzen verantwortlichen Erbfaktoren) vollkommen identisch sind (was sie in der Natur niemals wären), sorgen die Einflüsse von zufallsbedingten demografischen Faktoren und ebenso zufallsbedingten Genmutationen dafür, dass die Programmverläufe binnen Kurzem unterschiedliche Richtungen einschlagen. Am Ende der Simulationen sind die – anfangs identischen – sexuellen Signale und Präferenzen weit auseinandergedriftet und in keinem Fall mehr wiederzuerkennen.

Ersetzen wir nun in dem Gedankenexperiment die Farbzeichnungen oder die Augenstiele durch die Genitalien. Wenn die sexuelle Selektion auf Genitalmerkmale, wie Eberhard meint, tatsächlich in ähnlicher Weise verläuft, dann gleicht die Evolution einem wankelmütigen Plastiker, der immerzu nur mit nassem Ton arbeitet, bei der Ausführung von Geschlechtsorganen unablässig deren Form und Gestaltung verändert, sich nie zufriedengibt und die Masse nie aushärten lässt. Bei derart rascher, ungeregelter Evolution ist es kein Wunder, dass unterschiedliche Arten so unterschiedliche Genitalien haben, sind diese doch im Einzelfall ja nur Momentaufnahmen eines permanenten dynamischen Wechselspiels zwischen genetischer Mutation, sensorischer Bevorzugung und Weibchenwahl.

Aber von Computersimulationen und bestechenden evolutionsbiologischen Theorien lässt man sich leicht mitreißen. Doch stimmt das auch da draußen in der wilden Welt der wirklichen Tiere mit wirklichen Genitalien? Was sehen wir, wenn wir Genitalevolution in Aktion zu beobachten suchen? Es ist Zeit für einen Faktencheck.

Blick zurück in Bernstein

Die fortlaufende Evolution von Genitalien in der Wirklichkeit zu beobachten ist nicht leicht. Andere Organe und Körperteile frei lebender Tiere hat man binnen kurzen Fristen wie einigen Jahrzehnten die Form wechseln sehen (die Schnäbel der Darwinfinken auf den Galapagosinseln zum Beispiel), aber mit Geschlechtsorganen hat das meines Wissens noch niemand fertiggebracht.[9] Glücklicherweise bietet uns die Paläontologie die zweitbeste Option an: einen Blick in die Vergangenheit des Zeugungsgeschehens.

Wie der australische Geologe John Long in seinem Buch ›The Dawn of the Deed‹ (›Das Aufkommen des Akts‹; 2012) ausführt, steckt die Paläontologie der Sexualität noch in den Kinderschuhen – ein Umstand, der hauptsächlich auf die kümmerliche Wahrscheinlichkeit zurückzuführen ist, dass Geschlechtsorgane, zu schweigen von Formen des Sexualverhaltens, es irgendwie zur Fossilisierung gebracht und dann auch noch den Weg in Museumsschubfächer gefunden haben könnten.[10] Es gibt etliche Ausnahmefälle, die Long liebevoll beschreibt. So etwa das 300 Millionen Jahre alte Hai-Paar aus einer Sedimentschicht in Montana; einer von den beiden beißt den anderen in den Kopfstachel, ein

Vorspiel zum Hai-Sex (zu dem es in diesem Fall dann traurigerweise nicht mehr kam). Oder die berühmte Fossilienfundstätte Grube Messel im hessischen Landkreis Darmstadt-Dieburg, die uns zahlreiche Versteinerungen von sich paarenden Schildkröten beschert hat, jedes Paar in immerwährender Umklammerung mineralisiert.[11] Und Long selbst spielte eine maßgebliche Rolle sowohl bei der Entdeckung der weltältesten Schwangerschaft und von Nabelschnüren bei den sogenannten »Placodermi« (oder »Placodermata«, »Plattenhäuter«) aus der Devonzeit vor 380 Millionen Jahren als auch bei der Enträtselung von Kopulations- und Reproduktionsweise dieser Tiere.

Nicht ganz so uralt, dafür aber viel besser erhalten sind die Insekten, die in flagranti von einem Tropfen vorzeitlichen klaren Kiefernharzes erwischt wurden, der dann zu dem berühmten zwanzig bis vierzig Millionen Jahre alten Bernstein fossilisierte, wie man ihn heute beispielsweise an den Ostseeküsten (Baltischer Bernstein) und in der Dominikanischen Republik (Dominikanischer Bernstein) findet. Die wertvollsten Stücke der Sammlungen von Bernstein mit Insekteneinschluss sind oft jene, die gewissermaßen als Mausoleum für sich paarende Pilzmücken, Schwingfliegen oder Milben fungieren. Und das Schöne an diesen Insekteneinschlüssen ist, dass sie nicht einfach bloß hohle Hüllen sind; die einstmals auch im urzeitlichen Sexualleben die Hauptrolle spielenden Genitalien sind im Bernsteinsarkophag noch vorhanden, nicht selten in bestem Erhaltungszustand.[12] Das Problem ist einzig: Man muss, um diese inneren Organe untersuchen zu können, das wertvolle Stück zerstören. Könnte man meinen. Doch Michel Perreau, Physiker und Entomologe an der Universität Paris VII/Universität Paris-Diderot, hat eine Methode gefunden, wie man sich die im Bernstein eingesargten Genitalien ansehen kann, ohne den Sarg aufbrechen zu müssen.

Mithilfe einer für bildgebende medizinische Diagnostik am Teilchenbeschleuniger der European Synchrotron Radiation Facility (Europäische Synchrotronstrahlungsquelle) in Grenoble entwickelten Technik gelang es Perreau, hochaufgelöste CT-Scans von einem in Baltischem Bernstein eingeschlossenen winzigen Käfer zu erzeugen. Da die Synchrotronstrahlung mit Röntgenstrahlung das Gleiche macht, was ein Laser mit sichtbarem Licht macht, liefert sie Bilder mit hohem Kontrast und einer Auflösung von bis zu einem Tausendstelmillimeter.[13] Auf diesem Wege erhielt Perreau dreidimensionale Bilder des nicht einmal zwei Millimeter langen Insekts, ohne auch nur die Oberfläche des wertvollen Stücks Bernstein ritzen zu müssen. Ein Kinderspiel war das Ganze allerdings nicht – um die virtuelle Zerlegung seines Objekts in Transversalschnitte durchführen zu können, musste Perreau dem Computer bis zur kleinsten Einzelheit hinab sagen, was da noch zu den Genitalien gehörte und was nicht, und das manchmal sogar Pixel für Pixel (besser gesagt, Voxel für Voxel – das 3-D-Äquivalent des Pixels). »Immens viel Arbeit!«, seufzt er, wenn er an die vielen Tage zurückdenkt, die er an der Computertastatur verbracht hat. Doch zu guter Letzt hatte er auf seinem Monitor das detailreiche 3-D-Bild – oder sogenannte Mikrotomogramm – eines vierzig Millionen Jahre alten, 0,4 Millimeter messenden Käferpenis, den er per Mausklick drehen und wenden und von allen Seiten betrachten konnte.

Der digitalisierte alte *Aedeagus* gab preis, dass der Käfer Vertreter einer Spezies in der Ahnenreihe heutiger Nestkäfer der Gattung *Nemadus* war – einer gleichwohl eindeutig unbekannten ausgestorbenen Spezies (der Perreau gut gelaunt den Namen *Nemadus microtomographicus* gab) mit einem Penis, der sich von allem unterscheidet, was wir in diesem Genre von heutigen Spezies kennen. Inzwischen hat Perreau noch eine Reihe weiterer Käferpenisse ins Dasein zurückgebracht, die sich alle markant von den Prunkstücken ihrer heute lebenden Nachfahren unterscheiden.

Aber mögen uns diese in Bernstein konservierten *Aedeagi* noch so fantastisch vorkommen, wir kennen einfach nicht so viele, dass wir anhand ihrer die Geschichte der genitalen Formen und Funktionen rekonstruieren könnten. Dazu würden wir

Bernsteinfossilien von Insekten derselben Familie oder Gattung aus einer langen Reihe verschiedener Epochen benötigen, damit wir den Wandel entlang der Zeitachse verfolgen könnten. Doch es gibt auf der Welt nur wenige Fundorte von Bernstein guter Qualität, und alle Funde an einem von diesen Orten sind mehr oder weniger gleich alt. Für die meisten Insektenarten bedeutet dies, dass wir sie höchstens drei oder vier Zeitabschnitten zuordnen können. Somit sind Versuche, Bernsteineinschlüsse von Insekten als Archiv des evolutionären Wandels von Genitalien zu nutzen, zum Scheitern verurteilt, denn wie es mit Fossilien häufig der Fall ist, so auch in diesem: Sie sind zu dünn gesät.

Eine viel reichhaltigere Informationsquelle sind die in Torfvorkommen häufig zu findenden Insektenreste in – dank dem dort herrschenden Sauerstoffmangel – tadellosem Erhaltungszustand. Sind Torffossilien einerseits jünger als Bernsteineinschlüsse – die meisten datieren von irgendwo in dem Zeitraum der letzten rund halben Million Jahre –, so sind sie andererseits in viel größerer Zahl verfügbar, was insbesondere für Käfer mit ihrem harten, fäulnisresistenten Panzer gilt. Der unlängst verstorbene britische Paläontologe Russell Coope war schon zu Lebzeiten eine Legende; zu seinem Forschungsgegenstand Nummer eins hatte er die Käfer aus dem Torf gemacht, deren Spezies er routinemäßig anhand ihrer erhaltenen Genitalien bestimmte. In den 1970er-Jahren untersuchte er eine reiche Ausbeute an 43 000 Jahre alten Käferfragmenten aus dem Themsetal, die aus Tausenden Exemplaren fast 300 verschiedener Arten bestand. Und immer, wenn er auf einen Käferbauch stieß, extrahierte er die Genitalien und stellte perfekte Mikroskopaufnahmen von ihnen her, die er dann mit einem Identifizierungsschlüssel für heutige Arten verglich.[14]

Das Seltsame dabei war, dass Coope sowohl bei den Spezimina aus dem Themsetal als auch bei viel älteren anderen nur selten irgendein Anzeichen eines evolutionären Wandels der Genitalien entdeckte. In einem 2004 in den ›Philosophical Transactions of the Royal Society‹ veröffentlichten Artikel gibt er seiner Verwunderung darüber Ausdruck: »Fast alle fossilen Exemplare stimmen mit ihren heutigen Gegenstücken vollkommen überein. Diese Gleichartigkeit erstreckt sich noch auf die innersten Komplexitäten der männlichen Genitalien, die sich aus den in Fossilsammlungen häufig zu findenden zusammengepressten Bäuchen herauslösen lassen.«

Das ist nun allerdings etwas rätselhaft. Bekanntlich haben eng verwandte Käferarten oft völlig unterschiedliche Geschlechtsorgane, also müssen diese sich irgendwann im Verlauf der – durch die Separation von Populationen bedingten – Artbildung oder danach verändert haben. Und die Theorie sagt uns, dass Genitalevolution eigentlich besonders schnell und dynamisch vonstatten gehen müsste. Dennoch erzählen uns Coopes fossilisierte Käferpenisse eine andere Geschichte, eine, die vielmehr von Dauerhaftigkeit handelt. Natürlich gibt es Möglichkeiten, Coopes Rätsel zu lösen. Da wäre zunächst darauf hinzuweisen, dass die meisten fossilen Käfer, die er untersuchte, nur etliche Zehn- oder Hunderttausende Jahre alt sind – vielleicht eine zu kurze Zeit für die wirklich großen Schritte der Genitalevolution. Und außerdem unterzog Coope die Formen der Geschlechtsorgane niemals einer präzisen Vermessung. Ihn interessierte einfach nur, dass er anhand der Urzeitgenitalien deren Besitzer als Angehörige heutiger Arten identifizieren konnte; im Laufe der seit der Lebenszeit seiner Spezimina verflossenen Jahrtausende mögen sich kleine Unterschiede entwickelt haben, die aber möglicherweise zu klein waren, als dass Coope sie bemerkt hätte.

Andererseits könnte es genauso gut sein, dass Coope einen echten Aspekt der Genitalevolution aufdeckte und dass diese Organe sich nicht in der ruckfreien Ebbe und Flut eines kontinuierlichen Wandels, sondern stoßweise entwickeln. Ob die Evolution graduell oder in Schüben voranschreitet, ist eine unter Evolutionsbiologen auf prinzipieller Ebene diskutierte Frage. Manche haben sich der Theorie des »unterbrochenen Gleichgewichts« (auch »Punktualismus« genannt) des berühmten Harvard-Paläontologen Stephen Jay Gould angeschlossen, der zufolge Evolution gewöhnlich in kurze Perioden schnellen Wandels zusammengedrängt ist, zwischen denen lange Perioden des Stillstands liegen.[15] Die Alternative dazu ist der »Gradualismus«, die Ansicht, dass allzeit ein sanfter, stetiger, unmerklicher Wandel im Gang ist. Zu dieser Auffassung bekannte sich auch Darwin, als er schrieb: »Wir sehen nichts von diesen langsam fortschreitenden Veränderungen, bis die Hand der Zeit auf eine abgelaufene Weltperiode hindeutet.«[16]

Glücklicherweise hat die Wissenschaft in den vergangenen rund zehn Jahren Methoden entwickelt, die abzuschätzen erlauben, ob sich ein bestimmtes Merkmal schnell oder langsam entwickelt. Dazu braucht man zuallererst einen DNA-basierten evolutionären Stammbaum (terminologisch: »phylogenetischer Baum«). Die DNA besteht aus langen Ketten von vier verschiedenen chemischen Verbindungen (deren Namen bekanntermaßen zu den Buchstaben A, T, G und C verkürzt sind) und entwickelt sich im Verlauf der Zeit durch die Akkumulation von Mutationen – chemischen Veränderungen, bei denen einer oder mehrere »Buchstaben« ersetzt werden durch andere, verloren gehen oder vervielfacht werden (siehe das erste Kapitel). Weil es für das Zustandekommen solcher Mutationen Zeit braucht, lässt sich anhand der Menge von gemeinsamen Buchstaben in den DNA-Strängen zweier Arten bestimmen, wie nahe beieinander ihre Positionen auf einem evolutionären Stammbaum liegen: je weniger Unterschiede zwischen den DNA-Strängen, desto rezenter ihr nächster gemeinsamer Vorfahre. (Das angewandte Analyseverfahren ist viel differenzierter als hier angedeutet, doch im Prinzip läuft es darauf hinaus.) Anhand der in DNA-Sequenzen einer Artengruppe enthaltenen Information können also Evolutionsbiologen einen evolutionären Familienstammbaum erstellen, der von unten nach oben gelesen Auskunft über Abfolge und Zeitpunkte der im Verlauf der Zeit erfolgten Aufspaltungen von Ahnenspezies-Populationen in Tochter-Spezies gibt.

Mark McPeek vom Dartmore College in Hanover, New

Hampshire, bediente sich solcher DNA-basierten Stammbäume, um Näheres über die evolutionäre Entwicklung der Fortpflanzungsorgane der Schlanklibellengattung Becherjungfern (*Enallagma*) herauszufinden. Etwa vierzig Arten dieser zierlichen, hübschen, schwarz und blau gefärbten Libellen kommen in ganz Nordamerika, in Europa und Nordasien vor, und bereits zur fraglichen Zeit – im Jahr 2005 – hatten Wissenschaftler nach Durchmusterung ihrer DNA den präzisen evolutionären Stammbaum von ihnen allen erstellt. McPeeks Arbeitsteam untersuchte, wie sich die Form des bei der Paarung als Klammerorgan fungierenden Hinterleibsanhangs des Libellenmännchens entlang den Zweigen dieses Familienstammbaums verändert.

Das zangenartige Organ ist kein Geschlechtsorgan im engeren Sinn; das hat mit der eigentümlichen Manier zu tun, in der Kleinlibellen sich paaren. Zur Paarungszeit lungern die Männchen an Gewässern herum und warten darauf, dass Weibchen von der Futtersuche kommen. Hat ein Männchen ein Weibchen erspäht, stürzt es sich buchstäblich noch in der Luft darauf und packt es mit seinem Klammerorgan hinter dem Kopf. Dann drückt es aus dem direkt vor dem Klammerorgan endenden Samenausführgang ein Tröpfchen Sperma heraus und krümmt, ohne das Weibchen loszulassen, die Spitze seines langen Hinterleibs nach vorn, um das Spermatröpfchen auf den eigentlichen Penis unten an der Basis der Hinterleibs zu übertragen. Entschließt sich das Weibchen, das Männchen, von dem es festgehalten wird, als Paarungspartner zu akzeptieren, biegt es nun seinerseits seinen Hinterleib nach vorn, bis sein Genitale mit dem des Männchen Kontakt hat und dessen Samen empfängt.

Nun weist dieses männliche Klammerorgan von Spezies zu Spezies in der Form beachtliche Unterschiede auf, wie McPeek mit 3-D-Bildern aus dem CT-Scanner dokumentierte. Mithilfe der gleichen Art Software, die Computeranimateure benutzen, erarbeitete er sich daraufhin mathematische Formeln, die genaue Spiegelungen der dreidimensionalen Formen der artspezifischen Klammerorgane waren. Mit diesen Formeln hatte er dann ein Hilfsmittel in der Hand, die Unterschiede in der Form zu messen: Je mehr sich die Terme und Parameter der Formeln für ein bestimmtes Speziespaar voneinander unterschieden, desto größer musste der Unterschied zwischen den Klammerorganen dieser beiden Arten sein. Abschließend führte McPeek einen Abgleich seiner Messungen mit dem DNA-Baum durch und stellte zu seiner Überraschung fest, dass es keinen Zusammenhang gab zwischen dem Grad des Unterschieds zwischen den Klammerorganen zweier Arten einerseits und der Zeit, die seit den Tagen des nächsten gemeinsamen Vorfahren dieser beiden Arten verstrichen war, andererseits. Alte Arten unterschieden sich in den Formen ihrer Klammerorgane nicht stärker als junge. Das bedeutete, dass jede Art in puncto Klammerorgan nur einen einmaligen Evolutionsschub erlebt hatte, keineswegs einen langsamen graduellen Wandlungsprozess. Ähnliche Anzeichen einer Evolution in Schüben und Sprüngen waren auch an den Genitalien von Kaktusfliegen und Tausendfüßern erkennbar.[17]

All diese Befunde – das Zeugnis der Fossilien wie auch die Auswertung DNA-basierter evolutionärer Stammbäume – zeigen, dass ungeachtet der »rare-male effects« und Pomiankowskis sexuellen Tangos offenbar gewisse »gläserne Wände« existieren, die dem, was an Spielarten und Erträgen evolutionären Wandels möglich ist, eine Grenze setzen und mitunter bewirken, dass die Genitalevolution auf der Stelle tritt. Insofern kann man sagen, dass diese sich zuweilen sprunghaft vollzieht, wenn sie von einer neu aufkommenden weiblichen Interessenslage angeheizt wird, und zuweilen graduell, wenn sie sich einer dieser gläsernen Wände nähert.[18] Wir müssen also an unserem Bild von der Genitalevolution eine kleine Korrektur vornehmen: Obzwar nicht zu leugnen ist, dass sie oft im Temposchritt ausgefallene Gebilde und bizarre Formen schafft, kann sie manchmal auch in einer evolutionären Zwangsjacke stillgestellt sein. Im nächsten Abschnitt werden wir Beispiele solcher einschränkenden Zwänge kennenlernen: Umstände, welche bei manchen Tieren die Genitalevolution deckeln.

Die Größe spielt keine Rolle

Niemand weiß genau, wo der (inzwischen abgedroschene) Satz »Die Größe spielt keine Rolle« zum ersten Mal geäußert wurde, aber sein Wurzelgrund ist die berühmte Studie des Paares Masters und Johnson aus den 1960er-Jahren, in der man liest: »Noch so ein landläufiger ›phallischer Fehlschluss‹ ist die Vorstellung, je größer der Penis sei, desto leistungsfähiger sei auch der Mann in der Rolle des Sexualpartners.«[19] Ob Frauen beim Penis des Partners besonderen Wert auf Länge legen oder nicht, ist eine gleichermaßen in Hochglanzmagazinen wie in Wissenschaftsjournalen eingehend und scheinbar endlos diskutierte Frage (erinnern wir uns an den im vierten Kapitel erwähnten, in Schottland konstatierten Zusammenhang zwischen Penislänge und Vaginalorgasmus). Aber unterm zoologischen Gesichtspunkt scheint die durchschnittliche Größe, nicht die extreme, hoch im Kurs zu stehen – sowohl beim Menschen als auch bei Tieren.

Das hat mit Sachverhalten wie »Isometrie« und »Allometrie« zu tun, die vorliegen, wenn Körpermaße im Verhältnis zueinander proportional (»isometrisch«) beziehungsweise disproportional (»allometrisch«) variieren. Beispielsweise haben Menschen mit mehr Körpergewicht normalerweise eine Leber mit mehr Gewicht, und für jedes Prozent an allgemeiner Gewichtszunahme wird man eine prozentual identische Gewichtszunahme der Leber feststellen können; wer hundert Kilogramm wiegt, dessen Leber ist doppelt so schwer wie die von jemandem, der fünfzig Kilogramm auf die Waage bringt. Deswegen sagt man, dass die Leber ein isometrisches Verhältnis zum Körper als Ganzem hat (*isos* ist das griechische Wort für »gleich«). Betrachten wir aber ein anderes Organ – sagen wir, das Gehirn –, so stoßen wir auf Allometrie (*allos* bedeutet »anders beschaffen«, »verschieden«): Schwergewichtige, große Menschen haben ein größeres Gehirn als kleine, aber der Unterschied in der Gehirngröße ist prozentual viel geringer als der in der Körpergröße.[20] Organe wie das Gehirn, die trotz allem, was sich hinsichtlich der Größe des übrigen Körpers tut, in der Nähe einer bestimmten Größe bleiben, bezeichnet man als »negativ allometrisch«. (Es gibt auch die »positive Allometrie« – die langen Arm- und Beinknochen hochgewachsener Menschen sind disproportional länger als die kleinerer Menschen.)[21]

Nun ist es in der Natur seltsamerweise die Regel, dass Geschlechtsorgane ein allometrisches Verhalten pflegen, wie es negativer kaum sein könnte. Betrachten wir zum Beispiel den japanischen Hirschkäfer *Lucanus maculifemoratus* beziehungsweise Miyama-kuwagata, wie dieser erstaunliche rostbraun-schwarze Käfer in seinem Heimatland Japan liebevoll genannt wird (wo große Käfer gern als Haustiere gehalten werden und es im Warenhaus eine Spezialabteilung »Insektenfürsorge« gibt). Der Entomologe Haruki Tatsuta fing in Eichenwäldern auf Hokkaido 47 Männchen ein – deren Kennzeichen riesige, einem Hirschgeweih ähnelnde Mandibeln (Oberkiefer) sind –, die er dann (ein vielleicht nicht ganz so liebevoller Akt) jeweils in vier Teile zerlegte: Kopf mit Mandibeln, Thorax (Brustteil), Abdomen (Hinterleib) und Aedeagus (Penis). Die einzelnen Teile ließ er in einer Bratröhre austrocknen und wog sie anschließend. Es stellte sich heraus, dass der ausgetrocknete Körper des größten Käfers zehn Mal so schwer war wie der des kleinsten, sein Penis aber nur anderthalb Mal so schwer. Im Verhältnis zur Körpergröße, aber auch zu einzelnen Körperteilen wiesen die Käfergenitalien eine starke negative Allometrie auf.

Selbst beim Menschen schwankt die Penislänge nicht so stark, wie es unsere ausdauernde Beschäftigung mit dem Thema vermuten lässt, auch hängt sie wohl kaum mit anderen Körpermesswerten zusammen – schon gar nicht mit der Schuhgröße, wie ein verbreiteter Mythos uns glauben machen will. Die am St. Mary's

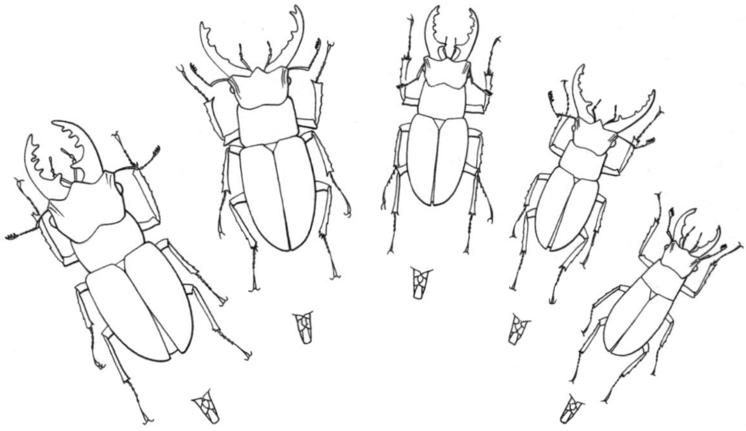

Wer hat den größten? Hirschkäfer und ihre Penisse weisen eine sogenannte negative Allometrie auf. Egal, wie groß jedes Individum ist, die Penisgrößen unterscheiden sich kaum. In der Abbildung ist jedem Hirschkäfer sein Penis zugeordnet.

Hospital in London tätigen Urologen Jyoty Shah und Nimal Christopher veröffentlichten 2002 einen Artikel, betitelt: »Sagt die Schuhgröße etwas über die Penislänge aus?«[22] Irgendwie brachten sie es mit großer Überredungskunst fertig, dass 104 ihrer Patienten sich von ihnen den Penis messen ließen und ihnen auch die Schuhgröße nicht verschwiegen. Anschließend übertrugen Shah und Christopher die gesammelten Daten in ein Koordinatensystem, dabei ergab sich jedoch keinerlei gesetzmäßiger Zusammenhang – damit war die Fuß-Penis-Korrelation ins Reich der Fabel verwiesen. Allerdings hatten die zwei Urologen den Johannes der Patienten in schlaffem, nicht in erigiertem Zustand gemessen; wahrscheinlich im Gedanken an ärztliche Schicklichkeitsregeln begründeten sie das damit, dass es »nicht machbar« gewesen sei, die »tatsächliche physiologische Länge« zu messen. Schon klar, aber das könnte zum Problem werden, denn bekanntlich verhält es sich mit dem Penis so, dass er, je länger er in schlaffem Zustand ist, desto weniger durch Erektion an Länge gewinnt. Auch erfassten die Forscher keine Daten zu Körpergröße und -gewicht oder anderen Körpermaßen außer der Schuhgröße. Doch durch eines der bemerkenswerteren City-Science-Projekte, die Online-Umfrage »The Definitive Penis Size Survey« (Die maßgebliche Umfrage zur Penisgröße), ist Shahs und Christophers Resultat bestätigt: Bei mehr als 3000 Männern, die den Fragebogen ausfüllten, sagte die Schuhgröße nichts über die Länge des erigierten Penis aus. Die Statur schnitt in dieser Hinsicht etwas besser ab, aber die Allometrie war immer noch negativ: Im Schnitt ist bei zwanzig Prozent größeren Männern der erigierte Penis nur zehn Prozent länger.

Solange Biologen nun schon Tiere vermessen (und das tun sie seit sehr langer Zeit!), registrieren sie, dass die Geschlechtsorgane von Männchen wie Weibchen – nicht anders, als wir es bei den Hirschkäfern und den Menschen gesehen haben – in der Regel vom übrigen Körper so ziemlich unbeeinflusst sind. Bei einer groß angelegten Auswertung von einschlägigen tierischen Daten stellten William Eberhard, Bernhard Huber, Rafael Luca Rodriguez und Kollegen fest, dass dies praktisch bei allen von über 130 Arten von Insekten, Skorpionen, Spinnen, Krustentieren, Schnecken und Säugetieren der Fall ist. Wie es scheint, kommen von der Natur genital sehr knausrig oder sehr generös bestückte Männchen und Weibchen bei der sexuellen Selektion schlecht weg, was die Vermutung nahelegt, dass die Evolution so etwas wie Genitalien in Einheitsgröße nach dem »Eine-Größe-passt-allen«-Prinzip begünstigt. Das »passt« ist hier allerdings nicht im buchstäblichen Sinn, nämlich als ein rein mechanisches Ineinanderpassen der Geschlechtsorgane zu verstehen, denn negative Allometrie findet sich bei Tieren ebenso oft bei solchen mit weichen, dehnbaren wie bei solchen mit harten, starren Geschlechtsorganen. Eberhard vermutet vielmehr, dass die Genitalien der beiden Geschlechter zueinander »passen«, wenn die männlichen in den weiblichen »sämtliche richtigen Knöpfe drücken«. Sind die männlichen oder die weiblichen Genitalien zu groß oder zu klein, dann landen die passenden Höcker nicht bei den passenden Nervenendigungen und Dehnungsrezeptoren in den weiblichen Genitalien. Infolgedessen sorgt dann die sexuelle Selektion dafür, dass Individuen, die genital so gut oder so schlecht bestückt sind, dass sie sehr wahrscheinlich mit vielen potenziellen Partnern nicht zusammenpassen, nicht viele ihrer Gene in der nächsten Generation unterbringen. Die Evolution bestraft somit die Individuen mit extrem kleinen oder extrem großen Genitalien, und heraus kommen dabei negative Allometrie und Genitalien von durchschnittlicher Größe: »Eine Größe passt für alle.«

Die Eine-Größe-passt-allen-Regel gilt für Tiere, bei denen das Männchen den ganzen Penis in die Vagina des Weibchens schiebt. Nun gibt es aber auch Tierarten, bei denen nur die Penisspitze eingeführt wird. Wo das der Fall ist, ist das Volumen des Penis nicht mehr eingeschränkt durch die Bedingung, in die Vagina des Weibchens passen zu müssen, und wenn die Evolution, aus welchem Grund auch immer, größere Penisse begünstigt, dann werden größere Penisse auch nicht ausbleiben. Wir haben sie (im dritten Kapitel) in von Charles Darwin entdeckter Rekordgröße an einer Rankenfüßergattung gesehen und werden im achten Kapitel Nacktschnecken kennenlernen, deren Penis sich zu solcher Länge entwickelt hat, dass er zum Erigieren eine ganze Nacht braucht. Aber auch da kann es Grenzen geben. Nämlich dann, wenn die sexuelle Selektion einen Evolutionsprozess auf den Weg bringt, den die übrige Umwelt durch natürliche Selektion unterbindet.

Das erste Beispiel für das Ausbremsen der sexuellen Selektion durch die Umwelt liefern uns die *Poeciliidae*, eine Familie von Süßwasserfischen, der auch der Guppy (*Poecilia reticulata*) angehört, von dem wir weiter vorn in diesem Kapitel im Zusammenhang mit Farbzeichnung und »rare-male effect« gehört haben. *Poeciliiden* sind ziemlich außergewöhnliche Fische. Nicht nur zählen sie zu den wenigen Fisch-Taxa, deren Männchen über einen richtiggehenden Penis verfügen, mit dem sie die Weibchen innerlich befruchten – anstatt, wie es die meisten Fische machen, ihre Spermien einfach über die Eier auszugießen, während das Weibchen am Ablegen ist –, sondern sie sind auch eine der wenigen Ausnahmen im Tierreich, bei denen die Penislänge nicht negativ, sondern positiv allometrisch ist. Bei Guppymännchen führt zwei Mal so große Körperlänge zu einem Penis – »Gonopodium« oder »Begattungsflosse« genannt, eigentlich eine von der Evolution zur Spermaspritze umgestaltete Afterflosse –, der nicht nur zwei Mal, sondern bis zu vier Mal so lang sein kann.[23] *Poeciliiden* sind womöglich die Ausnahme, die den Beweis für die Eine-Größe-passt-allen-Regel liefert, denn die Männchen führen bei der Paarung nicht das ganze Gonopodium in das Weibchen ein. Stattdessen schwingen sie es nach vorn und stellen es entweder, balzend, stolz zur Schau (woraufhin dann Weibchen sich für die Bestbestückten entscheiden) oder sie schenken sich das Balzen und unternehmen noch aus einiger Entfernung einen schnellen Begattungsversuch, bei dem im Erfolgsfall nur die Spitze in die Vagina des Weibchens eindringt. Misst man die Breite der Spitze – des einzigen Teils, der sich mit den weiblichen Genitalien realiter vereinigt –, stellt man hier eben doch negative Allometrie fest. Eindeutig spielt also bei den *Poeciliiden* die Dicke keine Rolle, wohl aber die Länge.

Wie sich bei Forschungen zu einer bestimmten Gattung von *Poeciliiden*, den Moskitofischen oder Gambusen (*Gambusia*), gezeigt hat, sind jedoch der dem einzelnen Fisch noch zuträglichen Gonopodiumlänge Grenzen gesetzt. Die mit den Guppys verwandten Moskitofische leben in Seen und Teichen im Süden der USA; die Männchen haben ein besonders imposantes Gonopodium, das es in manchen Fällen auf eine Länge von einem Drittel der Körperlänge bringt und mit dem die Träger gern vor interessierten weiblichen Blicken herumwedeln. Ein von dieser Beschäftigung ganz in Anspruch genommenes Individuum bemerkt vielleicht den räuberischen Sonnenbarsch nicht, der seine erlahmte Wachsamkeit dazu nutzt, auf es herabzuschießen und es zu erschnappen. Es sei denn, natürlich, dem Moskitofisch gelingt dank seiner Flinkheit ein knappes Entkommen. Und gerade bei solchen verzweifelten Fluchten wird das große Begattungsorgan zur Bürde. Wie Brian Langerhans im Zuge einschlägiger Forschungen an der Washington University in St. Louis beobachtete, wirkt sich ein schwerer Anhang wie das riesenformatige Gonopodium für den Moskitofisch, der schnell davonschwimmen will, als Hemmnis aus. Das Langerhans-Team maß die Geschwindigkeit des Spurtschwimmens bei gut bestückten Männchen und stellte fest, dass sie bedeutend geringer war als bei kärglich bestückten. Und es fand auch heraus, wie sich der Zielkonflikt zwischen der sexuellen Selektion nach Gonopodiumgröße (größer ist attraktiver) und der natürlichen Selektion (kürzer ist sicherer) in Populationen in der Natur bemerkbar gemacht hat: In räuberreichen Gewässern sind die Moskitofisch-Gonopodien zehn bis 15 Prozent kürzer als in räuberfreien Gewässern.[24]

Ein weiterer Fall eines solchen Zielkonflikts findet sich in der Kugel- oder Haubennetzspinnengattung *Tidarren*. Wir kennen etwa zehn Arten dieser kleinen Spinnen, alle in den Tropen heimisch und alle Halbeunuchen. Wie Sie sich erinnern, befüllen Spinnenmännchen ihre Pedipalpen mit ihren Spermien und benutzen dann üblicherweise beide als Begattungsorgane. Das adoleszente *Tidarren*-Männchen indessen macht gleich nach seiner zweitletzten Häutung etwas ziemlich Sonderbares: Kopfüber an der Unterseite seines Netzes hängend schiebt es mit den Beinen und einem der Pedipalpen den anderen Pedipalpus fest zwischen die wirr gesponnenen Fäden des Netzes. Dann beginnt es unter dem im Netz steckenden Pedipalpus zu kreiseln, sodass dieser sich binnen Kurzem in einem Gewirr von immer mehr Seidenfäden verheddert und nach einigen weiteren Umdrehungen die Kreiselbewegung des Spinnenkörpers nicht mehr mitmachen kann und abbricht. Nach dieser Selbstverstümmelung saugt das Männchen ungerührt den amputierten Pedipalpus aus und setzt sein Leben mit nur einem solchen Organ fort (das amputierte wächst nicht nach), bis es mit der letzten Häutung die Geschlechtsreife erreicht hat und paarungsbereit ist.

Männliche Individuen der Gattung *Tidarren* zählen zu den

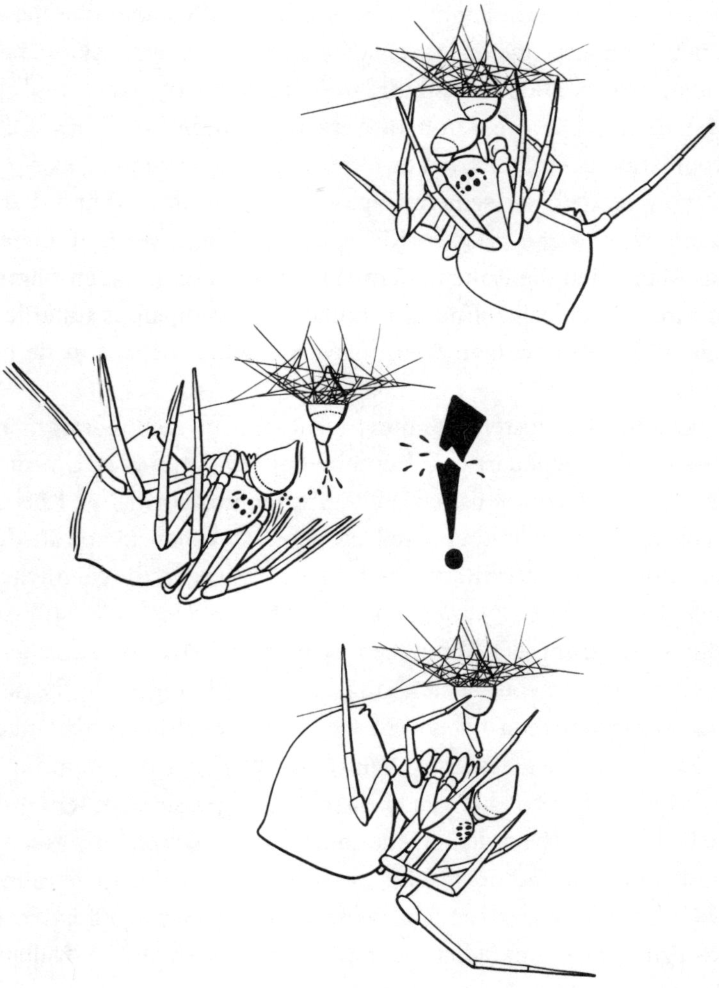

Halbe Selbstentmannung: Männliche Tidarren-Spinnen amputieren regelmäßig einen ihrer Pedipalpen, um sich freier bewegen zu können. Das tun sie, indem sie ihn in ihrem Netz festklemmen und sich dann so lange drehen, bis er abbricht.

Spinnen, die nur ein Mal im Leben Gelegenheit zur Paarung erhalten. Ihre Keimdrüsen produzieren einen einzigen Tropfen Sperma und verkümmern dann. Dieser singuläre Tropfen wird in den verbliebenen Pedipalpus eingesaugt. Mit seiner einsatzbereiten Einmalspritze im Anschlag macht das *Tidarren*-Männchen sodann ein Weibchen ausfindig und kopuliert mit ihm – nur ein Mal, denn erhört werden heißt verzehrt werden: Noch bevor die Kopulation beendet ist, hat das Weibchen den erfolgreichen Freier unweigerlich zu seinem Tagesmenü gemacht. Während die Dame frischweg an dessen Körper zu knabbern beginnt, behält das Männchen die Ruhe in dem Wissen, dass sein – noch immer in ihrer Geschlechtsöffnung verankerter – Pedipalpus unterdessen eifrig den gesamten Spermienvorrat seines Lebens in sie hineinpumpt.[25]

Die halbe Selbstentmannung resultiert aus dem Zusammenwirken einer eigenartigen Kombination evolutionärer Umstände. Bei den *Tidarren* haben die Weibchen großformatige Körper ausgebildet – vermutlich, weil größere Weibchen kleine in der Eierproduktion quantitativ ausstechen –, während die Männchen sich gleichzeitig zu Zwergen entwickelt haben. Der Grund für die Miniaturisierung der Männchen ist noch unbekannt, dafür kennen wir das Ergebnis der konträren Entwicklung umso besser: *Tidarren*-Männchen haben ein Gewicht von weniger als einem Prozent des Gewichts eines Weibchens! Um aber trotzdem noch ein Weibchen befruchten zu können, benötigen sie sehr, sehr große Pedipalpen – von denen jeder mehr als ein Zehntel des gesamten Körpergewichts ausmacht. Das schafft ein Problem, denn mit zwei solchen Trümmern von Pedipalpen vorn am Kopf ist Fortbewegung fast unmöglich. Daher die Entwicklung der Halber-Eunuche-Strategie.

Dass es mit hoher Wahrscheinlichkeit tatsächlich natürliche Selektion für bessere Mobilität war, was dieses bizarre Verhalten hervorbrachte, wurde 2004 von einem Forscherteam um Margarita Ramos an der Tulane University in New Orleans nachgewiesen. Die Arachnologen setzten Männchen der im Südosten der USA verbreiteten Spezies *Tidarren sisyphoides*, die unmittelbar vor der halben Selbstentmannung standen, und solche, die sie gerade vollzogen hatten, jeweils auf einen von einem Weibchen gesponnenen, straff gespannten Seidenfaden. Männchen, die noch im Besitz beider Pedipalpen waren, brachten es, den Faden entlanglaufend, auf eine Geschwindigkeit von weniger als drei Zentimeter pro Sekunde, während halb entmannte mit über vier Zentimeter pro Sekunde über die Strecke wetzten. Und damit nicht genug: Auch ihre Ausdauer war von dem Noch-Vorhandensein des zweiten Pedipalpus stark beeinträchtigt. Mit einem kleinen Pinsel scheuchte Margarita Ramos Männchen um Männchen auf einem Bogen Papier herum. Hatte der Gehetzte noch beide Pedipalpen am Kopf, klappte er nach ungefähr zwanzig Minuten völlig erschöpft zusammen, die Halbeunuchen dagegen hielten über eine halbe Stunde durch, ehe sie aufgaben.

Die bizarre genitale Selbstverstümmelung des *Tidarren*-Männchens besagt eindeutig, dass sein Pedipalpus eine Größe erreicht hat, die etwa dem entspricht, was die Bedürfnisse eines funktionierenden Spinnenwesens gerade noch zulassen. Das kleinste bisschen mehr, und das Begattungsorgan wäre zu schwer und zu klotzig, als dass das *Tidarren*-Männchen mit ihm am Kopf sich noch in sein kombiniertes Hochzeits- und Sterbebett – die Arme des Weibchens – würde schleppen können.

Pedipalpus-amputierte Spinnen, durch ihr Gonopodium in Lebensgefahr gebrachte Moskitofische und alle Tiere mit Eine-Größe-passt-allen-Genitalien markieren die Grenzen dessen, was die sexuelle Selektion durch kryptische Weibchenwahl zu erreichen vermag. Und vielleicht ist es das Anstoßen an diese Grenzen, was wir auf den grafischen Darstellungen der sprunghaften Verläufe der Genitalevolution bei fossilen Käfern und bei der gesamten Ahnenreihe der Kleinlibellen und anderer Tiere wahrnehmen. Vielleicht ist die sexuelle Selektion, sobald eine solche Grenze erreicht ist, eine Zeit lang gelähmt und muss, damit die Genitalevolution in eine andere Richtung wieder lospreschen kann, erst eine neue Mutation abwarten.

Heißt das, dass unser Bild von der Genitalevolution jetzt komplett ist? Wir sehen die sexuelle Selektion am Lenkrad sitzen und die Evolution der tierischen Genitalien auf gewundener Strecke über ein von der natürlichen Selektion eingehegtes Terrain steuern – damit haben wir doch, wie es scheint, ein ausreichendes Bild vom großen Ganzen, in dem allenfalls noch Kleinigkeiten zu ergänzen wären. Aber wenn alles schon so überaus klar zu sein scheint, obwohl wir erst auf halbem Weg durch das Buch sind, dann ist um die nächste Ecke eine Wendung in der Geschichte zu erwarten. In den folgenden Kapiteln werden wir sehen, dass es bei der Genitalevolution nicht nur um solche Sachen wie männliche Balz, weibliche Kontrolle und deren Grenzen geht. Machen Sie sich darauf gefasst, dass sich die Sexualität von ihrer fiesen Seite zeigen wird.

VI Batemans Rückkehr

Der Entomologe Jonathan Waage von der Brown University in Providence, Rhode Island, hat für den Penis so viel geleistet wie die Schweizer Armee für das Taschenmesser. In dem Wissenschaftsjournal ›Science‹ vom 2. März 1979 zeigte er in einem zwei Seiten langen Artikel auf, dass das Männchen der Prachtlibellenspezies *Calopteryx maculata* seinen Penis dazu benutzt, aus den weiblichen Genitalien alles an Sperma zu entfernen, was Vorgänger dort hinterlassen haben, um ihn erst nach dieser Räumungsaktion zum Einbringen seines eigenen Spermas zu verwenden. Der Penis als Spermienbagger.[1] Die kompakte Veröffentlichung gilt bei heutigen Biologen als die Gründungsurkunde des Forschungszweigs Genitalevolution und hat in so manches Lehrbuch Eingang gefunden. Aber zur Zeit ihres Erscheinens weckte sie kaum Resonanz.

»Ich erinnere mich an kaum ein paar Zeitungsartikel hie und da. Keine Interviews«, sagt Waage. Trotzdem fand die Nachricht den Weg auf die andere Seite des Atlantiks. Ich war damals erst 13 Jahre alt, erinnere mich aber genau, darüber gelesen zu haben, wahrscheinlich in ›Kijk‹, dem für Oberschüler gedachten holländischen Monatsmagazin für Wissenschaft und Technik, das ich immer verschlang, sobald es in unserem Briefkasten gelandet war.

Ich blätterte fiebernd in ›Kijk‹ und stieß auf die Meldung, dass Waage hatte dahinterkommen wollen, was in den Spermienspeicherorganen von Libellenweibchen vor sich geht, wenn sie sich kurz hintereinander mit mehr als einem Männchen paaren (was sie gewöhnlich tun). Werden die Spermien des zweiten Männchens einfach mit denen des ersten vermischt? Die Beantwortung der Frage ging er damit an, dass er sich am Ufer des Palmer River, eines kleinen Flusses gleich hinter der Grenze zum Nachbarstaat Massachusetts, auf die Jagd nach – an den weißen Flecken nahe den Flügelenden leicht zu erkennenden – *Calopteryx-maculata*-Weibchen machte. Wenn ihm ein Fang gelungen war, band er dem Opfer vorsichtig ein Stück Nylon-Angelschnur an den Hinterleib und bugsierte das solchermaßen angeleinte Weibchen behutsam in das Revier eines Männchens, was eine sofortige Kopulation zur Folge hatte. Sie erinnern sich an die im vorigen Kapitel geschilderte ungewöhnlich beschwerliche und akrobatische Art zu kopulieren, die Libellen eigen ist. Sie ergibt sich daraus, dass unter den Insekten einzig bei Klein- und Großlibellen der Penis (an der Basis des langen, dünnen Hinterleibs) nicht mit den (am Hinterleibsende sitzenden) Keimdrüsen verbunden ist – eine ähnliche Separation wie bei den Spinnen (die aber bekanntermaßen keine Insekten sind). Um dieses sexuelle Handikap zu überwinden, muss das Männchen zunächst das Weibchen mit seiner Hinterleibszange hinterm Kopf packen, dann überträgt es das von seinen Keimdrüsen produzierte Samentröpfchen zu einem beim Penis lokalisierten Interimssamenbehälter. Zu diesem Zweck krümmt es den Hinterleib nach vorn, bis es mit dem an der Spitze endenden Samenausführgang die Samenblase beim Penis erreicht (im Prinzip besamt es sich also zunächst selbst). Anschließend wirft das Weibchen seinen Hinterleib nach vorn, damit die Geschlechtsöffnung an dessen Spitze auf den Penis des Männchens trifft, woraufhin die beiden Libellen das romantischerweise herzförmige »Paarungsrad« bilden. In dieser Position fliegen oder hängen sie dann unterschiedlich lange Zeit zusammen – ein paar Minuten die *Calopteryx-maculata*-Libellen, andere Arten bis zu mehreren Stunden.

Nachdem das Männchen seine Partnerin losgelassen hatte, ließ Waage in manchen Fällen ein zweites Männchen zum Zuge kommen und sich mit dem angeleinten Weibchen paaren, in anderen Fällen nicht. Ob so oder so, wenn die letzte (oder einzige) Kopulation abgeschlossen war, beendete er die Sache allemal auf recht profane Weise, indem er das Weibchen in Ethanol tauchte. Zurück im Labor, sezierte er die Spermienspeicherorgane der toten Weibchen und stellte fest, dass diese, ob nun nach einmaliger oder nach zweimaliger Kopulation, alle die gleiche Menge Sperma enthielten. Verdutzt kehrte er ans Flussufer zurück und wiederholte sein Experiment mit der Abwandlung, dass er alle Weibchen sich mit zwei verschiedenen Männchen paaren ließ, die Weibchen aber jedes Mal tötete, bevor der letzte Koitus abgeschlossen war. Wieder sezierte er den Hinterleib der Weibchen und stellte fest, dass sich darin in den meisten Fällen überhaupt kein oder nur sehr wenig Sperma befand – was bedeutete, dass nach der ersten Kopulation alles Sperma auf irgendeinem Wege verschwunden sein musste.

Wieder kehrte Waage an den Palmer River zurück, um diesmal Libellenpaare in verschieden Paarungsstadien zu gewinnen, die er noch in Kopula tötete und später unterm Mikroskop sorgfältig sezierte, um herauszubekommen, was in den Geschlechtsorganen der einzelnen Paare vor sich gegangen war. Jetzt sah er endlich klar: Bei Paaren, die er in einem frühen Kopulationsstadium getötet hatte, befand sich das gesamte Sperma des Männchens noch in dessen Samenblase, sein Penis war aber bereits fest in der Vagina des Weibchen, und an den rückwärts gerichteten Stacheln und den beidseitigen schaufelartigen Verlängerungen des Penis klebten Mengen von Sperma (das vermutlich von einem früheren Lover des Weibchens stammte). Bei den im allerletzten Kopulationsstadium getöteten Paaren indessen war die Samenblase des Männchen leer, die Spermathek des Weibchens aber wieder gefüllt (mit Sperma seines derzeitigen Partners). Es stellte sich also heraus, dass es für das *Calopteryx-maculata*-Männchen bei der Kopulation ebenso sehr um das Ausräumen des Spermas von Rivalen wie um das Einbringen des eigenen geht. Das erklärt auch, wieso die Form des Paarungsrads dieser Libellen zwei Stufen durchläuft. Während der ersten Phase des Paarungsaktes ist der Hinterleib des Männchens konkav gekrümmt und bleibt die ganze Zeit in wellenförmiger Bewegung, in den letzten Sekunden jedoch wechselt er in konvexe Form über. Aus Waages Untersuchung geht hervor, dass die erste Phase ganz dem tatkräftigen Ausräumen von allem in den weiblichen Genitalien schon gelagerten Sperma gewidmet ist und die zweite dem Auffüllen des frei gewordenen Lagerplatzes mit eigenem Sperma.

Waages ›Science‹-Artikel hatte Folgen. Er stieß weitere Forschungen zum Libellen-Sex an, und eine weltweit verstreute Forschergemeinde hat inzwischen erwiesen, dass die Verfahrensweise der Spezies *Calopteryx maculata* bei den meisten Kleinlibellen und wahrscheinlich auch bei deren voluminöseren Verwandten, den Großlibellen, gängige Praxis ist. Man weiß heute Bescheid über die Sensoren am Penis, die die Gegenwart fremden Spermas in den weiblichen Genitalien registrieren, und auch über die Anhänge, Haken und mikroskopisch kleinen Stacheln und Zähne am Penis, die den Spermabatzen auffangen, während der Penis von seinen Muskeln zum Herausfegen, Herausschaben, Herauskratzen des Spermas eines Vorgängers auf und ab bewegt wird.

Was noch wichtiger ist: Waages sechs Jahre vor Eberhards erstem Buch publizierter Artikel markiert das Aufkommen der noch heute anhaltenden Welle solider, breit gefächerter Genitalforschung kreuz und quer durchs ganze Tierreich. Waage hat eindrucksvoll aufgezeigt, dass Kleinlibellen sich einem sehr nüchternen Verständnis des von Geoffrey Parker (dem Dungfliegen-Parker) eingeführten Konzepts der »Spermienkonkurrenz« verschrieben haben. In einem berühmten Artikel hatte Parker 1970 den Gedanken geäußert, dass ein Insektenmännchen, statt sich einfach nur darum zu bemühen, dass das Weibchen seine Spermien denen seiner Mitbewerber vorzieht, mit direktem Vorgehen gegen die konkurrierenden Spermien seine Erfolgschancen bedeutend steigern könnte. Und in der Tat, Waages Libellenmännchen taten genau das, indem sie ihren Penis als regelrechte Schaufel benutzten, um die Vagina ihrer Partnerin von allen konkurrierenden Spermien zu säubern. Daher dürften wir eigentlich damit

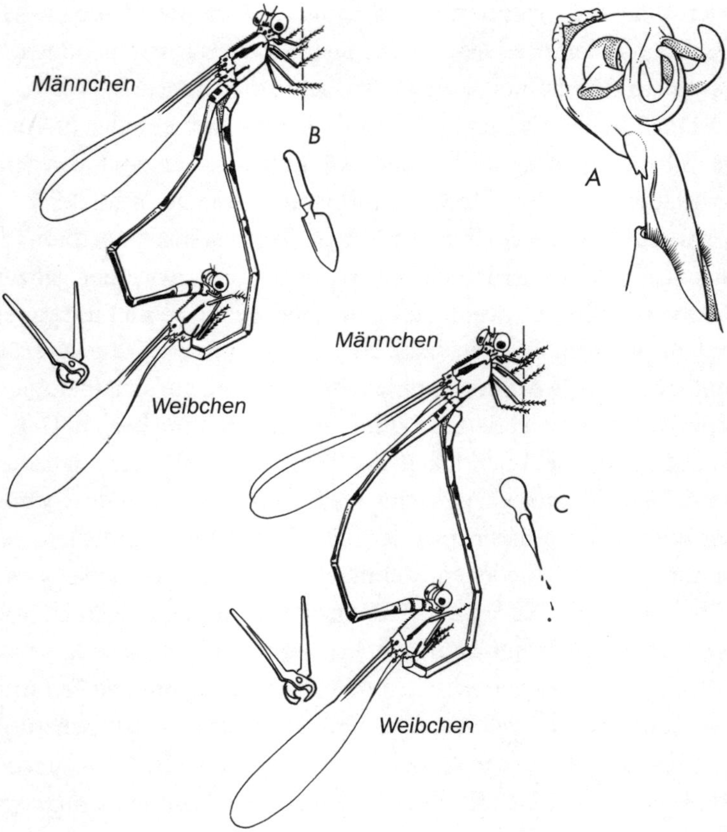

Den Rivalen hinausschaufeln: Bei den Libellen packt das Männchen das Weibchen am Hals, und dann streckt das Weibchen seine Vagina den männlichen Genitalien entgegen. Bei einigen Libellenarten benutzt das Männchen eine Schaufel an seinem Penis (A) und entfernt das Sperma seiner Vorgänger aus der Vagina des Weibchens (B), bevor es sein eigenes Sperma ablegt (C).

rechnen, dass diese Genitalforschungswelle, die im Anschluss an die Veröffentlichung von Waages Artikel aufkam, von der Idee bewegt wurde, dass das Zum-Scheitern-Bringen der Fortpflanzungsbemühungen von Konkurrenten eine hochbedeutende Antriebskraft der Evolution der männlichen Geschlechtsorgane sei. Und dass damit der Weg gewiesen war zu einer Untersuchung der gesamten Genitalmorphologie im Lichte dieser Idee.

Doch beides war nicht der Fall – jedenfalls nicht gleich. Waage selbst setzte sein Studium des Kleinlibellen-Sex noch das ganze 1980er-Jahrzehnt hindurch fort, wechselte aber schließlich in Verwaltungsämter über und widmete der wissenschaftlichen Tätigkeit immer weniger Zeit. Zwar war er Ziehvater einer ganzen Riege von Libellen-Sexologen geworden, die in seine Fußstapfen traten, doch inzwischen hatte Eberhard sein erstes Buch veröffentlicht, das die Aufmerksamkeit der Fachwelt auf sich fokussierte, und die wachsende Gemeinde der Genitalforscher an Tieren wandte sich, die Wichtigkeit der Spermienkonkurrenz ignorierend, dem Thema »kryptische Weibchenwahl« zu. Doch wenn wir uns das Zusammenspiel der männlichen und weiblichen Genitalien bei verschiedenen Kleinlibellenarten genauer anschauen, erhalten wir Einblick in eine Welt, die nicht ausschließlich von kryptischer Weibchenwahl, sondern vielmehr von einer Art evolutionärem Wettstreit zwischen dem, was der männliche Teil will, und dem, was der weibliche Teil will, beherrscht zu sein scheint.[2]

Ein paar Jahre nach der Veröffentlichung seines ›Science‹-Artikels sah sich Waage Kleinlibellen aus der Familie *Lestidae* an, deren englischer Trivialname »Spreadwings« (Spreizflügler) lautet, weil sie nach der Landung die Flügel nicht parallel zum Körper ordentlich zusammenlegen, sondern sie etwa 45 Grad vom Körper abgewinkelt hängen lassen, weswegen sie dann etwas zerzaust aussehen; die in Deutschland vorkommenden Arten der Familie wie die Familie selbst heißen Teich- oder Binsenjungfern. Die Weibchen der Spezies *Lestes vigilax* (»Sumpfspreizflügler) haben ein sehr geräumiges Spermienspeicherorgan – es kann Ejakulate von mehr als einem Männchen aufnehmen, und diese Geräumigkeit macht es für einen Paarungspartner schwierig, die Spermien aller Vorgänger herauszukratzen. Um nicht übertrumpft zu werden, schafft er es doch auf andere Weise, seinen eigenen Spermien einen Vorteil in dem Spiel zu sichern, indem er mit dem Penis alles bereits vorhandene Sperma in den hintersten Winkeln des weiblichen Speicherorgans verstaut, wo sie kaum Gelegenheit finden werden, Eier zu befruchten.[3]

Bei der Südwestlichen Prachtlibelle (*Calopteryx xanthostoma*), einer Kleinlibellenart, die mit der Spezies verwandt ist, über die Waage seinen bahnbrechenden Artikel schrieb, sind die tiefer liegenden Winkel ihres Spermienspeicherorgans so eng, dass die Penisanhänge nicht dahin vordringen können. Bei dem Format seines Penis muss das Männchen sich damit abfinden, dass eine gewisse Menge Spermien für seinen Spermienbagger unerreichbar ist und dass viele Eier nicht von seinem Samen befruchtet werden, sondern von dem anderer Männchen, der sich tief in dem Weibchen drin versteckt hält.

Das Gleiche würde auch auf eine weitere Spezies, die Bronzene Prachtlibelle (*Calopteryx haemorrhoidalis*), zutreffen, die wie *C. xanthostoma* Penisanhänge hat, welche nicht schmal genug sind, um in die Tiefen der weiblichen Genitalien eindringen zu können – wäre da nicht dieser schlaue Trick, den der mexikanische Entomologe Alex Córdoba-Aguilar aufgedeckt hat.[4] Bei allen Kleinlibellenweibchen sitzen in der Innenwand der Vagina zwei Platten einander gegenüber. Wenn ein Ei die Vagina passiert, senden Sensoren in den Platten ein Signal an die Spermathek, die daraufhin zur Befruchtung des Eis ein Tröpfchen Sperma abgibt. Bei der Bronzenen Prachtlibelle nun hat sich das Männchen dieses weiblichen Befruchtungsverfahrens für seine eigenen Zwecke bemächtigt. Sein Penis ist so geformt, dass er jedes Mal, wenn er in die Vagina stößt, die Vaginalplatten genauso biegt, wie es ein passierendes Ei täte. Die Sensoren in den Platten fallen darauf rein und »denken«, dass ein Ei abgelegt wird; sie geben der Spermathek das Zeichen, etwas von dem von früheren Schäferstündchen her eingelagerten Sperma freizugeben, welches auch prompt geliefert und von dem Männchen mit dem Penis beseitigt wird. Ein Ei ist nicht mit im Spiel – aber die weibliche Physiologie fällt auf den Trick mit dem eiförmigen Penis rein und das Männchen gewinnt am Ende doch den Wettstreit.

Um zu beweisen, dass der Penis der Bronzenen Prachtlibelle tatsächlich so geformt ist, dass er ein Weibchen dazu bringen kann, seine Spermienspeicher zu entleeren, führte Córdoba-Aguilar Versuche durch, bei denen er die Vagina fixierter Weibchen anderer Arten mit einem abgetrennten Bronzene-Prachtlibelle-Penis, den er mit einer Pinzette hielt, so stimulierte, wie es ein Bronzene-Prachtlibelle-Männchen getan hätte. Und siehe da, auch die anderen Arten sonderten jeweils hilflos eine Menge des in ihrer Spermathek eingelagerten Vorrats ab.

Bei nochmals anderen Kleinlibellenarten behält wieder das Weibchen die Oberhand. Jene der an baumbestandenen Bergbächen in Zentralamerika beheimateten Spezies *Paraphlebia quinta* unterbrechen oft die Kopulation, sobald das Männchen mit seiner Säuberungsaktion fertig ist, und auf jeden Fall noch bevor es begonnen hat, sein eigenes Sperma einzubringen – so verlieren sie zwar ihren Samenvorrat, bringen aber das Männchen um die Möglichkeit, an dessen Stelle den eigenen Samen einzulagern. Und selbst wenn sie zulassen, dass das Männchen in sie ejakuliert, verlässt nach der Paarung oft dennoch ein Tropfen Sperma ihre Vagina: die uns inzwischen vertraute, wenn auch unfeine Spermienabstoßungsaktion.[5]

Dieser kleine odonatologische Exkurs macht nur allzu klar ersichtlich, dass Kleinlibellen eher nicht in das Bild von penibler Sympathiewerbung mittels kopulatorischer Balz passen, das ich in den vorangegangenen Kapiteln gezeichnet habe. Ja, die Männchen haben Penisse, die von Art zur Art anders geformt sind, diese bewegen sie in der Vagina auf und ab und das Weibchen kann dann entscheiden, ob es bis zu Höhepunkt und Ejakulation in der Paarungsrad-Position bleiben will oder nicht. Aber vor diesem vertrauten Hintergrund der kopulatorischen Balz und der kryptischen Weibchenwahl zeichnet sich jetzt ein spannendes Drama der Geschlechtsorgane ab, in dem es um Rivalität, Widerstreit und Täuschungsmanöver zwischen Männlich und Weiblich geht. Männchen benutzen ihren Penis dazu, zum eigenen Vorteil in das Liebesglück anderer Männchen und die sexuelle Selbstbestimmung von Weibchen einzugreifen. Und bedrängte Weibchen entwickeln Methoden, wie sie ihren eigenen Willen durchsetzen und dem Erfolg von Männchen Grenzen setzen können. Fachleute sprechen von »sexuell antagonistischer Koevolution«, was nicht gerade glatt über die Lippen geht, aber genau darüber aufklärt, was für ein Geschehen da im Gang ist. Sexuell antagonistisch ist es insofern, als das, was sich bei den Männchen entwickelt, nicht immer gut für die Weibchen ist, und umgekehrt. Und es schließt Koevolution ein, was bedeutet, dass sich beide Seiten, wiewohl einander entgegenwirkend, Hand in Hand evolutionär weiterentwickeln: Jeder evolutionäre Schritt auf der weiblichen Seite wird früher oder später mit einer Antwort von jenseits der Kluft zwischen den Geschlechtern gekontert.

Sexuell antagonistische Koevolution ist de facto unvermeidlich. Die kryptische Weibchenwahl schafft bei jeder Kopulation einen Interessenkonflikt. Im vordringlichsten Interesse des beteiligten Weibchens liegt es, dauerhaft die Kontrolle über die Geschicke der Spermien seiner sämtlichen Geschlechtspartner auszuüben. Es muss seine Optionen gegeneinander abwägen: Ist es ein ungemein wohlgeratenes Männchen, dann wäre es eine gute Strategie, seine Gene für derlei Attraktivität an viele Söhne weiterzugeben. Ist es ein qualitativ nicht so hochstehendes Männchen, wäre es wohl das Beste, seine Spermien allenfalls für einen kleinen Teil der Nachkommenschaft zu verwenden. Auf jeden Fall tut das Weibchen in der Regel gut daran, nicht alle seine Eier von ein und demselben Männchen befruchten zu lassen. Indem es genetische Vielfalt in seine Brut bringt, mindert es das Risiko, dass diese der gleichen Krankheit zum Opfer fällt oder am selben Gendefekt leidet: Ein Weibchen sollte nie alle seine Eier in den gleichen genetischen Korb legen. Folglich werden im Zuge der Evolution der Weibchen bei diesen solche inneren Rohr- und Schaltnetze begünstigt, welche ihre Fähigkeit, diese (unbewussten) Entscheidungen zu treffen, maximieren. Für den männlichen Paarungspartner freilich bedeuten die berechnenden Zielsetzungen seiner Partnerin nichts Gutes. Für ihn würde die Paarung ideal laufen, wenn sie so viele Eier wie nur möglich mit seinen Spermien befruchtete, und die Evolution gestattet ihm jedwede Form von Verführungskunst, Zwang oder List, womit er sie dazu bringen kann, dies zu tun.

Das bedeutet: Selbst wenn am Anfang der Evolution des Sexualverhaltens in einer Spezies ein freundlich-kooperativer Umgang miteinander stehen mag – die Männchen zeigen den Weibchen, was sie anzubieten haben, die Weibchen treffen ihre Wahl, die erfolglosen Männchen versuchen ihr Glück ohne Groll anderswo –, kann die Situation schnell zu einer evolutionären Verflechtung von Tricks zur Erlangung der Oberhand im Geschlechterkonflikt eskalieren. Wie schrieben doch Richard Dawkins und John Krebs: »Die Schwerter werden schärfer, also werden die Schilde dicker. Also werden die Schwerter noch schärfer.«[6] Ein solcher Konflikt, wir erinnern uns, ist der Kern des Bateman-Prinzips: Männchen erzielen einen desto größeren Reproduktionserfolg, je besser es ihnen gelingt, Weibchen dazu zu bringen, dass sie ihre Spermien verwenden, während der Reproduktionserfolg der Weibchen vom Grad der Umsicht abhängt, die sie bei der Auswahl der favorisierten Männchen beweisen. Mit anderen Worten, für Männchen geht es beim Sex mehr um Quantität, für Weibchen mehr um Qualität. Daher die Spermienbagger, die unzugänglichen weiblichen Spermienspeicher und die Eier mimenden Penisse bei den Libellen.

Es ist wohl klar, dass unser Bericht sich nun auf noch unerforschtes, unsicheres Gelände begibt. *Hic sunt monstra* – hier leben Ungeheuer. In den nächsten Kapiteln werden wir unser Augenmerk auf die fragwürdige Rolle richten, welche die Genitalien in dem das gesamte Tierreich durchwaltenden evolutionären Rüstungswettlauf spielen. Aber mag es noch so verlockend und illustrativ sein, von »Geschlechterkrieg« oder »evolutionärem

Rüstungswettlauf« zu sprechen, ich werde dergleichen dennoch, soweit möglich, vermeiden.[7] Nicht nur, weil eine solche anthropomorphe Ausdrucksweise das Sexualverhalten unschuldiger Tiere mit den hässlichen Manifestationen menschlicher Aggressivität gleichsetzt, sondern auch, weil der Vergleich hinkt. Zwei miteinander im Krieg liegende Gruppen bleiben stets prinzipiell voneinander geschieden und jeder Erfolg, den ein Mitglied einer Gruppe erringt, nutzt nur seinen eigenen Leuten. Männliche und weibliche Individuen dürfen nicht mit solchen prinzipiell voneinander geschiedenen Gruppen verwechselt werden, und zwar aus dem einfachen Grund, dass sie jeweils ihre eigenen Feinde hervorbringen: Männliche Individuen zeugen auch weibliche Nachkommen, weibliche Individuen bekommen auch männliche Kinder. Darum kann es für ein Weibchen sogar zum Fortpflanzungserfolg führen, sich mit einem Männchen zu paaren, das seine kryptische Weibchenwahl zu manipulieren oder kaltzustellen versteht, nämlich dann, wenn seine männlichen Nachkommen das gleiche Können erben und den Trick in der nächsten Generation auf ihre Paarungspartnerinnen anzuwenden verstehen. Wieder einmal ist beim Sex Schein nicht gleich Sein …

Samenbankräuber

Man muss sich wirklich fragen, wie die Finanzverwaltung der State University of New York wohl reagiert hat, als ihr aus dem Fachbereich Psychologie – mit der Bitte um Erstattung – eine Quittung über Latexdildos und -vaginen vorgelegt wurde. Aber andererseits wiederum war man auf dem Campus in Albany den ausgefallenen Forschungsmittelbedarf des Biopsychologen Gordon Gallup vielleicht schon gewohnt. Dieser wurde berühmt durch seine frühen Arbeiten über die Fähigkeit der Schimpansen, sich selbst im Spiegel zu erkennen; inzwischen hat er seine Interessen auf die Evolution der menschlichen Sexualität fokussiert und sich nicht davor gescheut, unorthodoxe Artikel zu veröffentlichen, die Titel tragen wie »Hat Samenflüssigkeit antidepressive Eigenschaften?«, »Der ganz besondere Einfluss der Menstruation auf die weibliche Stimme« oder: »Wie kam es zur Auslagerung der Hoden nach unten in ein Skrotum?«[8].

Im Jahr 2002 entschloss er sich zusammen mit seiner Schülerin Rebecca Burch, ein neues Projekt in Angriff zu nehmen: herauszubekommen, ob der bei den Libellen so verbreitete Trick mit dem Ausräumen von Fremdsperma auch in unserer eigenen Spezies an der Tagesordnung war. Auch abgesehen von der Frage, wie ein solches Spermienbaggern in mechanischer Hinsicht vor sich gehen sollte, mag einem das zunächst als ein ziemlich sonderbarer Einfall vorkommen. Denn anders als die Spermien der Libellen bleiben die menschlichen Samenzellen im weiblichen Körper maximal zwei bis vier Tage am Leben – wie groß ist da die Wahrscheinlichkeit, dass Männer sich echter Spermienkonkurrenz ausgesetzt sehen? Wie oft mag ihr Penis in der Vagina ihrer Partnerin auf lebendige Fremdspermien treffen?

Nun, öfter, als man denken könnte, fanden Gallup und Burch heraus. Bei der Befragung von an die 500 New Yorker Collegestudentinnen erfuhren sie, dass zwölf Prozent von ihnen irgendwann in ihrem Leben innerhalb eines Zeitraums von 24 Stunden hintereinander Sex mit mehr als einem Mann gehabt hatten. Und jede zwölfte berichtete, schon einmal an Gruppensex mit mehreren Männern gleichzeitig teilgenommen zu haben.[9] Spermienkonkurrenz könnte also doch etwas sein, womit man rechnen muss. Auf der düstereren Seite des Gesamtbilds vermelden Statistiken über sexuelle Gewalt aus einer Reihe von Ländern, dass in einem Viertel aller Vergewaltigungsfälle mehrere Täter beteiligt sind.[10] Hätten vergleichbare Zahlen auch in unserer evolutionären Vergangenheit gegolten, könnte sich die Fähigkeit zum Spermienbaggern, genauso wie es bei den Libellen geschehen ist, auch beim Menschen entwickelt haben.

Aber wie könnte es funktionieren? Hier kommen die Produkte

der Firma California Exotic Novelties ins Spiel (in Deutschland wäre wohl das Versandhaus Beate Uhse der Lieferant). In einem »The Human Penis as a Semen Displacement Device« (Der menschliche Penis als Samenverdrängungsinstrument) betitelten Artikel in ›Evolution and Human Behavior‹ berichten Gallup, Burch und ihr Team, wie sie mit den Latexgenitalien testeten, ob der Eichelrand am menschlichen Penis die Funktion haben könnte, von früheren männlichen Besuchern der Stätte hinterlassenes Sperma aus einer Vagina zu verdrängen. Mit Schwung machten sie sich an die Arbeit. Mit den Zutaten Wasser und Maisstärke erprobten sie verschiedene Mischungsverhältnisse für die Herstellung einer »künstlichen Samenflüssigkeit«, bis sie eine strukturelle Beschaffenheit und eine Konsistenz erzielt hatten, die »von drei männlichen Experten in Sachen Sex« als gleich mit der Beschaffenheit menschlicher Samenflüssigkeit beurteilt wurden. Eine dem Umfang eines Ejakulats entsprechende Menge des Pseudospermas brachte man weit hinten in der künstlichen Vagina unter und schob dann den Dildo nach. Die Vaginawand war zweckdienlicherweise durchsichtig, sodass die Geschicke der Maisstärke-Samenflüssigkeit den Beobachtern klar vor Augen lagen. Es funktionierte! War der Dildo auf dem Weg nach drinnen, floss die Samenflüssigkeit durch den Hohlraum um das Vorhautbändchen (den Gewebefaden auf der Unterseite des Penis, der von der Eichel zum Schaft und auf diesem als »Penisnaht« weiterläuft) in die Gegenrichtung und saß dann hinter dem Eichelrand in der Falle. Zogen die Forscher den Dildo wieder heraus, wirkte er wie der Kolben einer Hubverdrängungspumpe und nahm einen Großteil der Samenflüssigkeit mit und beförderte sie aus der Vagina hinaus. Auf diese Weise wurden mit jedem Rein-Raus um die neunzig Prozent der Samenflüssigkeit hinausgeschafft – jedenfalls, wenn mit »naturgetreuen« Dildos gearbeitet wurde. Man probierte auch einen (nicht eingeschalteten) glatten Vibrator ohne Eichel aus, der sich jedoch als Spermienbagger kaum bewährte.

Besagt dies nun, dass der menschliche Penis seine Form teils zu dem Zweck herausgebildet hat, sich in die Spermienkonkurrenz stürzen zu können? Ein interessanter Gedanke, aber ich habe da meine Zweifel. Unser nächster Verwandter im Tierreich, der Schimpanse, treibt viel mehr »Gruppensex« – der so aussieht, dass sich ein Weibchen einer Gruppe von Männchen beigesellt und sich mit mehreren nacheinander paart –, trotzdem ist der Schimpansenpenis glatt, dolchartig, ohne irgendetwas auch nur entfernt Eichelähnliches.[11]

Das soll jedoch nicht heißen, dass das Spermienbaggern außerhalb der Taxa Klein- und Großlibellen nicht vorkommt. Tatsächlich ist es wahrscheinlich recht weit verbreitet. Beim Männchen des Rotbraunen Reismehlkäfers (*Tribolium castaneum*) zum Beispiel befindet sich in einer Vertiefung am Penis eine gleichsam ausfahrbare bürstenartige Struktur, die sich als sehr wirksam beim Ausfegen des Spermas anderer Männchen aus dem Weibchen erweist – so wirksam sogar, dass die Aktion ins Auge gehen kann, wie ein belgisch-britisches Forscherteam festgestellt hat. Steigt ein Männchen von einem Weibchen ab, um, während noch das ausgefegte Sperma in den Borsten an seinem Penis hängt, sofort zum nächsten Weibchen zu laufen und es zu besteigen, kann es passieren, dass er das zweite Weibchen nicht nur mit einem eigenen Sperma, sondern auch mit dem des anderen bedient: Vaterschaft per Stellvertreter.[12]

Und manche Tiere baggern, schaufeln und bürsten nicht, sondern spülen aus. Hai-Männchen, so glaubt man, applizieren ihrer Paarungspartnerin eine Art Vaginaldusche, bevor sie ihr eigenes Sperma injizieren. Ich sage »so glaubt man«, weil erbärmlich wenig sicheres Wissen über das Sexualverhalten dieser so be-, aber kaum gekannten Fische existiert (vor dem 1970er-Jahrzehnt war die Paarung von Haien erst zwei Mal beobachtet worden). Immerhin weiß man, dass Haie mit zwei Penissen gesegnet sind – genau genommen handelt es sich um die modifizierten Spitzen der paarigen Bauchflossen –, die jeweils in einem komplexen System von beweglichen Anhängen, Spitzen und Hebeln enden (dessentwegen die Penisse normalerweise als »Klaspern« – nach englisch »claspers«, abgeleitet von »to clasp«, ergreifen, umklammern – bezeichnet werden; ursprünglich glaubten die Biologen nämlich, dass sie als Klammerorgane zum Festhalten des Weibchens dienen). Bei der Paarung – die eine ziemlich heftige Angelegenheit zu sein scheint, bei welcher das Männchen sich am Kopf oder einer Brustflosse des Weibchens festbeißt, es mit seinem Körper umschlingt und auf den Meeresboden drückt – schiebt das Männchen einen seiner Penisse in die Vagina des Weibchens und öffnet mit den kombinierten Penisanhängen den Eileiter.[13] Beide Penisse sind von einer Rinne durchzogen, die sowohl mit einer Keimdrüse verbunden ist als auch mit einem muskulösen, ampullenartigen Sack im Bauch des Fischs, dem sogenannten Sipho, der eine erstaunliche Menge Meerwasser aufnehmen kann; bei dem Dunklen Glatthai (*Mustelus canis*) erstreckt sich dieser Wasserspeicher über ein Drittel der Körperlänge. Wie es scheint, spült das unter Druck aus dem Sipho ausgestoßene Wasser das in der Rinne befindliche Sperma in das Weibchen; manche Hai-Forscher sind der Ansicht, dass so auch zuvor die Vagina ausgewaschen wird. Ob das zutrifft, ist noch umstritten, da es aber oft vorkommt, dass eine Gruppe von Männchen ein einzelnes Weibchen bedrängt und einer nach dem andern sich mit ihm paart, wäre eine solche Spermienausspülung wohl eine sinnvolle Praxis.[14]

Auch Grillen spülen aus. Allerdings nicht mit Wasser, sondern mit dem eigenen Sperma. Das Männchen der reizenden grünen japanischen Blütengrille *Truljalia hibinonis* besitzt ein (gemessen an seiner Körperlänge) riesiges Glied, das es so tief in das Weibchen hineinschieben kann, dass die Spitze bis in die Spermathek vordringt. Wenn es dann ejakuliert, verdrängt die klebrige Masse seines Spermas alles dort bereits lagernde fremde Sperma und schiebt es aus der Vagina hinaus auf den Penisschaft – woraufhin das Männchen sich vorbeugt und das soeben beseitigte Fremdsperma als postkoitalen Snack wegfrisst! Und bei der mit den Grillen verwandten Sichelschreckenart *Metaplastes ornatus*

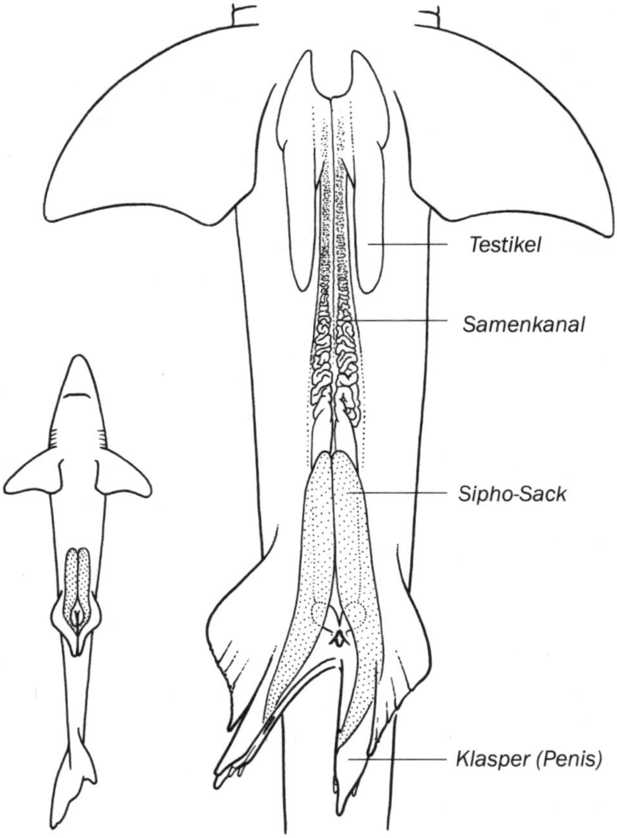

Der Vorgänger ist der Dumme: Männliche Haie, die zwei Penisse haben, besitzen einen sogenannten Sipho-Sack, mit dem sie Meerwasser in die Vagina ihrer Gefährtin drücken können, vermutlich um Spermien des Vorgängers hinauszuspülen. Der Sipho-Sack und der Samenkanal haben beide denselben Ausgang in den Penissen.

ist das Spermienausspülen eine Komponente des Paarungsakts, bei der Männchen und Weibchen sogar zusammenarbeiten. Das Männchen führt sein Begattungsorgan ein, bewegt es ein bisschen vor und zurück und zieht es dann ganz zurück. Da sein Begattungsorgan gezackt und gezahnt ist, kommt bei dessen Rückzug aus dem Weibchen ein großer Teil des weiblichen Reproduktionsapparats, das Innere nach außen gewendet, vorübergehend mit ans Licht. Was nun geschieht, ist einigermaßen verwunderlich: Das Weibchen krümmt sich, um das Innere der eigenen Genitalien ausschlecken zu können, wobei sie alles an Samenpaketen verzehrt, was von früheren Paarungspartnern etwa noch vorhanden sein mag. Das Ritual wird mehrere Male wiederholt, bevor das Männchen seine eigene Spermatophore einführt.[15]

Das vorstehende Beispiel mag ein bisschen rätselhaft erscheinen: Warum sollte ein Weibchen einem Männchen bei dessen Versuch, das Spermienlager ebendieses Weibchens zu leeren, beispringen? Nun, wir müssen uns eben wieder daran erinnern, dass ein Weibchen in allem, was ein Männchen so tut, vor allem seinen eigenen Vorteil sucht. Ein Männchen, das imstande ist, das Weibchen zur Preisgabe seiner eingelagerten Spermienreserven zu bewegen, hat wahrscheinlich Qualitäten, welche an seine Söhne weiterzugeben nicht das Dümmste wäre, was das Weibchen tun kann. Daher konnte das ganze Spermienausräumungsgeschäft bei manchen Arten evolutionär in das Paarungsritual aufgenommen und gewissermaßen ein integraler Bestandteil der kryptischen Weibchenwahl werden – und dabei in unmerklichen Schritten mit der Spermienabstoßung zusammenfließen.

Anstelle einer bis zur Zusammenarbeit gehenden Annäherung der Geschlechter aneinander wäre wohl auch ein evolutionärer Wettstreit um die Kontrolle über den Spermienvorrat des Weibchens ein möglicher Entwicklungsstrang. Auf naheliegende Weise könnte ein solcher Wettstreit etwa so ablaufen, dass Männchen und Weibchen abwechselnd einen evolutionären Schritt tun, der dem jeweiligen Geschlecht die Kontrolle einbringt, wie wir es bei den vielerlei Maßnahmen und Gegenmaßnahmen der Kleinlibellen beobachtet haben. Das Weibchen könnte eine etwas tiefere Spermathek ausbilden und so seinen Spermienvorrat außer Reichweite des Männchens bringen. Früher oder später käme es dann auf der männlichen Seite eventuell zu einer Mutation, die entweder eine Verlängerung des Penis mit sich brächte oder dem Männchen auf andere Weise seine Fähigkeit zum Spermienbaggern zurückgäbe. Dem würde auf der weiblichen Seite womöglich eine nochmalige Vertiefung des Spermathek-Innenraums folgen – usw. Da die Entwicklung unumkehrbar und unaufhaltsam ist, kann prinzipiell jeder solche evolutionäre Wettstreit schließlich aus dem Ruder laufen und zu aberwitzig langen Penissen und Spermatheken führen.

Eine Gruppe von Tieren, deren Innenleben von einer solchen unaufhaltsam überbordenden evolutionären Getriebenheit ergriffen wurde, ist die Käferfamilie der Kurzflügler. Aller Wahrscheinlichkeit nach haben Sie, liebe Leserin, lieber Leser, es bis dato geschafft, Ihr Leben ohne Kenntnisnahme der Existenz von Kurzflüglern hinzubringen. Lassen Sie mich dieses Versäumnis ausbügeln, denn die ungemein beweglichen dunklen Kurzflügler sind eine der gattungs- und artenreichsten Insektenfamilien überhaupt. Es gibt sie in allen möglichen Farben, Größen, Panzerstrukturen und in allen möglichen Biotopen, aber die durchschnittlichen Kurzflügler sind etliche Millimeter lang, dunkelfarben und bergen ihre Flügel sauber zusammengefaltet unter verkürzten Decken, die den größten Teil des langen Hinterleibs frei lassen – ein bisschen sehen sie aus wie Miniaturausführungen von Ohrwürmern, Insekten einer Ordnung, mit deren Vertretern die Kurzflügler bei aller Ähnlichkeit nicht verwandt sind. Sie bewegen sich flink, und wenn sie erschreckt werden, gehen sie mit aufgerichtetem Hinterleib in Drohhaltung, obwohl sie keinen Stachel am Schwanzende tragen. In den Augen der Biologen (die für sie lieber den Namen *Staphylinidae* verwenden) ist das Unangenehmste, was sie an sich haben, ihre Unidentifizierbarkeit. Um die 50 000 Arten sind bekannt, Tendenz rapide steigend: In der Fachwelt ist man der Ansicht, dass es tatsächlich mindesten vier Mal so viele gibt, von denen die meisten unauffällig im Erdreich leben. Ja, bei jedem Schritt, den Sie im Wald oder auf einer Wiese machen, gehen Sie wahrscheinlich über ein Kurzflügler-Biotop.

Während die meisten Kurzflügler räuberisch – »prädatorisch« – leben und seelenruhig auch so reizlose Beute wie Springschwänze, Milben und Insektenlarven verspeisen, pflegen andere etwas exzentrischere Lebensweisen. Zu diesen zählt die Gattung *Aleochara*; sie gehört dem erlesenen Kreis von Insekten mit sogenannt parasitoider Lebensart an.[16] Die (an den Film ›Alien‹ erinnernde) Gepflogenheit der Parasitoiden (das Wort bedeutet »parasitenartige Prädatoren«), ihre Entwicklung im Körper eines anderen Organismus zurückzulegen – an diesem von innen zu fressen, während der »Wirt« lebendig und aktiv bleibt, bis der voll entwickelte Parasitoide die Körperwand durchbricht und ausschlüpft –, finden die meisten Menschen eher grausig als »faszinierend«: nicht jedoch die beiden *Aleochara*-Sachverständigen Claudia Gack und Klaus Peschke an der Universität Freiburg.

Gack und Peschke haben über zwei *Aleochara*-Spezies geforscht: *A. curtula* und *A. tristis.* Beide sind Fliegenparasitoiden – ihre Larven suchen nach Schmeißfliegenpuppen in Dunghaufen (*A. tristis*) oder Tierkadavern (*A. curtula*). Sie knabbern ein Loch in die Puppenhülle, zwängen sich nach drinnen und fressen nach und nach die hier entstehende Fliege auf. Am Ende ist die Kurzflüglerlarve so weit, dass sie sich zur Puppe häuten kann; von der Fliegenpuppe ist nur noch die leere Hülle übrig.

Berühmt geworden sind Gack und Peschke in Biologenkreisen jedoch nicht, weil sie den *Aleochara*-Lebenszyklus ans Licht brachten, sondern mit ihrer Beobachtung der Art und Weise, wie Sex für diese Käfer ein Spiel darum ist, wer von den beiden Partnern die »Arschkarte« hat. Fangen wir mit *Aleochara curtula* an, der Art, die es mit den Tierkadavern hat. Wie bei allen *Aleocharen* findet die Paarung auch hier in einigermaßen ungewöhnlicher akrobatischer Manier statt. Das Männchen kauert sich hinter das Weibchen, klappt dann seinen langen Hinterleib wie ein »Schlangenmensch« im Zirkus über seinen Kopf nach vorn und koppelt ihn an das Weibchen an. Sobald es in der Vagina sicher verankert ist (und damit gezwungen, ziemlich unbeholfen hinter dem Weibchen herzulaufen, sollte es dem einfallen, während der Paarung ein bisschen herumzuspazieren), entfaltet es den Endophallus aus seinem Penis, der wie bei Jeannels Höhlenkäfern im zweiten Kapitel nur bei der »Erektion« aufgepumpt wird. Wenngleich der Endophallus im Effekt den Penis verlängert, ist der damit noch immer nicht entfernt lang genug, um in die Spermathek des Weibchens hineinzureichen, die am Ende eines langen Ganges hinter einer Art Ventil sitzt. Aber das Männchen hat noch ein, zwei Trümpfe in petto. Der erste ist seine sogenannte Geißel (oder »Flagellum«), eine lange, dünne Rute vorn am Endophallus, die, wenn der sich bläht, in den zur Spermathek führenden engen Gang geschoben wird. Über die ganze Länge der Rute zieht sich eine Furche, die den Raum frei hält für das Durchkommen des nächsten Trumpfs, den das Männchen aus dem Ärmel zieht beziehungsweise aus seinem Penis hervorzaubert: eine zur Selbstaufblähung fähige Spermatophore.

Sie erinnern sich doch sicher daran, was Spermatophoren sind? Erstmals bemerkbar machten sie sich in diesem Buch auf schmerzhafte Weise, als sie sich im ersten Kapitel in der Mundhöhle einer Restaurantbesucherin einnisteten, die gerade etwas frischen (männlichen) Kalmar zu sich genommen hatte. Wie die Kalmar-Spermatophoren scheinen auch die der *Aleocharen* Eigenleben entfalten zu können. Während das Männchen sein Begattungsorgan zurückzuziehen beginnt, wächst aus dem der Spermathek zugewandten Ende der birnenförmigen Spermatophore, die in der Vagina zurückbleibt, eine Röhre. Allein von osmotischem Druck getrieben schiebt diese Röhre sich in der Geißelfurche zur Spermathek vor und drängt sich mit der vorerst noch geschlossenen Spitze durch das Ventil in sie hinein. Drinnen birst die Spitze der Röhre, und als ob alles Bisherige nicht schon kompliziert genug gewesen wäre, kommt aus der ersten Röhre eine zweite, samengefüllte hervor, die sich zu einem Ballon aufbläht, der die Spermathek gänzlich ausfüllt und dabei – das ist das Entscheidende – alles, was an Sperma vorangegangener Männchen noch hier ruht, durch das Ventil hinausdrängt. Zum Abschluss zerreißt ein zur Innenausstattung der Spermathek gehörender scharfer Zahn die Hülle des Ballons und der Samengehalt der Spermatophore ergießt sich zur gefälligen Verwendung.

»Warum einfach, wenn es auch kompliziert geht«, meint Gack dazu. Der Entwicklungsgang dieses komplexen Verfahrens, sein Sperma in ein Weibchen hineinzuschaffen, scheint über mehrere evolutionäre Stufen geführt zu haben. Indem das Weibchen seine Spermathek hinter einem langen Tunnel und einem Ventil verbarg, »versuchte« es, dem männlichen Begattungsorgan den direkten Zugang zum weiblichen Langzeit-Spermienlager zu verwehren. Demgegenüber bildete das Männchen eine Reihe von Penisverlängerungen aus: die sondenähnliche Geißel an seinem Endophallus und ein selbsttätiges Spermienpaket, das den Weg durch das weibliche Labyrinth von allein findet und Fremdspermien zu verdrängen weiß. Bei alledem bleibt es wichtig, zu erkennen, dass letzten Endes das Weibchen die Kontrolle darüber hat, ob das Sperma des Männchens in der Spermathek ausgeschüttet wird, denn das Weibchen muss seinen Spermathekalmuskel kontrahieren, damit jener scharfe Zahn den Samensack aufschlitzt. Wiederum ist also der Wettstreit eher ein Match, bei dem das Weibchen die Spielregeln vorgibt.

So bizarr das alles erscheinen mag, die Absonderlichkeit der *Aleocharen* ist damit noch nicht am Ende. Bisher habe ich noch nicht die Länge der Geißel am Endophallus von *Aleochara curtula* erwähnt: etwa 1,5 Millimeter. Für einen Käfer von knapp zehn Millimeter Länge ist das ansehnlich, aber nicht außergewöhnlich. Bei *Aleochara tristis* (dem Freund der Dunghaufen) indessen scheint der evolutionäre Wettstreit »Geißellänge gegen Spermathekalganglänge« aus dem Ruder gelaufen zu sein. Der Käfer ist ungefähr sechs Millimeter lang, aber seine Geißel misst kolossale 16 Millimeter – mehr als das Zweieinhalbfache der Körperlänge – und bleibt, solange sie nicht gebraucht wird, aufgerollt wie eine Uhrfeder im Penis verwahrt. Und aufgerollt im Innern des Weibchens ist auch dessen gleich langer Spermathekalgang.

Mit solch einem exorbitanten Erbe jahrtausendelanger sexueller Selektion umzugehen, fällt diesen Käfern nicht leicht, wie Gack und Peschke bei der Beobachtung ihres Paarungsverhaltens feststellten. So schwer es für das Männchen sein mag, alle 16 Millimeter seiner Geißel durch den engen Spermathekalgang des Weibchens zu fädeln, noch schwerer ist es, sie hinterher in ordentlich aufgerolltem, einsatzbereitem Zustand wieder im Penis zu verstauen. Würde das Männchen nach dem Geschlechtsakt die Geißel einfach aus dem Weibchen herausziehen, würde deren Federkraft sie auf der Stelle zu einem heillos wirren Knäuel verwickeln und im selben Zug das Männchen irreversibel entmannen. Wie stellen sie's also an?, fragten sich Gack und Peschke. Und während die Käfer unterm Mikroskop ihr Absteigeritual vollzogen, stieg parallel dazu das Erstaunen der beobachtenden Forscher an.

Wie sich herausstellte, wird die lange Geißel vom Männchen buchstäblich »geschultert«. Das Männchen zieht sie zunächst ein kurzes Stück weit aus der Vagina heraus. Mit in die Luft gerecktem Hinterleib neigt es dann seine Vorderbrust ein wenig seitwärts; dadurch ergibt sich zwischen der Brust und den Flügeldeckenschultern ein Spalt, in den es die Geißel locker einklemmt. Die so gesicherte Geißel zieht es nun schrittchenweise weiter aus dem Weibchen heraus, indem es den Hinterleib streckt, und führt sie langsam zu ihrem Platz im Penis zurück, bei alledem stets darauf achtend, dass sie straff gespannt bleibt, damit Knäuel vermieden werden. Ist die Geißel halb wieder im Penis, dreht das Männchen sich um und zieht aus dem Weibchen das letzte Stück heraus, das er so lange wie möglich straff gespannt hält, während er es in den Penis gleiten lässt, als wäre das Ganze ein Rollbandmaß mit Federmechanismus.

Aleochara tristis steht mit ihrem langen Flagellum nicht allein da. Ähnlich überdehnte Geißeln haben Taxonomen in den

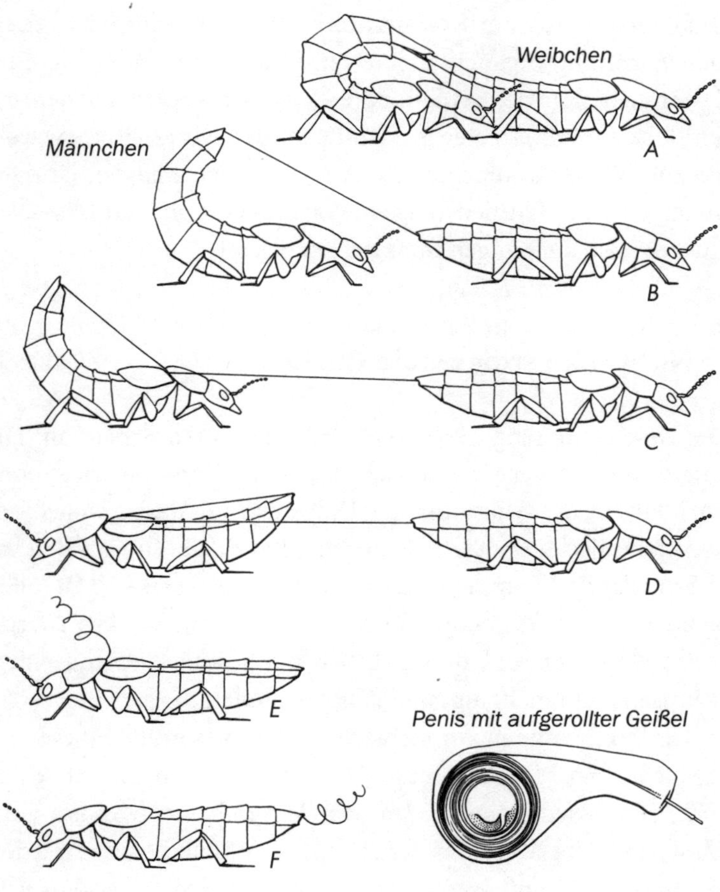

Ein Metermaß im Hintern: Der männliche Kurzflügler Aleochara tristis trägt eine sogenannte Geißel in seinem Penis, die er aufrollt, wenn sie nicht benutzt wird (siehe Abbildung unten). Bei Gebrauch fädelt er sie während der Begattung in die weibliche Vagina (A) und zieht sie hinterher heraus (B), indem er sie zur Hälfte unter seine Schulter klemmt (C – E). Dann wird sie wieder ordentlich eingerollt (F).

Begattungsorganen vieler Käfer- und Wanzenarten entdeckt, wo sie wahrscheinlich ähnlich funktionieren – die meisten sind nur noch nicht eingehend untersucht. Ob sie sämtlich Ergebnisse sexuell antagonistischer Koevolution sind, muss sich noch weisen. Den Begattungsorganen anderer, uns näher vertrauter Tiere indessen sieht man den evolutionären Rüstungswettlauf auf den ersten Blick an; im nächsten Abschnitt werden wir erfahren, warum die Familie der Entenvögel die Arten mit den weltweit längsten Vogelpenissen und den tiefsten Vogelvaginen mit umfasst. Machen Sie sich auf einigen infamen Sex gefasst.

Nichts für zartbesaitete Gemüter

Die Geschichte fängt mit zwei berühmten toten Erpeln an. Der eine ist eine in der argentinischen Provinz Córdoba erlegte und im Magazin des Museums der University of Alaska eingelagerte Argentinische Ruderente (*Oxyura vittata*); auf ihn werden wir in Kürze zurückkommen. Der andere ist das Objekt NMR 9989-00232 des Naturkundemuseums Rotterdam, ein Stockentenerpel (*Anas platyrhynchos*), dessen Leben am 5. Juni 1995 mit einem »Bumsen« – in mehr als einem Sinne – endete.

Um fünf Minuten vor sechs am späten Nachmittag dieses Tages blickte der Museumskurator Kees Moeliker von seiner Arbeit auf, weil er wieder einmal den vom Aufprall eines Vogels auf die Glasfassade des Museums verursachten dumpfen Laut registrierte. Obwohl die Außenseite des Neubaus mit schwarzen Vogelsilhouetten gepflastert war, flogen hier Vögel in regelmäßigen Abständen in den Tod, und Moeliker hatte sich damit abgefunden, die dahingeschiedenen Tauben, Amseln und Wasservögel für den Fundus des Museums aufzulesen. Aber nachdem er nach unten gegangen war, um nachzusehen, welcher Großvogel diesmal seine Leiche dem Museumsbestand vermacht hatte, erlebte er eine Überraschung. Am Fuß der Glaswand lag ein sehr toter Stockentenerpel bäuchlings im Sand. Neben ihm stand ein zweiter, aber sehr lebendiger, im Zustand höchster sexueller Erregtheit befindlicher Erpel, der, während Moeliker durch die Glasscheibe zusah, als Nächstes seinen toten Genossen bestieg, um mit Hingabe mit ihm zu kopulieren.

Einigermaßen verblüfft setzte sich Moeliker auf einen der für die Wärter herumstehenden Hocker, zückte – als der jederzeit die Augen offen haltende Biologe, der er war – sein Notizbuch und begann festzuhalten, was er sah. Eineinhalb Stunden lang fuhr der unter Strom stehende Erpel fort, seinen toten Artgenossen zu besteigen und wieder abzusteigen und mehrfach mit ihm zu kopulieren. Um sieben Uhr zehn abends hatte Moeliker eine ganze Seite mit Notizen gefüllt und befand, dass er nun genug gesehen hatte bei seiner ersten Beobachtung homosexueller Nekrophilie; er scheuchte den nach wie vor testosteronlastigen hochlebendigen Erpel davon, steckte die missbrauchte Leiche seines Geliebten in den Museumstiefkühler und ging nach Hause zum Abendessen.[17]

Erst sechs Jahre später, in denen er diesbezüglich von Kollegen wiederholt ermunternde Rippenstöße erhalten hatte, kam Moeliker dazu, seine Beobachtung in der wissenschaftlichen Zeitschrift des Museums zu veröffentlichen. In seinem Artikel »Der erste wissenschaftlich dokumentierte Fall von homosexueller Nekrophilie bei der Stockente *Anas platyrhynchos* (*Aves: Anatidae*)« bemühte er sich, eine Erklärung für das Beobachtete zu finden. Als Ornithologe mit speziellem Interesse für die übleren Seiten des Entenlebens war ihm bekannt, dass Erpel neben monogamer Paarung sich auch an etwas beteiligen, was man nur als Gruppenvergewaltigung bezeichnen kann. Nicht selten nimmt solch ein sexueller Exzess die monströse Form an, dass zahlreiche Männchen lärmend ein einzelnes Weibchen hetzen. Eine solche »Verfolgung in Vergewaltigungsabsicht« endet gewöhnlich damit, dass die Erpel das Weibchen schließlich auf einem Parkteich in eine ausweglose Klemme bringen, wo es dann vor den Augen schockierter Spaziergänger, die zum Entenfüttern am Ufer stehengeblieben sind, unter den unablässigen handfesten »Artigkeitsbezeigungen« seiner unerwünschten Freier fast (und manchmal tatsächlich) ertrinkt.

So etwas wie Partnerwahl spielt offenbar unter den Strategien des Geschlechtstriebs solcher Männchen keine große Rolle: Einem alleinstehenden sexuell erregten Erpel ist jede Ente recht, einerlei, ob Männlein oder Weiblein, tot oder lebendig. In seinem frappanten Buch über die Homosexualität im Tierreich (›Biological Exuberance‹, 1999) schreibt Bruce Bagemihl, dass Erpel oft mit anderen Männchen oder mit toten Weibchen kopulieren. Offenbar war es nur eine Frage der Zeit, bis ein Erpel bei passender Gelegenheit beide Neigungen miteinander kombinierte – in unserem Fall vor den Augen eines interessierten Ornithologen. Irgendwie erregte Moelikers Artikel die Aufmerksamkeit der Jury des Ig-(bzw. Anti-)Nobelpreises, einer alljährlich im Rahmen einer höchst vergnüglichen wissenschaftsparodistischen Veranstaltung an der Harvard University verliehenen Auszeichnung: Moeliker erhielt den Anti-Nobelpreis für Biologie im Jahr 2003. Zum Andenken an den unrühmlichen Tod des Objekts NMR 9989-00232 begeht das Naturkundemuseum Rotterdam an jedem Jahrestag des Ereignisses den »Tote-Ente-Tag« mit einer Punkt 17:55 Uhr beginnenden kleinen Gedenkfeier auf dem Rasen vor dem Museum – krönender Abschluss des Tages ist ein gemeinsames Abendessen der Teilnehmer (Pekingente) in einem örtlichen China-Restaurant.

Die bei den Männchen in der Familie der Entenvögel weitverbreitete Gewohnheit, die Kopulation mit Gewalt zu erzwingen, die zu Tod und anschließender Schändung des Rotterdamer Stockentenerpels führte, ist auch verantwortlich für die auffälligste Einzelheit an dem zweiten toten Erpel in unserer Geschichte. Am 13. September 2001 brachte das Wissenschaftsjournal ›Nature‹ einen einspaltigen Beitrag aus der Feder von Kevin McCracken, seines Zeichens Ornithologe mit Spezialgebiet Entenvögel am Museum of the North der University of Alaska. Trotz seiner Kürze war der Artikel schwer zu überblättern; dafür sorgte die beigegebene Abbildung. Sie zeigte einen vor einer weißen Wand an den Flügeln aufgehängten toten Erpel der Spezies Argentinische Ruderente (*Oxyura vittata*), von dem zwischen den leblosen Paddeln hervor ein 42,5 Zentimeter langer, korkenzieherartig gewendelter, stachliger Penis schlaff herabhängt. An diesem heute endgültig im Magazin des Museums verwahrten Individuum lernte man, als man es fand, erstmals den rekordbrechenden Penis der Spezies in voll ausgestrecktem Zustand kennen. Ein Jahr zuvor hatte McCracken bei der Untersuchung von sieben toten *Oxyurae vittatae* bereits deren ungewöhnlich lange Penisse bemerkt; weil die aber im Körperinneren versteckt waren, war ihre tatsächliche Länge schwer zu schätzen gewesen.

Der ob seiner Studien zur Sexualität der Vögel gefeierte Forscher Tim Birkhead von der University of Sheffield erinnert sich daran, was ihm beim ersten Durchlesen von McCrackens Artikel und beim Anblick der Abbildung durch den Kopf ging: »Atemberaubend! Mein erster Gedanke war: Und das arme Weibchen? Wo tut es das alles hin?«[18]

Birkhead wusste, dass der Penis der Argentinischen Ruderente, was Länge und Komplexität betraf, zwar einen Extremfall darstellte, mit diesen Merkmalen als solchen aber durchaus kein Unikum in der Entenwelt war. Während die meisten Vögel zum Kopulieren schlicht ihre Kloaken gegeneinanderdrücken, zählen die Entenvögel zu den wenigen, die einen echten Penis besitzen, welcher bei gegeneinandergedrückten Kloaken unter Lymphdruck in die Vagina eingeführt wird. In einer auf ihm verlaufenden Längsfurche wird das Sperma von der Kloake tief hinein in das Allerheiligste des Weibchens geleitet. Dieses Verfahren hat die Evolution vermutlich deswegen ausgebildet, weil Enten sich im Wasser paaren, wo bei Kopulation per simplem Kloakenkuss der Samen weggespült werden würde. Tatsächlich kommt es auf Entenfarmen, wo die Vögel keine andere Wahl haben, als sich auf trockenem Boden zu paaren, häufig zu dem Unglück, dass ein Erpel seinen Penis einbüßt, weil das Weibchen ihn mit einem Wurm verwechselt und als postkoitalen Snack verspeist.[19]

Entenpenisgröße und -form variieren stark von Art zur Art.

Die Kragenente (*Histrionicus histrionicus*) zum Beispiel ist mit einem 1,5 Zentimeter langen Penis eher spärlich bestückt, während das Organ der Spießente (*Anas acuta*) – die bis zur Veröffentlichung von McCrackens Foto von dem *Oxyura-vittata*-Erpel in dieser Beziehung als das Nonplusultra aller Enten galt – 19 Zentimeter lang, borstig und geringelt ist; etwas kürzer, doch ähnlich im Design ist das der Stockente ausgefallen. In Bezug auf die Vaginen der Entenweibchen indessen war man sich immer sicher, dass es sich um kurze Röhren handle – einfach, schlicht, nichts Besonderes.

Zu der Zeit, wo Birkhead noch völlig baff über das Foto in der ›Nature‹ war, arbeitete in seinem Labor eine Post-Doktorandin namens Patricia Brennan; Birkhead schlug ihr vor, sie möge sich doch einmal mit der weiblichen Seite der Enten-Story befassen. Birkhead: »Sie erwies sich als eine Meisterin im Sezieren. Als sie halb fertig war mit ihrer Studie, rief sie mich herüber und sagte: ›Sehen Sie mal, was ich gefunden habe.‹« Brennan demonstrierte ihm, dass die Vagina der Stockentenweibchen mit ihren blind endenden Abzweigungen, ihren Biegungen und Windungen genauso komplex war wie der Penis der Erpel. Fasziniert, aber noch skeptisch rief Birkhead seinen Freund Jean-Pierre Brillard, einen erfahrenen Entensezierer, in Frankreich an: »Hast du so etwas je gesehen?« »Non!«, antwortete Brillard und zog los, um die Sache an ein paar von seinen eigenen Präparaten zu kontrollieren. »Fünf Minuten später rief er mich zurück und sagte: ›Du hast völlig recht!‹«

Im Jahr 2007 veröffentlichten Brennan, Birkhead und Mitarbeiter in dem Wissenschaftsjournal ›PLOS ONE‹ die Ergebnisse ihrer anatomischen Untersuchung von 16 Entenarten, bei der sich gezeigt hatte, dass die Komplexität des Penis Hand in Hand ging mit der Komplexität der Vagina: Überall, wo der Penis lang und korkenzieherartig gedreht war, war es auch die Vagina. Zweierlei verriet, dass dies wahrscheinlich das Resultat eines evolutionären Wettstreits zwischen den Geschlechtern darum war, wer von beiden das letzte Wort in puncto Befruchtung hat. Zum einen waren die Arten, in denen Vergewaltigung eine verbreitete Praxis war, auch diejenigen mit den komplexesten Genitalien. Zum anderen – das berichtete das Forscherteam 2009 in den ›Proceedings of the Royal Society B‹ – erschwert die korkenzieherartige Wendelung der Vagina dem Penis die Penetration, denn die Vagina ist stets im Uhrzeigersinn, der Penis dagegen gegen den Uhrzeigersinn gewendelt. Durch Anspannung der Muskeln in der Vaginawand wäre das Weibchen in der Lage zu verhindern, dass ein Vergewaltiger seinen gegensinnig gedrehten Penis problemlos in die Vagina entrollen kann.[20]

Resolut, wie sie war, untermauerte Brennan diese Ergebnisse mit einem Experiment von entscheidender Bedeutung. Auf einer kalifornischen Moschusentenfarm ließ sie Erpel sich mit Weibchen paaren, aber sobald der Erpel zu dem bei Moschusenten üblichen explosionsartigen Ausfahren des Penis ansetzte, tauschte sie die weibliche Kloake blitzschnell gegen eine Glasröhre aus. Brennans Röhren waren innen zwar mit einem Gleitmittel beschichtet, im Übrigen aber auf den Zweck hin ausgelegt, ihr ein Bild davon zu verschaffen, wie schwierig es für den Penis war, problemlos in die gewendelte Vagina vorzudringen. Und in der Tat: Zwar stellten gerade oder gegen den Uhrzeigersinn spiralig gewundene Röhren für ihn kaum ein Problem dar, aber in eine Röhre einzudringen, die mit ihren Windungen im Uhrzeigersinn eine Vagina nachbildete, war dem Penis unmöglich. Gewöhnlich krümmte sich seine Spitze zurück, er blieb auf halbem Weg stecken oder kam über die Ansatzphase der Entfaltung gar nicht erst hinaus. Keine Frage also, die verzwickter gestalteten Penis-Vagina-Paarungen hatten sich im Zuge sexuell antagonistischer Koevolution herausgebildet: einer Serie von im Wechsel erfolgenden Schritten, bei der jede Merkmalsbildung auf Seiten des Männchens, die erzwungenen Kopulationen Vorschub leistete, von weiblicher Seite mit verstärkter Fähigkeit zur Blockade der Vagina gekontert worden war.

Hört sich die sexuelle Tortur, welche diese Entenweibchen er-

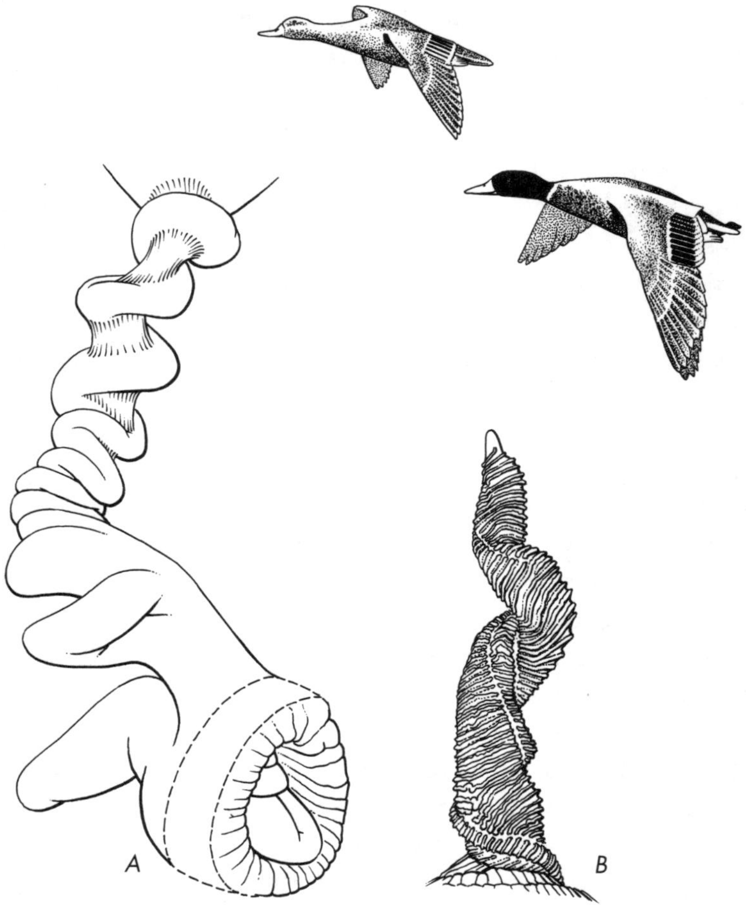

Widerstand gegen Vergewaltigung: Die korkenzieherartig im Uhrzeigersinn geformte Vagina eines Stockentenweibchens (A) verhindert die Einführung des ebenfalls korkenzieherartig, allerdings gegen den Uhrzeigersinn gedrehten Penis (B), solange das Weibchen nicht seine Vaginalmuskeln lockert.

leiden, brutal an, so ist sie dennoch eine Unannehmlichkeit von geringerer Bedeutung im Vergleich zu den traumatischen sexuellen Erfahrungen, die das Leben für die Weibchen bestimmter wirbelloser Tiere bereithält. Und das Attribut »traumatisch« muss hier im wörtlichen Sinn verstanden werden – als von dem griechischen Wort für »Wunde« abgeleitete Adjektivbildung. »Traumatische Insemination« lautet der Begriff für die Begattungspraxis dieser Tiere, welche im Verlauf ihrer Evolution irgendwann einmal für die Männchen einen Weg gefunden haben, den ganzen weiblichen Apparat von Ventilen und Kontrollmechanismen vollkommen zu umgehen, indem man das Sperma durch die Körperwand des Weibchens direkt in das Leibesinnere injiziert!

Dieses – auch als »hypodermische Insemination« bezeichnete –[21] drastische Vorgehen hat sich bei Egeln und Regenwürmern herausgebildet, desgleichen bei Fächerflüglern (winzige Insekten, die bei Wanzen und Bienen parasitieren), Taufliegen, einer Reihe von Wanzenfamilien und der Sechsaugenspinnenart mit dem treffenden Namen *Harpactea sadistica*. Die zuletzt genannte, nur in Israel anzutreffende kleine Spinne, die keine Netze baut, sondern auf dem Boden von Trockenwäldern Insekten jagt, wurde erst 2008 in einem Naturschutzgebiet bei Jerusalem entdeckt. Andere Spezies der Gattung *Harpactea* paaren sich so wie alle Spinnen, denen wir in diesem Buch bisher begegnet sind: Das Männchen befüllt seine Pedipalpen mit Samen, den diese dann – oft über einen schlauchartigen Fortsatz – in die Geschlechtsöffnung des Weibchens einleiten.

Nicht so die *Harpactea sadistica*. Trifft ein Männchen dieser Spezies auf ein Weibchen, nimmt das Paar die Paarungsposition ein, bei der das Männchen das Weibchen – mit nach oben gekehrtem Bauch – in seinen vier langen vorderen Beinen hält, um dann, einen seiner vorn nadelspitz endenden Pedipalpen mit dem anderen stabilisierend, mit chirurgischer Präzision die hohle Nadel an dem Pedipalpus seitlich von der Mitte durch die Bauchwand des Weibchen zu stechen und direkt in die Leibeshöhle zu ejakulieren. Nicht zufrieden mit dieser einen Injektion, wechselt es mit der Seite zugleich die Pedipalpenposition und sticht nun gegenüber zu. Das Manöver führt es sechs bis acht Mal aus, sodass es am Ende zwei parallele Reihen von Einstichen auf dem

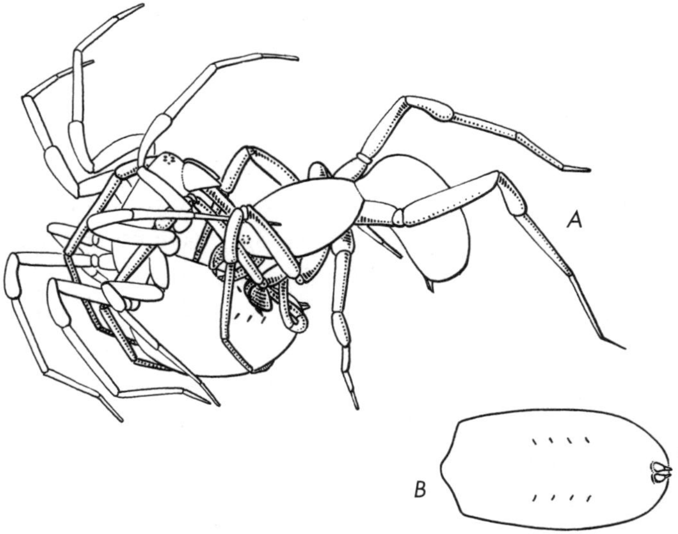

Traumatischer Sex: Ein Männchen (A, rechts) der Spinnenart Harpactea sadistica macht sich keine große Mühe mit der Kopulation. Es klemmt das Weibchen zwischen seine Vorderbeine und injiziert das Sperma direkt in dessen Bauch, indem es die Haut mit seinen nadelartigen Pedipalpen durchbohrt. Dabei hinterlässt es ein ordentliches Muster von acht Einstichlöchern (B).

Bauch des Weibchen geschaffen hat.[22] Die Eier des Weibchens, dessen Spermathek nur noch rudimentär ausgebildet ist, werden nun durch die Spermien befruchtet, die durch die Hämolymphe in der Leibeshöhle direkt zu den Eiern ihrer Ovarien schwimmen.

Noch fieser ist die traumatische Insemination, wie sie von den Plattwanzen (*Cimicidae*) praktiziert wird, einer Familie von blutsaugenden Parasiten, zu denen auch die Bett- oder Hauswanzen (*Cimex lectularius*) gehören. Sind diese schon unvergesslich für jeden, der einmal das Pech hatte, mehrere Nächte in einem wanzenverseuchten Schlafquartier verbringen zu müssen, so erreichen sie mit ihrem Sexualleben vollends höchste Grade der Denkwürdigkeit. Bei den in größeren Kolonien in Ritzen und Spalten nahe dem Schlafplatz ihres »Wirts« lebenden Tieren kommt es häufig zu schnellen Begattungsakten, die regelrechte Gewaltstreiche sind. Der Entomologe Michael Siva-Jothy von der University of Sheffield sagt: »Ein hungriges Weibchen kann einem sexhungrigen Männchen aus dem Weg gehen. Aber von einer Mahlzeit aufgebläht ist es eine leichte Beute. Eine Balz findet nicht statt – die Sache ist grausam in jedem Sinne.«[23]

Zu einer Paarungspartnerin kommen Männchen mit einer simplen Stillsitzen-und-Lauern-Strategie. Sobald so etwas wie ein von Blut aufgeschwollenes Weibchen schwerfällig vorbeikrabbelt, klettert das lauernde Männchen auf dessen rechte Flanke, schiebt sich vor, bis sein Kopf über die linke Schulter seines Opfers herabhängt, und rammt dann seinen wie eine Injektionsspritze funktionierenden Penis in das Weibchen hinein. (Ironischerweise handelt es sich bei diesem »Penis« eigentlich um eine umgewandelte Paramere, jenes pinselartige Organ, das bei anderen Insekten zu sanftem Betasten und Streicheln dient.) Dass sich am Hinterende des Weibchens die Öffnung einer absolut untadeligen Vagina befindet, ist für das Männchen nicht von Interesse; im Fortpflanzungsprozess dient die Vagina einzig zur Eiablage, nicht zur Spermienaufnahme. Sein Sperma injiziert das Männchen direkt in die Leibeshöhle, indem es mit dem Penis auf der rechten Seite des fünften Bauchsegments die Bauchwand durchsticht. In der Hämolymphe sodann gelangen die Samenfäden, unterwegs sich sogar durch einzelne Zellen hindurchwindend, zu den Ovarien, wo sie reife Eier befruchten. Über andere Wanzenarten existieren sogar unbestätigte Berichte, denen zufolge Männchen manchmal ein anderes Männchen mit Sperma inseminieren, das dann zu den Keimdrüsen des Vergewaltigungsopfers gelangt und alsdann zusammen mit dessen eigenem Sperma weitergegeben wird an das nächste Weibchen, welches dieser traumatisch inseminiert! Wenn das zuträfe, hätte man es hier mit Bisexualität und Hahnreitum in einem zu tun.

In gewisser Weise ist dieserart traumatische Insemination der nackte Hohn auf die kryptische Weibchenwahl. Das Männchen schenkt sich die Balz, das genitale Petting und die Mühe, die es macht, durch die Vagina zu kommen, in die Spermathek vorzudringen und all die anderen Hindernisse zu überwinden, die ihm das Weibchen in den Weg legt. Entgegen allen Regeln des Sexspiels, die wir in diesem Buch bisher kennengelernt haben, setzt es seinen Willen zum Kopulationserfolg mit roher Gewalt durch. Teilt sich ein Weibchen die Unterkunft mit einem vollen Dutzend Männchen, kommt es durch die vielen Wunden, die ihr die Penisse ihrer zahlreichen Freier beibringen, in vielen Fällen binnen eines Tages zu Tode. Und selbst ein einzelnes Männchen vermag die weibliche Lebensspanne beträchtlich zu verkürzen. Alastair Stutt, ein Schüler Siva-Jothys, ließ im Rahmen eines Experiments Weibchen sich entweder mit einem normalen Männchen paaren oder mit einem, dessen Penis er mit einem Tröpfchen Sekundenkleber am Bauch fixiert und so zur Untätigkeit verurteilt hatte. Er stellte fest, dass die Weibchen, die mit einem solchermaßen behinderten Männchen die Unterkunft teilten, länger als vier Monate am Leben blieben, während die Weibchen, die ein Männchen mit ungebremster Kopulationsfähigkeit ertragen mussten, nur ungefähr elf Wochen lang überlebten.

Aber es gibt eine Kehrseite der Medaille. Die Bettwanzenweibchen haben ein komplexes Verfahren entwickelt, mit den schlimmsten Auswirkungen der traumatischen Insemination zurechtzukommen. An erster Stelle ist da zu erwähnen, dass sie über das sogenannte Ribagasche Organ (die »Spermalege«) verfügen, welches einem nagelneuen Geschlechtsorgan gleichkommt, das sich an der Stelle herausgebildet hat, wo das Männchen normalerweise zusticht. Bei der Gemeinen Bettwanze (*Cimex lectularius*) gehört dazu eine kleine Einkerbung (die »Ektospermalege«) – faktisch eine zweite Vagina – auf der rechten Bauchseite: Wenn das Männchen die Paarungsposition einnimmt und dem Weibchen seinen nadelspitzen, messerscharfen krummdolchförmigen Penis in den Bauch stößt, wird dieser gewöhnlich hierhinein gelenkt. Unter dieser Pseudovagina befindet sich eine große Tasche (die

»Mesospermalege«), die zwei Funktionen hat. Zum einen empfängt sie das Ejakulat und leitet es in die Hämolymphe – auf den Weg zum unpaaren Ovarium – weiter. Zum anderen erfüllt sie eine sanitäre Aufgabe: Wanzen pflegen im Schmutz zu leben, und das bringt es mit sich, dass das Glied des Männchens mit schädlichen Bakterien und Pilzen bedeckt ist, die dem Weibchen bei der Kopulation eingeimpft werden. Um dieses Problem bewältigen zu können, birgt die Mesospermalege ein starkes Immunsystem, das diese Krankheitserreger größtenteils vernichtet. Im Rahmen eines Experiments stachen Entomologen Bettwanzenweibchen mal an dieser, mal an jener Körperstelle mal eine sterilisierte, mal eine infizierte Nachbildung des Bettwanzenpenis in den Leib. (Siva-Jothy: »Ich habe doch tatsächlich einen Mann in meinem Labor, der mit großem Vergnügen Glaspenisse herstellt.«) Das Ergebnis: Bei Weibchen, die in die Spermalege gestochen worden waren, blieb die Eierproduktion über die Lebenszeit unbeeinträchtigt; war jedoch in eine andere Körperstelle gestochen worden, erkrankte das Weibchen so sehr, dass die Nachwuchsbilanz zum Ende seines Leben viel schlechter ausfiel.

Bei der Plattwanzengattung *Stricticimex* hat sich die Mesospermalege zu einem so komplexen System entwickelt, dass die traumatische Insemination praktisch wieder zu einer regulären Insemination geworden ist: Die Spermien ziehen nicht wie ungelenkte Geschosse durch die Leibeshöhle des Weibchens, sondern werden, in der Mesospermalege angekommen, über ein Röhrensystem und ein Speicherungsorgan zum Ovarium weitergeleitet – und damit hat das Weibchen de facto die volle Kontrolle über sein Sexualleben zurückgewonnen. Demnach scheint die Evolution der traumatischen Insemination bei den Plattwanzen genau wie die langen, gewundenen Entenpenisse und -vaginen nichts anderes zu sein als das Resultat einer Reihe männlicher evolutionärer Anpassungen mit dem Ziel, die kryptische Weibchenwahl zu umgehen, und begleitender weiblicher Gegenmaßnahmen mit dem Ziel, wieder die Oberhand zu gewinnen.

Die traumatische Insemination mag einem selbst zwar als extrem bizarres, abnormes Phänomen vorkommen, aber die Tatsache, dass sie bei so vielen nicht miteinander verwandten Tiergruppen aufgetreten ist, bedeutet, dass sie für die Evolution einen nicht gar so unvorstellbar abseitigen Weg darstellt. Das hat wahrscheinlich damit zu tun, dass Spermien an sich schon dafür gemacht sind, durch fremdes Gelände zu ziehen, um (Ei-)Zellen zu suchen und in sie einzudringen. Um diesen Geländelauf nun sozusagen von dem offiziell genehmigten Weg durch den weiblichen Reproduktionstrakt auf eine Querfeldeinstrecke zu verlegen, braucht es nur einen eher kleinen Schritt. Tatsächlich findet man auch in der Leibeshöhle der Weibchen von Tierarten, die normalerweise nicht traumatisch inseminieren, frei herumschwimmende Spermien, die sich anscheinend aus der Vagina oder der Spermathek davongestohlen haben. Bei gewissen Milben entwischen Spermien aus dem Geschlechtsapparat des Weibchens und sind dann in dessen Hämolymphe vorzufinden, wo sie sich ziellos herumtreiben.[24] Und bereits in den 1950er-Jahren entdeckten veterinärmedizinische Forscher eine höchst effektive Methode der künstlichen Befruchtung von Meerschweinchenweibchen und Hennen, die schlicht darin besteht, den Tieren mit einer Injektionsspritze Spermien direkt in den Bauchraum zu spritzen![25]

Uns trennt von anderen Wirbeltieren nur eine kurze evolutionäre Distanz. Tatsächlich hat sich erwiesen, dass dann und wann auch menschliche Spermien aus dem weiblichen Reproduktionstrakt entweichen und in der Bauchhöhle auf Wanderschaft gehen. Um einschätzen zu können, wie oft das vorkommt, machte sich ein Team von drei amerikanischen Gynäkologen geschickt eine selten auftretende angeborene Gebärmutterfehlbildung zunutze, nämlich das sogenannte »nicht kommunizierende Uterushorn«. Die Gebärmutter entwickelt sich beim Embryo aus zwei Röhren, den sogenannten »Müller'schen Gängen«. Beim Knabenembryo verkümmern diese nach und nach, beim Mädchenembryo wachsen sie und verschmelzen – »fusionieren« – zu einem einzigen

Uterus mit zwei Eileitern. Bei einem von ungefähr 4000 weiblichen Embryonen kommt es jedoch zu einer Fusionsstörung des Müller'schen Gangsystems, die in einer Teilung des Uterus in zwei Kammern – »Hörner« – resultiert, von denen eine mit dem Gebärmutterhals und der Scheide verbunden ist (»kommuniziert«), die andere jedoch nicht.

Gerard Nahum von der Duke University und zwei seiner Kollegen durchsuchten die medizinische Literatur nach Schwangerschaften bei Frauen mit solch einem »nicht kommunizierenden Uterushorn«. Es stellte sich heraus, dass der Fetus sich mit der gleichen Wahrscheinlichkeit in der Kammer mit der Verbindung zu Gebärmutterhals und Scheide befand wie in der anderen, die nicht diese Verbindung hatte. Die unausweichliche Schlussfolgerung lautete: Alle diese (unterm geburtshelferischen Gesichtspunkt problematischen) Schwangerschaften in der »blinden« Uteruskammer konnten nur in der Weise zustande gekommen sein, dass Samenzellen durch die andere Kammer zum Eileiter hinauf und weiter in die Bauchhöhle der Frau gewandert und von dort aus durch den Hintereingang in den anderen Eileiter gelangt waren. Dort hatte eine von ihnen eine reife Eizelle befruchtet, die sich dann in der blinden Uteruskammer eingenistet hatte.[26]

In ihrer vollen Tragweite erfasst, läuft die Studie auf die schwindelerregende Erkenntnis hinaus, dass bei allen Frauen – auch solchen ohne jene angeborene Uterusanomalie – jederzeit Spermien abseits der breiten offiziellen Straßen des Fortpflanzungsapparats unterwegs sind, um auf dem Schleichweg durch den Bauch zu etwa vorhandenen befruchtungsreifen Eiern in dem Eileiter auf der anderen Seite zu gelangen. Sieht man es so, ist uns die traumatische Insemination der Bettwanzen mit ihren unerschrocken die Eingeweide durchquerenden Samenzellen vielleicht doch nicht gar so fremd.

Die traumatische Insemination hat sich entwickelt, weil sie dem Ejakulat dazu verhilft, sich vor etwaige von anderen Männchen stammende Spermienablagerungen drängen zu können. Sie steht in einer Reihe mit den anderen Tricks, die wir in diesem Kapitel kennengelernt haben: mit der erzwungenen Kopulation, dem Ausspülen, Ausschaben, Auskratzen von Sperma – samt und sonders wirkungsvolle evolutionäre Behandlungen der klaren akuten Gefahr, die für ein Männchen darin liegt, dass gleichzeitig mit ihm sich auch andere um die Gunst des fruchtbaren Weibchens bemühen. Keine Frage, wir befinden uns jetzt bereits tief im Bereich der sexuell antagonistischen Koevolution. Aber erschöpft haben wir das Thema noch nicht. Die aktuelle Spermienkonkurrenz ist längst nicht alles, weswegen ein Männchen sich sorgen muss. Da Weibchen Spermien gewöhnlich auf lange Sicht einlagern, sind künftige Freier ebenso viel Anlass zum Kopfzerbrechen. Im nächsten Kapitel werden wir die Evolution sexuell antagonistische Tricks einer anderen Kategorie aus dem Ärmel ziehen sehen: Tricks in Gestalt von Neuerungen im Genitalapparat, die dem Erfolgsstreben späterer Freier Steine in den Weg legen.

VII Künftige Freier

Im hintersten nordöstlichen Winkel Deutschlands an der Ostseeküste liegt die kleine Universitätsstadt Greifswald, ein friedseliges Relikt hanseatischen Handelseifers und des DDR-Wohnungsbauprogramms. Anspruch auf Bekanntheit hat die Stadt hauptsächlich als Geburtsort des romantischen Malers Caspar David Friedrich. Während ich meinen alten VW Käfer durch die Greifswalder Einfallstraßen steuere, wo sich am Rand der Gehwege noch Schneewälle türmen, verrät nichts in dem von Caspar David Friedrich vor zwei Jahrhunderten verewigten Stadtbild (erst recht nichts an den Türmen der vielen schmucklosen evangelischen Kirchen), dass die Stadt das Zentrum der deutschen Genitalienforschung ist.[1]

Das Büro des Experten für Schneckengenitalien Martin Haase, dem wir im nächsten, dem hermaphroditischen Sex gewidmeten Kapitel begegnen werden, mache ich in der Vogelwarte der Universität auf Hiddensee ausfindig, was mir einigermaßen paradox vorkommt. Die beiden Gebäude des Zoologischen Instituts in der Innenstadt beherbergen eine Gruppe von Experten für Gliederfüßersex. Zum ersten Treffen bin ich mit Professor emeritus Gerd Alberti und seiner als Forschungsgast in Greifswald weilenden Kollegin Antonella di Palma von der Università di Foggia verabredet, die mich im Hörsaal des Instituts empfangen. Alberti, ein drolliger, freundlicher Mann mit heiserer, hoher Stimme, überreicht mir eine CD, die, wie er beiläufig bemerkt, sein Lebenswerk enthält: 242 wissenschaftliche Artikel über die Fortpflanzung der Milben, Spinnentiere und etlicher weiterer Wirbellosengruppen. Er bittet mich, auf einer der Hörerbänke Platz zu nehmen, und nimmt mich dann per Lichtbildervortrag mit auf eine einstündige Reise durch die Welt der Milben- und Spinnentiersexualität, wobei er jeden Übergang zu einer neuen Station mit dem Ausruf »Und das ist nun wirklich lustig und hochinteressant« einleitet.

Eine von diesen lustigen und hochinteressanten Sachen: Spinnen und Milben fallen insofern aus dem Rahmen des Üblichen, als die Weibchen in vielen Fällen jeweils eine eigene Körperöffnung für die Spermienaufnahme und die Eierablage haben.[2] Während die meisten Tiere sich für beide Fortpflanzungsmaßnahmen ein und derselben Mehrzwecköffnung bedienen müssen, empfangen viele Milbenarten (zumal die von Alberti und di Palma untersuchten) Spermien durch eine kleine Öffnung an der »Hüfte« eines Beins und legen ihre Eier durch eine andere Öffnung an ihrem hinteren Ende ab. Und die meisten Spinnen praktizieren eine gleichartige Arbeitsteilung zwischen Körperpartien: Die Männchen entleeren ihre Pedipalpen in zwei Besamungsgänge, welche eine dritte, der Eierablage dienende Öffnung in der Mitte des Hinterleibs des Weibchens flankieren. Der tiefere Sinn der Sache dämmert mir erst, nachdem ich quer durch die Stadt zum anderen Zweig des Instituts gefahren bin, wo sich das Büro der Institutsleiterin Gabriele Uhl befindet.

Seit vielen Jahren befasst sich Uhl, eine charmante und frohsinnige Arachnologin, mit den sogenannten Paarungspfropfen bei Spinnentieren. Zum großen Verdruss der Taxonomen, die einen unverstellten Blick auf die Genitalien eines Weibchens haben müssen, wenn sie dessen Spezies bestimmen wollen, ist der Intimbereich von Spinnenweibchen oft mit »Dreck« oder irgendwelchem unidentifizierbaren Zeug verstopft. Bei genauerem Hinsehen erweist sich dieser Unrat als ein Bruchstückchen vom Körper eines Männchens – genauer gesagt, als die Spitze eines Pedipalpus. Bei einem sehr großen Anteil aller Spinnenarten, so Uhl, bricht das Männchen nach der Kopulation ein Stück von seinem Geschlechtsteil ab und hinterlässt es in der Geschlechtsöffnung des Weibchens.[3] Nicht als unappetitliches Souvenir oder als Unfallschaden infolge überhasteten Rückzugs, sondern in dem

Bemühen, sich die Vaterschaft des zu erwartenden Nachwuchses zu sichern.

Spinnenforscher mutmaßen, dass diese Pedipalpusstückchen die weiblichen Besamungsgänge gegen Penetrationsversuche späterer Freier verbarrikadieren. Und, sagt Uhl, der Umstand, dass Spinnenweibchen für Besamung und Eierablage separate Öffnungen haben, ist mit ein Grund, warum Spinnen über eine »Präadaptation« (Voranpassung) an den Einsatz solch arachnidischer Keuschheitsgürtel verfügen; schließlich ist, anders als bei vielen anderen Tieren, der Pfropf nicht im Wege, wenn das Weibchen Jungspinnen in die Welt zu setzen beginnt. Sicher, dieserart Zustöpseln ist vielerorts in der Tierwelt zu beobachten, als besonders beliebte Praxis erweist es sich jedoch bei den Spinnen.

Doch Uhl hebt den Zeigefinger und ein Glitzern tritt in ihre Augen. »Aber wenn wir ›Pfropf‹ sagen, heißt das nicht, dass es Pfropfen sind«, warnt sie. Bei der Schwarzen Witwe zum Beispiel kann eine Pedipalpusspitze in der Genitalöffnung des Weibchens nicht vollständig verhindern, dass sich später noch andere Männchen mit ihm paaren, denn in der Genitalöffnung der Weibchen kann man bis zu fünf Pedipalpusspitzen stecken sehen. Das bedeutet, dass der Pfropf des ersten Paarungspartners eine ganze Anzahl von Nachfolgern nicht davon abhält, sich mit dem Weibchen zu paaren und ihre eigene Pedipalpusspitze zu hinterlassen. Ein Männchen mit gebrochenen Pedipalpen ist praktisch kastriert – der Schaden regeneriert sich nie –, warum also verstümmeln sich die Männchen selbst, wenn sie damit die Kopulation mit anderen Männchen doch nicht vollständig verhindern können? Um die Antwort darauf zu finden, untersuchte Gabriele Uhl zusammen mit ihrem Schüler Stefan Nessler und ihrer Kollegin Jutta Schneider die Wirksamkeit von Paarungspfropfen bei Wespenspinnen.

Die Wespenspinne (*Argiope bruennichi*) aus der Familie der Echten Radnetzspinnen ist leicht zu erkennen an ihrer auffälligen Körperzeichnung mit schwarzen und gelben Querstreifen wie auch daran, dass sie, in ihrem Netz hängend, ihre acht Beine gewöhnlich paarweise zusammengelegt so von sich streckt, dass sie ein X bilden. In den letzten Jahrzehnten hat die ursprünglich hauptsächlich im südlichen Europa beheimatete große Spinne, wahrscheinlich infolge des Klimawandels, ihren Lebensraum bis ins Vereinigte Königreich und in die Niederlande sowie nach Dänemark und Norddeutschland ausgedehnt, wodurch die spektakuläre Art ihren Anspruch auf die Aufmerksamkeit von Forschern wie Uhl mit erhöhtem Nachdruck geltend machte.[4]

Uhl geht zur Regalwand, um die Unterlagen des Forschungsprojekts herbeizuholen. Nachdem sie Fächer abgesucht, in Konvoluten geblättert und dabei melodisch geseufzt hat (»Hmmm, sie sind weg. Ach nein, da sind sie ja!«), kommt sie zurück mit einem kleinen Stapel von studentischen Berichten und Sonderdrucken, die sie vor mir auffächert. Sie deutet auf ein Farbfoto, eine Detailaufnahme der flachzangenähnlichen Pedipalpen eines Wespenspinnenmännchens, und erläutert mir, dass ihr Team sich mit Hilfe eines Computertomografen ein genaues Bild davon verschaffte, wie das Männchen sich mit seinem Pedipalpus im Besamungsgang des Weibchens verhakt, dann tief in es eindringt und sein Sperma hineinpumpt, um zum Schluss die Spitze des einen Zangenschenkels an der Sollbruchstelle abzubrechen und so nach der Kopulation ein beachtliches Stück seiner Anatomie in dem Weibchen zurückzulassen.

Um herauszufinden, was das Männchen davon hat, dass es die Kopulation mit einem Akt der Selbstkastration beendet, streiften Uhl und ihr Team zunächst über Wiesen und lasen an die 300 noch nicht geschlechtsreife Spinnenmännchen und -weibchen aus ihren Netzen auf. Im Labor ließen sie jede der Jungspinnen in einem eigenen Plastikbecher heranwachsen und schufen so eine große Zahl jungfräulicher adulter Männchen und Weibchen. Einigen verhalfen sie dann in Plexiglasterrarien zur ersten sexuellen Erfahrung, indem sie jeweils ein Männchen im Netz eines Weibchens aussetzten. Das Wespenspinnenmännchen ist viel kleiner

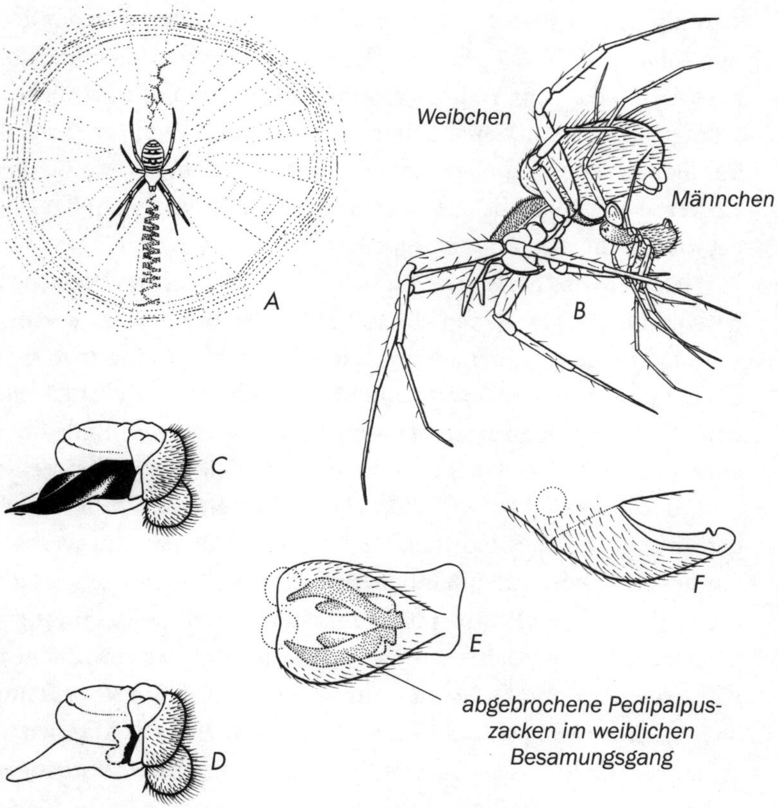

Keuschheitsgürtel: Wenn das große Weibchen der Wespenspinne (A) mit dem kleinen Männchen (B) kopuliert, bricht eine Zacke vom Pedipalpus des Männchens ab und bleibt im Besamungsgang des Weibchens zurück. C zeigt, wie ein kompletter Pedipalpus aussieht, in Abbildung D ist die Zacke abgebrochen. E zeigt zwei abgebrochene Zacken auf den Genitalien eines Weibchens, F die Seitenansicht.

als das Weibchen. Es paart sich mit der Artgenossin, indem es zwischen sie und ihr Netz kriecht und dann, während Bauch zu Bauch gewandt ist, mechanisch den Paarungsritus vollzieht, bei dem es entweder seinen rechten Pedipalpus in ihren rechten Besamungsgang oder seinen linken Pedipalpus in ihren linken Besamungsgang entleert – der ganze Vorgang dauert gewöhnlich nur Sekunden. In der Natur endet der Koitus dann ziemlich abrupt damit, dass das Weibchen seine Fangarme in das Männchen schlägt, es flugs mit Seidenfäden umspinnt und verspeist. Im Labor jedoch retteten die Forscher die Männchen, indem sie sie den Klauen des Weibchens entzogen, sobald die Pedipalpusspitze abgebrochen und die Kopulation abgeschlossen war.

Nachdem das Forscherteam sich so eine Anzahl von Weibchen beschafft hatte, von denen ein Teil einen Pfropf in einem der Besamungsgänge trug, der andere Teil jedoch nicht, nahm man sich ein neues Kontingent von Männchen vor, denen zunächst jeweils einer der Pedipalpen amputiert wurde, sodass man am Ende über eine Kompanie von Männchen verfügte, denen jeweils der rechte oder der linke Pedipalpus fehlte. Damit waren alle Vorbereitungen für ein schlaues Experiment getroffen. Das Paarungsverhalten des Wespenspinnenmännchens ist insoweit voraussehbar, als dieses den rechten Pedipalpus immer in den rechten Besamungsgang einführen wird, und so war es für die Forscher ein Leichtes, die sexuellen Kontakte so zu arrangieren, dass sie im Voraus mit Sicherheit wussten, ob der Besamungsgang, in den das Männchen seinen Pedipalpus stecken würde, bereits von einem Vorgänger mit einem Pfropf versehen worden war oder noch leer war. Dann hielt man fest, wie lange das Männchen den Pedipalpus im Weibchen ließ. Und da das Sperma mit durchgängigem Pumpen in das Weibchen injiziert wird, stand fest, dass je mehr Sperma übertragen wurde, desto länger der Pedipalpus im Genitaltrakt des Weibchens blieb.

Das Versuchsergebnis bewies zuverlässig, dass das Einbringen eines Pfropfs, wenn es auch ein zweites Männchen von der Paarung nicht vollständig abzuhalten vermag, es diesen Nachfolgern erschwert, ihr Ding durchzuziehen. Männchen, die genötigt waren, den Pedipalpus in einen von einem Vorgänger mit einem Pfropf bestückten Besamungsgang einzuführen, ließen ihr Begattungsorgan dort nur halb so lang wie Männchen, die in eine leere Röhre ejakulierten. Das bedeutet, dass ein Wespenspinnenmännchen einen Vorteil gewinnt, wenn es ein Stück von seinem Pedipalpus zurücklässt: Das hält zwar Nachfolger nicht davon ab, ebenfalls ihren Pedipalpus einzuführen, aber es hindert sie daran, mit aller Macht zu ejakulieren. Spinnenmännchen, die dem Weibchen einen Pfropf in die Genitalien applizieren, haben deshalb eine größere Chance, zum Fortpflanzungserfolg zu kommen, als solche, die es nicht tun. Und weil viele Spinnenmännchen ihre Entjungferung ohnehin nicht überleben, verlieren jene wenig, gewinnen aber durch solcherlei Selbstentmannung viel.

Die allgemein schlechte Prognose, die Spinnenmännchen in Bezug auf ihre Sexuallebenserwartung haben, und die starke Konkurrenz zwischen den Männchen ergeben zusammen einen weiteren Grund für die Präadaptation der Spinnen an die evolutionäre Ausbildung von Paarungspfropfen. Einfach ausgedrückt: Angesichts der hohen Wahrscheinlichkeit, dass dein erstes Mal auch dein letztes sein wird, ist die Umwandlung deines Begattungsorgans in ein Instrument zur Sicherung deiner Vaterschaft nur ein geringes Opfer gegenüber dem Schutz vor postumer Spermienkonkurrenz, den du damit gewinnst.

An der Spinnengattung *Tidarren*, deren Männchen sich noch vor Erreichen des Adultstadiums ihrer Bewegungsfreiheit zuliebe eines ihrer (relativ) mächtigen Pedipalpen entledigen (siehe das fünfte Kapitel), haben wir ein weiteres Beispiel für Spinnenmännchen, die sich für die Verwendung des Paarungspfropfs und das Selbstopfer entschieden haben.[5] Da es den verbliebenen einzelnen Pepipalpus nur ein Mal gebrauchen kann und da ihm in der Umarmung durch das Weibchen der Tod gewiss ist, benutzt das *Tidarren-argo*-Männchen seinen ganzen Pedipalpus als Paarungspfropf.[6] Das läuft so: Sobald das Männchen angefangen hat, sein Sperma in das Weibchen hineinzupumpen, wird es von diesem gepackt und so lange gezwirbelt, bis es abgetrennt ist von seinem sicher im Weibchen verankerten Pedipalpus, der noch mehrere Stunden lang weiterhin Sperma in das Weibchen hineinpumpt.

Während das Weibchen nun am Körper des Männchens nascht, kann dieses sich in der Gewissheit wiegen, dass sein Pedipalpus dafür sorgen wird, dass sein Sperma im Körper des Weibchens bleibt und es anderen Männchen nicht möglich ist, ihr eigenes Sperma hinzuzufügen. Barbara Knoflach von der Universität Innsbruck, der wir die Entdeckung zahlreicher Einzelheiten des bizarren Sexualverhaltens der *Tidarren*-Spinnen verdanken, testete experimentell die Wirksamkeit eines solchen aus einem ganzen Pedipalpus bestehenden Paarungspfropfs. Sie brachte jungfräuliche adulte Männchen mit Weibchen zusammen, die von einem Vorgänger her noch einen Pedipalpus in ihrer Epigyne stecken hatten, und stellte fest, dass diese Weibchen im Regelfall gegen eine weitere Kopulation immun waren, solange der Pfropfen die Stellung hielt.

Wo wir gerade dabei sind – in der Abteilung Paarungspfropfen hat die Gattung *Tidarren* noch mehr Überraschungen auf Lager. Einen noch extremeren Fall entdeckte Knoflach bei einer anderen Art: *Tidarren sisyphoides*, der Spezies, für deren Mitglieder Margarita Ross bewiesen hat, dass ihr Leben mit einem Pedipalpus weniger mühsam ist als mit zweien. Bei dieser Spezies gebraucht das Männchen zuletzt seinen ganzen Körper als Keuschheitsgürtel! Sobald die Kopulation eingeleitet ist und sein hypertropher Pedipalpus munter drauflospumpt, erstarrt das mickrige Männchen und stirbt – einfach so. Das Weibchen frisst es nicht auf, sondern läuft noch eine ganze Weile mit seinem toten Liebhaber an der Epigyne hängend herum. Erst nach Stunden entfernt es die Leiche samt Paarungspfropf und entsorgt das Ganze.

Da bei den meisten Tieren die Männchen darauf hoffen, ihr Genitale mehr als ein Mal gebrauchen zu können, haben außer den Spinnen nicht viele Gruppen zum Gebrauch von Paarungspfropfen der Art gefunden, die zwangsläufig mit der Amputation eines Stücks vom Penis oder gar des ganzen Penis verbunden wäre. Es gibt allerdings noch andere Wege, Paarungspropfen herzustellen. Einer davon: Misch deinem Ejakulat einen Zweikomponentenkleber bei.

Ausgehärtete Samenflüssigkeit

Ein bekannter Zoologe sagte einmal: »Willst du für dich etwas Neues entdecken, dann lass die Finger von der älteren deutschen Literatur.« Und in der Tat, die alte mitteleuropäische Tradition des sorfältigen Sezierens und minutiösen monografischen Beschreibens von allem, was da kreucht und fleucht, läuft, krabbelt, schwimmt und auf Schleimteppichen dahingleitet, kann sich auch der Erstentdeckung eines klebstoffartigen Paarungspfropfs rühmen. Im Jahr 1847 entfernte der Leipziger Zoologe Karl Friedrich Rudolf Leuckart erstmals einen »Scheidenpfropf«, wie er es nannte, aus der Vulva eines Meerschweinchens. Wie wir inzwischen wissen, härtet bei diesen wie auch vielen anderen Nagetieren nach der Ejakulation ein Teil der Samenflüssigkeit im Weibchen aus und wird zu einem festen Pfropf, der mit seinem Querschnitt perfekt das Vaginallumen nachbildet und darin für einen Zeitraum, der mehrere Tage umfassen kann, stecken bleibt, sodass für die Restdauer der fruchtbaren Phase des Östruszyklus der Zugang zu den Genitalien des Weibchens versperrt bleibt.

Und nicht nur Nager – auch Insekten, Krabben, Fadenwürmer, Schlangen, Echsen und zahlreiche Säugetiere produzieren Pfropfen dieser Sorte. Unter Letzteren selbst Primaten:[7] Im Jahr 1930 stellte ein Psychologe namens Otto Leif Tinklepaugh als Erster fest, dass sogar einer unserer nächsten Verwandten im Tierreich, der Schimpanse, Paarungspfropfen aus ausgehärtetem Sperma fabriziert. Tinklepaugh studierte im Primatenzentrum der Yale University den Sexualzyklus eines einzelnen Schimpansenweibchens und seines Gefährten, indem er täglich mit einer Klistierspritze die Vagina des Weibchens ausspülte und den Ausfluss einer Analyse unterzog. Während des Östrus kam es des Öfteren vor, dass seine Spritze durch Bröckchen eines unbekannten harten Materials verstopfte. Schließlich gelang es ihm, aus der Vagina einen sieben Zentimeter langen, 1,5 Zentimeter dicken harten, massiven Pfropf herauszuholen. »In der Form dem Finger eines

Handschuhs ähnlich«, schrieb er in seinem »Anatomischen Bericht« über die ganze Sache.[8]

Seit Tinklepaughs Tagen haben Primatologen ein nicht geringes Interesse auf die genaue Beobachtung des Sexuallebens aller erdenklichen Affen und Menschenaffen verwandt, und in diesem Buch haben wir bereits einige denkwürdige Beispiele dafür kennengelernt, was dabei herausgekommen ist. Zum Ertrag dieser jahrzehntelangen Forschungsarbeit auf dem Gebiet der animalischen Sexualität gehört ein regelrechter Katalog der Paarungspfropfen zahlreicher Primatenarten, zusammengestellt und veröffentlicht im Jahr 2002 von Alan Dixson und Matthew Anderson vom Zoo der Stadt San Diego. Noch bei unseren nächsten Verwandten ließen sich dreierlei Pfropfentypen ausmachen: erstens die festen, fingerförmigen Pfropfen, zu denen Schimpansen- und Bonobo-Samenflüssigkeit aushärtet; zweitens die gummiartigen Kügelchen, zu denen der Samen der Orang-Utans in der Vagina koaguliert, ohne einen festen Pfropf aus einem Stück zu bilden; drittens die amorphe matschige Gallerte, zu der das Ejakulat von Gorillas und Menschen gerinnt. Als Dixson und Anderson sich ansahen, wie diese drei Typen unter den vierzig Primatenarten auf ihrer Liste verteilt waren, stellten sie eine interessante Korrelation fest: Je eher die Weibchen einer Art als promiskuitiv bekannt waren, desto höher war die Wahrscheinlichkeit, dass die Männchen einen Hochleistungspaarungspfropf vom Schimpansen-Bonobo-Typ zurückließen – ein sicheres Zeichen dafür, dass Paarungspfropfen auch bei Säugern ein Mittel sind, mit dem sich die Männchen in der Spermienkonkurrenz zu behaupten suchen.

Aber wie kann es sein, dass sich Samenflüssigkeit in etwas mit der Konsistenz von Glaserkitt verwandelt? Glücklicherweise hat uns jahrzehntelange Forschung in Sachen männliche (Un-)Fruchtbarkeit sehr gründlich über die diversen Proteine, Salze, Zucker und andere Samenbestandteile und ihr Zusammenwirken aufgeklärt. Erlauben Sie mir eine kurze Rekapitulation des sexuellen Funktionsmechanismus bei männlichen Säugern.

Die Samenfäden werden bekanntermaßen in den männlichen Keimdrüsen – den Testikeln oder Hoden – erzeugt und vom Hoden noch unausgereift in die Epididymis, den Nebenhoden, befördert – einen stark gewundenen Schlauch (entrollt würde er beim Menschen bis zu sechs Meter messen), der zu nacktschneckenartiger Form zusammengedrängt hinten auf dem Hoden aufliegt. Auf der Wanderung über die sechs Meter lange Strecke reifen die Samenzellen und werden dann einsatzbereit im Nebenhodenschwanz (»Cauda epididymidis«) gespeichert. Am Rande des Orgasmus werden die Samenzellen unter Druck in dichten Bündeln ausgelagert und durch den Samenleiter (»Vas deferens«) geschoben, der an der Harnblase entlangläuft und hinter ihr den Ausführungsgang der dort sitzenden Bläschendrüse (»Glandula vesiculosa«; ältere Bezeichnung: Samenblase bzw. »Vesicula seminalis«) aufnimmt, bevor er dann beim Durchlaufen der Prostata wie sein Gegenstück auf der anderen Körperseite in die Harnröhre mündet. Die Bläschendrüse steuert zum Sperma gut zwei Drittel des flüssigen Anteils bei, unter anderem einen Proteine-Cocktail, der auch das sogenannte »Semenogelin« enthält. Merken Sie sich diesen Namen.

Der Orgasmus ist mittlerweile angelaufen, unterdessen eilt der Samen mitsamt dem Beitrag der Bläschendrüse in dem nunmehr Spritzkanal (»Ductus ejaculatorius«) genannten Samenleiter weiter zur nächsten Drüse, der Prostata. Die fügt nun dem inzwischen aus beiden Spritzkanälen in die Harnröhre übergewechselten halbfertigen Sperma noch Flüssigkeit aus eigener Herstellung hinzu, welche neben vielen anderen Bestandteilen ein Enzym namens Transglutaminase 4, kurz TGM4, enthält. Die von der Prostata gelieferte Komponente wird aber nicht mit den anderen Spermaanteilen vermischt, vielmehr sorgen die Muskeln der Prostata- und der Harnröhrenwand in enger Koordination dafür, dass sie als gesonderte Welle vor den von der Bläschendrüse sezernierten Tröpfchen herläuft. Schließlich passiert der Samenfluss die beiden Cowper'schen oder Bulbourethraldrüsen, die, schon bevor der Orgasmus einsetzt, begonnen haben, eine klare Gleitflüssigkeit in die Harnröhre abzugeben, von der jetzt eine größere Menge zu der Bugwelle des Spermas hinzukommt, während es an der Penisbasis an Fahrt gewinnt, um zu guter Letzt mit einer Serie jener 0,8-sekündlichen Genitalspasmen, von welchen wir im vierten Kapitel gehört haben, stoßweise ausgespritzt zu werden.

Biochemiker haben sich den spasmischen Charakter des Ejakulierens zunutze gemacht, um einzelne Fraktionen des Ejakulats in gesonderten Gefäßen aufzufangen, und die Zusammensetzung solcher »Splitejakulate« untersucht. Infolge der gestaffelten Zugaben der Drüsen, so hat sich gezeigt, enthält die erste Fraktion des Ejakulats größtenteils Samenzellen sowie von der Prostata und den Cowper-Drüsen stammende Samenflüssigkeit – inklusive TGM4 –, wohingegen die späteren Fraktionen spermienarm, aber reich an Bläschendrüsensekret sind und also eine Menge Semenogelin enthalten. In der Vagina nehmen die TGM4 und das Semenogelin Kontakt miteinander auf und es kommt zu einer biochemischen Reaktion, bei der die TGM4 als Katalysator wirkt. Wie alle Proteine besteht Semenogelin aus langen Aminosäurenketten. Die TGM4 sucht sich gezielt eine bestimmte Aminosäure in diesen Ketten aus, das Glutamin, und verbindet sie auf der atomaren Ebene mit einer anderen Aminosäure, dem Lysin in benachbarten Semenogelinmolekülen, sodass ein Gewirr von quer vernetzten Ketten entsteht – ein Vorgang, wie er auch für die Festigkeit unserer Haut verantwortlich ist. Er bewirkt das Zustandekommen fester Paarungspfropfen.

Es liegt auf der Hand, dass Semenogelin und TGM4 nicht miteinander in Berührung kommen sollten, bevor es Zeit für die Bildung eines Paarungspfropfs ist – womit erklärt wäre, warum sie in zwei verschiedenen Drüsen im männlichen Körper erzeugt und gespeichert werden. Wie die zwei Bestandteile des Zweikomponentenklebers vermengen sie sich erst, nachdem sie aus ihren Behältnissen herausgedrückt wurden. Nun sind ja Gene für die Produktion von Semenogelin und TGM4 in der DNA aller Menschen und Menschenaffen vorhanden – warum dann die großen Unterschiede in der Konsistenz der Pfropfen? Die Antwort liegt in der exakten Struktur des Bauplans, den die jeweilige DNA darstellt.

Die Primatologin Sarah Kingan war noch Studentin an der Brown University, da führte sie bereits ein Forschungsprojekt zum genetischen Code für Semenogelin beim Menschen, Schimpansen und Gorilla durch. Dabei stellte sie fest, dass der Code beim Gorilla völlig entstellt war und infolgedessen kein funktionsfähiges Protein erzeugte. Und Sarah Carnahan von der Duquesne University in Pittsburgh fand heraus, dass das Gleiche auch auf den Code für TGM4 zutraf. Beides leuchtet als durchaus sinnvoll ein, denn Gorillamännchen monopolisieren ihre Weibchen, sodass ihr Sperma, wenn überhaupt jemals, nur selten in die Lage kommt, mit dem anderer Männchen konkurrieren zu müssen – Paarungspfropfen wären für sie ein überflüssiger Artikel. Kein Wunder also, dass bei ihnen Mutationen sich häufen konnten, welche im Endeffekt die Produktion der Kleberkomponenten abschalteten, ohne evolutionären Schaden anzurichten. Den gleichen Zusammenhang stellte Carnahan auch bei den Siamangs fest, einer Spezies der »Kleinen Menschenaffen« (Gibbons), bei der eine langfristige monogame Paarbindung Brauch ist, was die Siamang-Sperma-Proteine ebenfalls der Aufgabe enthebt, mit rivalisierendem Fremdsperma fertigzuwerden.

Bei den Schimpansen, Bonobos, Orang-Utans und den Menschen fanden Kingan und Carnahan allerdings eine andere Situation vor: Hier ist das Risiko, dass es zur Spermienkonkurrenz kommt, größer (wir Menschen betrachten uns zwar gern als im Prinzip monogam, neigen aber gleichwohl viel stärker zur Untreue als Siamangs). Bei diesen Arten sind alle einschlägigen Gene immer noch funktional. Aber das ist nicht alles: Besonders bei den Schimpansen und den Bonobos lassen die fraglichen DNA-Sequenzen verräterische Anzeichen rapider Evolution erkennen. Der Umfang der Semenogelinstruktur hat sich bei diesen Spezies stark erweitert, dementsprechend hat die TGM4 zusätzliche Lysin-Glutamin-Verbindungen herzustellen, was zu robusteren Paarungspfropfen führt. Doch damit ist die Geschichte nicht zu Ende – allerdings nicht bei Menschen, sondern bei Mäusen.

Mittels »Maus-Knockout« eröffnete Matthew Dean von der University of Southern California in der Geschichte vom Paarungspfropf bei den Säugern eine neue Dimension, worüber er in einem 2013 in dem Journal ›PLOS Genetics‹ publizierten Artikel berichtete. Maus-Knockout bezeichnet nicht etwa einen regelwidrigen Schlag beim Boxkampf, sondern den von Gentechnikern beherrschten Trick, einzelne Gene von Labormäusen abzuschalten. Es gibt sogar (lachen Sie nicht) ein »International Knockout Mouse Consortium« (IKMC), ein US-amerikanisch-europäisches Gemeinschaftsunternehmen zur Herstellung von genetisch veränderten Mausstämmen, bei denen jeweils die Expression eines bestimmten Gens unterdrückt ist. Nun können Gentechniker zwar Gene mit einem präzisen Knockout außer Gefecht setzen, wissen aber von vielen nicht, was genau ihre Funktion ist. Dafür, das herauszufinden, sind die Knockout-Mäuse da: Man erfährt, was man wissen will, indem man feststellt, in welcher Weise eine Maus, bei der dieses oder jenes einzelne Gen abgeschaltet wurde, in ihrer Funktionalität beeinträchtigt ist. Matthew Dean nun orderte beim IKMC ein paar Mäuse, bei denen die TGM4-Produktion abgestellt war, und verglich dann im Rahmen von Laborversuchen den Fortpflanzungserfolg der Knockout-Maus-Männchen mit dem normaler Männchen.

Wie erwartet verfestigte sich die Samenflüssigkeit der Mäuse ohne TGM4-Proteine in der Vagina von Madame Maus nicht zu einem richtigen Paarungspfropf. Aber darüber hinaus, dass er das Männchen der Spermienkonkurrenz mit anderen Männchen aussetzte, schien der Ausfall des TGM4-induzierten Pfropfs noch andere Auswirkungen zu haben. Nach Deans Feststellung wanderten nach Insemination mit TGM4-losem Samen weit weniger Spermien den Reproduktionstrakt des Weibchens hinauf als nach

Insemination mit regulärem, sich verfestigendem Samen. Das bedeutet, dass der Paarungspfropf über die Blockade nachfolgender Männchen hinaus möglicherweise auch eine Spermienabstoßung durch das Weibchen unterbinden hilft. Für das TGM4-lose Sperma, das es trotz allem bis zu den Eileitern schaffte, verzeichnete Dean weniger Schwangerschaften als normal. Demnach verhindert ein Paarungspfropf anscheinend auch den Spontanabort des Embryos durch das Weibchen (siehe das vierte Kapitel). Das, meint Dean, könnte auf die fortgesetzte »physische Reizung« durch den Pfropf zurückzuführen sein, die das Weibchen auch nach dem Rückzug des Männchens aus seiner Vagina noch lange erfährt.

Wieder einmal sehen wir, dass ein Paarungspfropf, der oberflächlich betrachtet nichts anderes als ein weiterer fieser Trick des Männchens zu sein scheint, mit welchem dem Weibchen Keuschheit aufgezwungen wird, in Wirklichkeit womöglich eine subtilere Funktion ausübt. Sicher, ein Pfropf erschwert es nachfolgenden Freiern, ihr Sperma einzubringen, gleichzeitig könnte er jedoch auch die Spermienabstoßung verhindern und einen postkoitalen Nachhall der sensorischen Balz des Penis erzeugen. Überdies lassen sich Weibchen mitunter durchaus kooperativ vom Männchen das Genitale zupfropfen, wie wir im Fall der *Tidarren-sisyphoides*-Spinnen gesehen haben, bei denen das Weibchen dem Männchen dabei hilft, den Pedipalpus abzutrennen und der Epigyne als Keuschheitsgürtel zu applizieren.

Desgleichen hat uns die Hörnchenforschung darüber belehrt, dass die Rolle des Weibchens bei dem ganzen Paarungspfropfengeschäft keine passive sein könnte. Während zweier Winter hintereinander stand der Zoologe John Koprowski von der University of Kansas jeden Morgen vor Tagesanbruch auf, um die morgendlichen Paarungsrituale der auf dem Campusgrund heimischen Fuchs- und Grauhörnchen zu beobachten. Während der winterlichen Paarungszeit umlauern ungeduldige Männchen in Rotten das Nest oder die Baumhöhle eines Weibchens und versuchen, sich mit ihm zu paaren, sobald es sich, noch verschlafen, sehen lässt. Koprowski, der die Kopulationen durch den Feldstecher beobachtete, registrierte, dass in mehr als der Hälfte der Fälle, sobald der Akt beendet war, das Weibchen sofort den – in Form und Größe so ungefähr einer Zigarettenkippe gleichenden – Paarungspfropf zu benagen begann oder ihn auf den Boden pfefferte. In allen anderen Fällen jedoch schien es dem Weibchen nichts auszumachen, den Pfropf in seiner Vagina stecken zu lassen, bis er sich ein, zwei Tage später auf natürlichem Wege auflöste. Vielleicht tut es wohl, einen wohlgeratenen, festen Pfropf ein Weilchen in der Vagina zu behalten. Entweder um der »physischen Reizung« willen oder weil ein Männchen, das einen ordentlichen Paarungspfropf zu offerieren vermag, die Art Vater ist, die man sich für seine Söhne wünscht.

Drogenmissbrauch

Wir wollen uns noch ein Weilchen mit der Samenflüssigkeit beschäftigen und haben ja schon gesehen, dass an dieser Substanz sogar beim Menschen mehr dran ist, als man auf Anhieb erkennen kann. Sie enthält Proteine, die sich, miteinander vermischt, zu einem Paarungspfropf verfestigen können. Sie enthält ferner Fruktose als Energielieferant für die Spermien, Proteine, welche die Spermien vor dem sauren Vaginalmilieu schützen, Zink, der die Spermien-DNA in guter Verfassung hält, und chemische Verbindungen, die verhindern, dass die Spermien verfrüht hyperkinetisch loslegen.

Doch dieser Komplex von Inhaltsstoffen ist nur die Spitze des Eisbergs. Menschliches Ejakulat birgt Hunderte verschiedener Proteine (die bei einigen Frauen eine Art »Spermien-Heufieber« – eine allergische Reaktion auf Samen – verursachen).[9] Und es handelt sich da keineswegs um vernachlässigbare Spurengehalte; die meisten dieser Ingredienzien sind in beachtlicher

Konzentration vorhanden, also müssen sie irgendetwas Wichtiges verrichten – wir wissen bloß noch nicht, was. Selbst im Ejakulat der unscheinbaren Schwarzbäuchigen Taufliege (*Drosophila melanogaster*) haben Forscher nicht weniger als 133 verschiedene Proteine identifiziert. 133! Sie alle werden von einer Taufliegenvarietät der Prostata produziert, die sie in den flüssigen Anteil des Taufliegenspermas abgibt.[10]

Weil Taufliegen schon seit langer Zeit für Laborgenetiker als Modellorganismen fungieren, wissen wir eine ganze Menge über Sinn und Zweck ihrer Samenplasmaproteine – jedenfalls mehr als über Sinn und Zweck von deren Pendants beim Menschen. Zunächst einmal wissen wir, dass ihre evolutionäre Entwicklung im Gleichtakt mit den Genitalien verläuft, von denen sie abgegeben oder empfangen werden. Rama Singh von der McMaster University im kanadischen Hamilton hat die Proteincocktails verschiedener Taufliegenarten untersucht und herausgefunden, dass die DNA-Codes für diese Gene bei fortdauernder Funktionalität einem beständigen rapiden Wandel längs der Zweige des Taufliegenstammbaums unterliegen. »Die am schnellsten evolvierenden Proteine, die wir kennen«,[11] sagt Singh. Und: Ein sicheres Anzeichen dafür, dass sie unentwegt von der sexuellen Selektion herumgeschubst werden.

Taufliegenforscher sind ziemlich überzeugt, dass einige Ingredienzien dieser biochemischen Cocktails an einer Art neuropsychologischer Manipulation mitwirken. Nachdem ein Weibchen eine Ladung Samen empfangen hat, kapern sie sein Hormonsystem, schalten den Geschlechtstrieb ab und sorgen so dafür, dass das Weibchen für eine Zeitspanne, die sich über mehrere Tage erstrecken kann, absolut nichts von Männchen wissen will. Bald nach einer Insemination beginnt es, neue Freier mit den Beinen abzuwehren, oder es streckt, falls es hartnäckig bedrängt wird, seine Legeröhre aus, die dann den Zugang zur Vagina blockiert. Es verlegt sich sogar darauf, einen Geruch zu verbreiten, der es unattraktiv macht. Alle diese Verhaltenseigenheiten werden von solchen Samenkomponenten ausgelöst, die in die Hämolymphe des Weibchens gelangt sind. Gewöhnlich haben Weibchen für ihr Eigelege gern mehrere Väter, weil das eine gesunde genetische Vielfalt schafft. Doch der Intention des Weibchens, zu dem Mix, mit dem es seine Eier befruchtet, noch die Samen weiterer Männchen dazuzunehmen, bemächtigt sich das Männchen mit biochemischen Mitteln, lenkt sie in die entgegengesetzte Richtung und kann so die drohende Spermienkonkurrenz unterlaufen. Das ist im Effekt so, als würde das Männchen im Weibchen einen mentalen Paarungspfropf zurücklassen.

Eine der Substanzen, die solch eine »antiaphrodisische« Wirkung haben, ist das sogenannte Sexpeptid, ein kleines Proteinmolekül – so klein, dass es geradewegs durch die Vaginawand in die Hämolymphe des Weibchens gelangt –, das akzessorische Geschlechtsdrüsen des Männchens produzieren.[12] Es ist in der Samenflüssigkeit enthalten, bindet sich aber auch und in erster Linie an den Schwanz der Spermien. Das ungebunden in der Flüssigkeit flottierende Sexpeptid geht schnell zu Werke: Noch bevor die Paarung ganz zu Ende ist, ist es bereits durch die Vaginawand in die Hämolymphe eingesickert und beginnt binnen Minuten, an Rezeptoren beim Gehirn anzudocken, über die es das Interesse des Weibchens für andere Männchen in den Keller rasseln lässt. Mit bis zu sieben Stunden anhaltender Wirkung sorgt dieser erste Schuss Sexpeptid dafür, dass das Weibchen Männchen die kalte Schulter zeigt. Unterdessen beginnt das am Schwanz der Spermien festsitzende Sexpeptid, sich aus seiner Anbindung zu befreien, und unterhält nun, als käme es aus einem Infusionstropf, eine langsame, aber stetige Antiaphrodisiakum-Zufuhr, die eine Woche lang währt – lange genug für die Spermien, um alle Vorteile der Freiheit von Behelligung durch Fremdspermien für ihr Geschäft nutzen zu können.

Sexpeptid ist nur eine aus der Vielzahl der chemischen Verbindungen, die ein Taufliegenweibchen bei jeder Paarung empfängt. Wozu die übrigen? Nun, die Forschungen zu anderen Insekten können uns eine Ahnung davon vermitteln, was solche Wirkstoffe zu leisten fähig sein könnten.[13] Das Sperma des amerikanischen Feuerkäfers *Neopyrochroa flabellata* zum Beispiel ist versetzt mit dem Reizgift Cantharidin. Wenngleich diese Substanz in der Menschenwelt unter dem Namen »Spanische Fliege« als Aphrodisiakum berüchtigt ist, liegt der Nutzen, den das Feuerkäfermännchen aus ihr zieht, nicht etwa in gesteigerter Glut auf Seiten seiner Paarungspartnerin, sondern in dem Umstand, dass der Wirkstoff in den mit seinem Sperma befruchteten Eiern landet und als Fraßgift diese dann vor dem Hunger von Marienkäfern schützt. Ein anderer Wirkstoff, das Protein PSP1 (»plasmytocyte spreading peptide 1« oder »Plasmatozyten Spreitendes Peptid 1«), wird vom Männchen des amerikanischen Nachtfalters Baumwollkapselbohrer (oder Baumwollkapselwurm; *Helicoverpa zea*) in seine Paarungspartnerin ejakuliert und schaltet, dort angekommen, sofort die Produktion von Pheromonen – Lockstoffen – ab, sodass andere Männchen (völlig geruchsabhängig, wie sie sind) nicht mehr zu ihr finden. Und dann ist da noch die Persische Lederzecke (*Argas persicus*). Das Männchen dieses Vogelparasiten holt aus seinem Geschlechtsapparat, man höre und staune, eine seltersflaschenartige Spermatophore hervor, nimmt sie zwischen die Kiefer, beißt die Verschlusskappe ab und steckt sie, den Hals voran, dem Weibchen in die Vagina. In der Spermatophore jetzt aufkommende Kohlendioxidbläschen drücken das Sperma und anderen Inhalt in das Weibchen hinein. Und mindestens ein Element dieses Inhalts ist eine chemische Verbindung, welche die Eierproduktionsrate des Weibchens hochschraubt – was bedeuten könnte, dass dieses Sperma mehr Nachwuchs zeugt.

Angesichts der vorstehenden Aufzählung fragt man sich, ob nicht auch manche der vielen Proteine im menschlichen Samen eine solche manipulative Wirkung ausüben könnten. Falls dem so ist, wäre dies eine mögliche Erklärung für die Ergebnisse einer Studie von Gordon Gallup und Rebecca Burch, den beiden Biopsychologen, die wir bereits im sechsten Kapitel ertappt haben, wie sie eine mit künstlichem Sperma befüllte Latex-Vagina mit einem Dildo bearbeiteten. Im Rahmen jener anderen Studie ließen sie 300 Studentinnen Fragebogen zu ihrem Sexualverhalten und seelischen Befinden ausfüllen. Im Ergebnis zeigte sich, dass Frauen, die stets ein Kondom benutzen – und daher gegen die Auswirkungen von Proteinen im Samen geschützt sind –, auf einer Skala von mehr oder weniger stark depressionsaffinen Symptomen um fast fünfzig Prozent höher rangieren als solche, die niemals ein Kondom benutzen: möglicherweise ein Indiz (wenn auch kein Beweis) dafür, dass im Samen enthaltene Stoffe auf das weibliche Nervensystem einwirken.[14] Auch hat man Anhaltspunkte dafür, dass schwangere Frauen, die während der Schwangerschaft ungeschützten Sex mit ihrem Partner haben, ein geringeres Risiko laufen, von der sogenannten Präeklampsie befallen zu werden, als solche, die dasselbe mit Kondom tun. Da es sich bei der Präeklampsie um eine Art vom Fetus angeregter Entzündung im Körper der Frau handelt – die Mutter wird im Prinzip allergisch gegen ihr Kind –, könnten jene Indizien darauf hindeuten, dass Wirkstoffe im Samen sich partiell an der Regulierung des weiblichen Immunsystems beteiligen.[15]

Dem Anschein nach könnte das Sperma voller manipulativer Substanzen stecken: Das Männchen wäre also immer dabei, das weibliche Reproduktionssystem zum Schlachtfeld chemischer Kriegsführung gegen die reproduktive Selbstbestimmung des Weibchens zu machen oder, von evolutionärer Paranoia getrieben, sogar gegen potenzielle künftige Konkurrenten zu bewahren. Doch diese Auffassung vom Samen als einem Zaubercocktail dürfte zu einseitig sein. Denn schließlich müssen diese Samenkomponenten, um ihren Job ordnungsgemäß erledigen zu können, durch eine Wand des Genitalapparats in das Blut beziehungsweise Quasiblut des Weibchens, die Hämolymphe, übertreten. Und wenngleich sehr winzige Moleküle das vielleicht ohne Nachhilfe schaffen, sind größere Proteine doch zu sperrig, um selbstständig durch die Ritzen im Gewebe des Weibchens schlüpfen zu können – dazu benötigen sie dessen Unterstützung. Nehmen wir zum Beispiel den Grashüpfer Rote Keulenschrecke (*Gomphocerus rufus*, auch *Gomphocerippus rufus*).[16] Als Forscher einem Weibchen das Sekret einer bestimmten akzessorischen Geschlechtsdrüse eines Männchens direkt in die Hämolymphe injizierten, tat sich nichts. Doch als sie die Injektion in die Spermathek vornahmen, begann das Weibchen sofort, alle Männchen, die sich ihm näherten, wegzutreten. Dieses Verhalten konnten die Forscher darauf zurückführen, dass sich bestimmte Stoffe aus dem Sekret an Rezeptoren an den Borsten binden, mit denen die Spermathekwand besetzt ist, und über diese Rezeptoren eine physiologische Reaktion anstoßen, welche ihrerseits dann zu jener gereizten Abwehr führt. Mit anderen Worten, das Weibchen muss eine Vermittlerrolle übernehmen, damit die sogenannten manipulativen Substanzen Wirkung zeitigen. Das Fazit kann nur lauten: Weit entfernt von chemischer Kriegsführung üben viele dieser Samenkomponenten eine Funktion aus, die man besser als chemische Kommunikation bezeichnen würde. Damit die Proteine des Männchens die Physiologie des Weibchens ansprechen können, muss dessen Zellapparat ihnen molekulare Ventile öffnen. Es bleibt dabei: Die Schlüsselrolle spielt das weibliche Ermessen.

Aber selbst auf dieser molekularen Ebene tummeln sich Männchen, die sich mit einem chemischen Nein nicht abfinden wollen. Nehmen wir zum Beispiel die Stubenfliege. Dieses uns nur zu gut bekannte Insekt ist so verbreitet, dass Sie wahrscheinlich schon einmal, ob Sie wollten oder nicht, zwei auf einer Wand haben sich paaren gesehen – mit zerstreut seine Vorderbeine putzendem Weibchen. Wenn das wieder einmal vorkommt, stellen Sie sich dabei bitte Folgendes vor. Binnen Minuten nach Beginn des Paarungsakts setzt das Männchen sein Ejakulat in der Vagina ab, dessen flüssiger Anteil von kleinen Vaginaltaschen aufgenommen wird. Nach zehnminütiger Kopulation beginnen aggressive chemische Verbindungen im Samen, Löcher in die Vaginalwand zu ätzen. Die dünne Zellschicht löst sich allmählich auf und der Samen sickert langsam in die Hämolymphe ein. Das geht noch eine halbe Stunde so weiter; in dieser Zeit tun sich große, klaffende Löcher in der Vaginalwand auf, tritt der Samen komplett in die Hämolymphe über und beginnen antiaphrodisische Proteine mit ihrer Arbeit. Das Männchen fliegt jetzt davon und lässt ein Weibchen zurück, das mindestens drei Wochen lang frigide ist (wenn es ihm gelingt, so lange der Fliegenklatsche zu entgehen).[17]

Ätzende Chemikalien, gemütsverändernde Moleküle, eine Verhaltensumkehr erzwingende Substanzen … Bei animalischen Lebewesen jedweder Art scheint das männliche Ejakulat etliche gar nicht so harmlose Ingredienzien zu enthalten. Wie wirken sich solche injizierten chemischen Attacken auf den weiblichen Körper aus? Könnten alle diese vom männlichen Partner verabfolgten Wirkstoffe für die Partnerin zum Gesundheitsrisiko werden? In der Tat könnte der Samen des Männchens bei manchen Tieren eine fatale Nachwirkung auf die Gesundheit des Weibchens haben. Bereits 1995 stellten die britischen Evolutionsgenetikerinnen Tracey Chapman und Linda Partridge fest, dass wiederholte Insemination die Lebenserwartung eines Drosophilaweibchens um zwanzig Prozent mindert. Chapman und ihr Team führten diesen Nachweis mit einem Vergleich der Auswirkungen von Paarungen mit normalen Männchen und mit solchen, die gentechnisch so verändert worden waren, dass sie zwar noch Spermien, aber keine Samenplasmaproteine mehr zu produzieren in der Lage waren. Weibchen, die mit Männchen der letztgenannten Kategorie kopuliert hatten, lebten noch über vierzig Tage weiter, während die anderen – diejenigen, deren Körper die chemische Kriegsführung der Männchen hatten ertragen müssen – gewöhnlich nach vier Wochen tot umfielen.[18]

Nun hört es sich ja einigermaßen paradox an, dass in männlichem Samen giftige Stoffe herumschwappen. Warum sollte ein Männchen die Gesundheit eines Weibchens gefährden, das seine Kinder auf die Welt bringen soll? Das Forschergespann Alberto

Civetta und Andrew Clark hat uns die Antwort geliefert. Die beiden fanden heraus, dass manche Drosophilamännchen aufgrund entsprechender genetischer Veranlagung schädlicheren Samen produzieren als andere. Und es waren diese Männchen, die bei den Weibchen erfolgreicher als Väter von deren Kindern zum Zuge kamen. Mit anderen Worten, das schädlichere Ejakulat war auch besser darin, ein Weibchen dazu zu bewegen, seine Eier mit den von ihm mitgeführten Spermien zu befruchten. Ein Männchen mit besonders bösartigem Samen, mag es auch letztlich der Untergang seiner Paarungspartnerin sein, wird aber dennoch reproduktive Vorteile ernten. Aber auch auf Seiten der holden Weiblichkeit tut sich was. Bei den Samenkäfern, welche ebenfalls ihr Ejakulat mit misogynen Substanzen bestücken, besitzen manche Weibchen eine höhere genetische Immunität gegen toxische Wirkungen als andere.

Mit männlichen Genen, die Unterschiede in der Toxizität von Samenplasmaproteinen schaffen, und weiblichen Genen, die für Variationen in der weiblichen Giftempfindlichkeit sorgen, ist die Bahn bereitet für eine rasante innerartliche Koevolution – wenn man so will, eine Koevolution, bei der jedes der beiden Geschlechter für sich die Umgangsweise mit dem Samen entwickelt, die den eigenen Interessen am besten entspricht.[19] Und beider Interessen decken sich nicht, wie Bateman uns gelehrt hat. Die Resultante ist auf längere Sicht eine Art evolutionärer Tango, bei dem jeder Schritt des Männchens (meinem Samenplasmacocktail setze ich noch Protein X zu) mit einem Konterschritt des Weibchens (gegen die Wirkung von Protein X entwickle ich ein Gegenmittel) beantwortet wird. Das erklärt, warum die Samenplasmaproteine ihre Evolution auf der Überholspur zurücklegen, wie Rama Singh feststellte: Ihr Bauplan unterliegt permanentem Veränderungs- und Anpassungsdruck – das trifft nicht nur für Fliegen, sondern für die meisten Tiere zu.

Doch was, wenn Männchen nicht nur wirksamere Proteine zur Anreicherung ihres Samens entwickeln, sondern auch wirksamere Methoden, Letzteren an seinen Bestimmungsort zu bringen? Dann kann es wehtun.

Liebe tut weh

»Tja, das war's dann wohl«, sagt Gabriele Uhl, als sie den jüngsten studentischen Bericht zuklappt und zu der Ansammlung von Büchern, Sonderdrucken und Spinnen-in-Alkohol schiebt, die sie im Verlauf unserer Unterhaltung auf ihrem Schreibtisch ausgebreitet hat. Wir sind vom Hölzchen aufs Stöckchen gekommen, angefangen von den Paarungspfropfen der Wespenspinnen bis hin zu der Frage, was wohl im Kopf eines kopulierenden Zitterspinnenweibchens vor sich geht, und haben unterwegs auch die Komponenten des Spinnen- und sonstiger Samen gestreift. Und gerade als in unserer Unterhaltung Pausen eintreten, klopft es an die Tür und hereingeweht kommt Uhls Ehemann, der Käfer-Aficionado Michael Schmitt, der meine Hand ergreift und meinen Unterarm kurz wie einen Pumpenschwengel betätigt, ehe er sich in einen Schreibtischsessel in der Zimmerecke fallen lässt. »Er hat gerade ein Examen abnehmen müssen«, erklärt mir Uhl augenzwinkernd, »und das ist ihm erst ein paar Minuten vorher wieder eingefallen.«

Nachdem er mit einer Tasse Tee seine Lebensgeister wieder geweckt hat, erhebt er sich, schnappt sich seinen Mantel und geleitet mich die Treppe hinunter zu seinem eigenen Zimmer, um sich dort – wie versprochen – mit mir über stachelige Käferpenisse zu unterhalten.

In seinem gemütlichen, von Bücherwänden umschlossenen Büro zeigt er mir einen Artikel über Bockkäferpenisse von seinem Schüler Lasse Hubweber. Wie wir bei der Erörterung von René Jeannels Arbeit über den Höhlenkäfertribus *Leptodirini* im zweiten Kapitel gesehen haben, besteht der Käferpenis gewöhnlich aus einer Hartkapsel, aus der ein aufblähbarer Endophallus hervorgezaubert werden kann, und Bockkäfer (*Cerambycidae*) bilden da keine Ausnahme. Wie bei den Höhlenkäfern ist auch bei den Bockkäfern der Endophallus dicht mit quälerisch aussehenden Borsten und Dornen besetzt. Die Elektronenmikroskopfotos in Hubwebers Artikel überlassen da kaum etwas der Fantasie. Der Endophallus der zierlichen europäischen Spezies Feldahornbock (auch Tabakfarbiger Schmalbock; *Alosterna tabacicolor*) trägt am Vorderende zahllose dichte Reihen von Haifischzähnen gleichenden, nach hinten zeigenden Dornen. Und der schwarz-weiße südostasiatische *Chlorophorus sumatrensis* kann aus seiner Peniskapsel eine grässliche raspelartige Röhre ausfahren, die rundherum von massiven messerscharfen Zähnen starrt. »Das is'n Ding, was?«, sagt Schmitt.[20]

Dornen auf dem Penis haben natürlich nicht bloß die Bock-, sondern auch viele andere Käfer, ebenso die Tau-, Schmeiß- und Köcherfliegen sowie einige größere Tiere – wir sind in diesem Buch schon bei den Rüsselspringern, bei Nagern und Enten auf dornenbewehrte Penisse gestoßen. Dann sind da noch die Schlangenböcke der Überfamilie Nattern- und Viperartige (*Colubroidea*), stolze Besitzer zweier Penisse, jeder ein faszinierend schönes Bukett von roten und dunkelvioletten gerillten, gezahnten Stacheln, ähnlich einem Bündel mittelalterlicher Hellebarden. Die Eisgraue Fledermaus (*Lasiurus cinereus*) protzt mit Nadeln auf der Eichel, die länger sind als die Eichel selbst. Und schließlich sind da noch die rätselhaften, im Englischen treffend als »caltrop cornuti« (»Krähenfuß-Cornuti«) bezeichneten Stacheln auf dem Penis bestimmter Nachtfalter. Diese sternförmigen, mehrzackigen Dornen oder Stacheln (im biologisch-terminologischen Latein: *Cornuti*) ähneln in der Form den »Krähenfüßen«, die schon seit Jahrhunderten im Kriegsgeschehen auf Straßen und im Gelände ausgestreut werden, damit sie gegnerische Einheiten im Vormarsch aufhalten; sie lösen sich während der Paarung vom Penis und verbleiben in den Genitalien des Falterweibchens.[21]

Niemand kann sagen, welch finsteren Zwecken Krähenfuß-

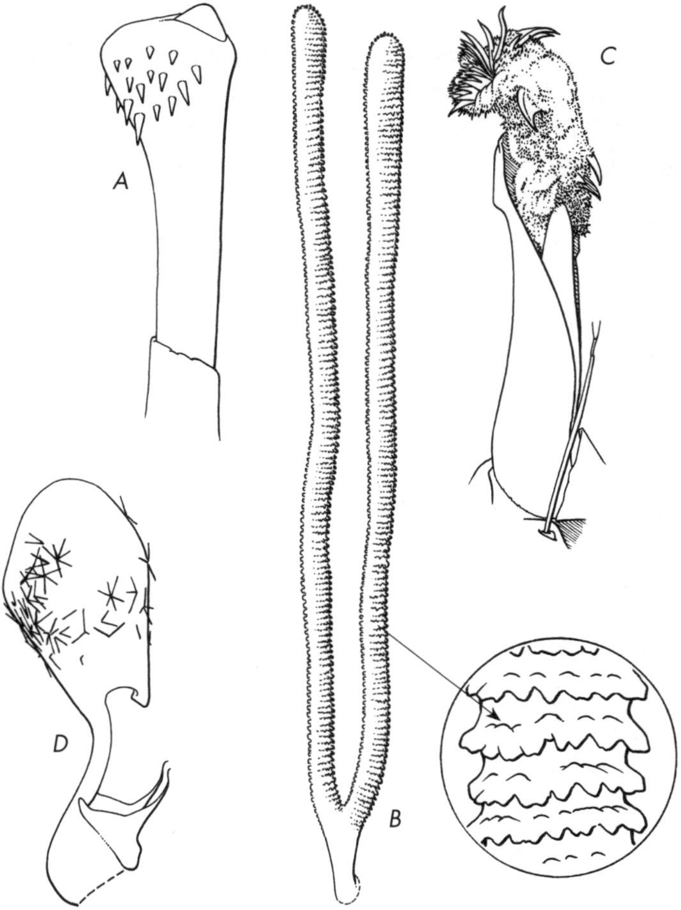

Au! Stachlige Penisse gibt es im ganzen Tierreich, einschließlich der Buschbabys (A) und Königskobras (B), aber auch bei Käfern (C) und Motten (D) mit ihren Krähenfuß-Cornuti.

Cornuti dienen, aber wozu die gewöhnlicheren Stacheln da sind, das kann uns der schwedische Forscher Göran Arnqvist von der Universität Uppsala begreiflich machen.

Arnqvists Bekanntschaft machte ich in einem kleinen, überfüllten Seminarraum der Universität Groningen, wo wir beide an einer wissenschaftlichen Konferenz zum Thema sexuelle Selektion teilnahmen. Arnqvist – schlank, freundlich, scharf geschnittenes Gesicht, das Kinn mit einem minimalistischen Bärtchen und das linke Ohr mit einem Ring geziert – zeigt mir ein Foto von einem toilettenbürstenartigen Samenkäferpenis und vertraut mir an: »Das Ding sieht gefährlich aus, und das ist es auch, aber es ist ein faszinierendes Gebilde!« Nachdem er sich als Forscher anfangs mit Wasserläufern, Schwarzkäfern der Gattungen *Tribolium* und *Tenebrio* und zwischendurch mit der Bettwanze und der ein und anderen Vogelart beschäftigt hat, verwendet Arnqvist seit 2002 einen großen Teil seiner Zeit auf die Erforschung der Genitalien des Samenkäfers *Callosobruchus maculatus*. Nicht, dass diese Spezies anderen Käferarten mit stacheligem Penis irgendwas voraushätte. Samenkäfer eignen sich lediglich besonders gut für die Laborhaltung. Man muss ihnen nur regelmäßig Petrischalen voll getrockneter Mungbohnen vorsetzen, dann vermehren sie sich wie die Kaninchen.[22]

Im Jahr 2000, also noch bevor Arnqvist sich dem *Callosobruchus* zuwandte, hatte bereits Helen Crudgington, eine Schülerin von Michael Siva-Jothy, in dem Journal ›Nature‹ einen Artikel über die Samenkäfergenitalien veröffentlicht. Sie hatte kopulierende Pärchen mit Flüssigstickstoff übergossen und anschließend die in actu erstarrten Genitalien seziert, um hinter den realen Sinn und Zweck der Stacheln zu kommen.[23] Wie sich zeigte, lag der mit Sicherheit nicht in harmlosem Kitzeln: Die Stacheln durchlöchern die Vaginalwand und hinterlassen nach mehreren Paarungen eine Menge winziger Narben. Da überrascht es nicht, dass Weibchen Männchen, die diese Folterinstrumente zu lange in ihnen belassen, wegzutreten suchen. Nachdem Crudgington die hinteren Beine eines Weibchens mit einem Tropfen Leim bewegungsunfähig gemacht hatte, sodass das Weibchen nicht mehr treten konnte, dauerte die Kopulation doppelt so lange wie bei uneingeschränkt agierenden Weibchen und führte zu doppelt so vielen vaginalen Verwundungen.

Crudgington und Siva-Jothy legten zwei mögliche Erklärungen dafür vor, wie es zur Evolution dieser perforierenden Penisborsten hatte kommen können. Vielleicht, so sagen sie, wird das Weibchen durch die Wunden so richtig auf die Zinne gebracht und ist daraufhin hoch motiviert, spätere Freier abzuwehren – was dem Männchen, das den Schaden angerichtet hat, hochwillkommen sein muss. Die interessante zweite Hypothese lautet, dass die Löcher in der Vaginalwand etwaigen im Sperma enthaltenen manipulativen Substanzen den direkten Weg in die Hämolymphe des Weibchens öffnen.

Da sie nichts in der Hand hatten, was ihnen die Entscheidung zwischen den beiden Möglichkeiten erlaubt hätte, ließen Crudgington und Siva-Jothy die Sache in der Schwebe – wo sie blieb, bis etliche Jahre später Arnqvist sich des Problems annahm. Gemeinsam mit seinen Kollegen Ted Morrow und Scott Pitnick führte er mit mehreren Insektenarten, darunter auch Samenkäfer, eine Versuchsreihe durch, zu der es gehörte, den Weibchen einen »subletalen postkoitalen Schaden« zuzumuten – ein Euphemismus für Tierquälerei, im Namen der Wissenschaft begangen an Insekten. Und so ging das: Sobald das Männchen sich nach beendeter Kopulation zurückgezogen hatte, brachten die Forscher dem Weibchen Verletzungen bei, indem sie ihm die Spitze einer sehr feinen Nadel durch den Brustpanzer und die Deckflügel bohrten. Dann warteten sie ab, ob das Weibchen sich nach der Devise »Gebranntes Kind scheut das Feuer« verhalten und gegenüber möglichen weiteren sexuellen Kontakten Zurückhaltung an den Tag legen werde. Das tat es nicht – bei den Arten mit Stacheln am Penis nicht und nicht bei den stachellosen. Wenn überhaupt eine Verhaltensänderung zu erkennen war, dann allenfalls die, dass das Weibchen sich noch schneller paarungsbereit zeigte, als es dies unverletzt getan hätte.[24]

Nachdem die eine Hypothese begraben war, nahmen Arnqvist und sein Team die zweite ins Visier: dass die Stacheln Samenplasmakomponenten den Übertritt in die Hämolymphe des

Weibchens erleichtern. Über die nächsten Jahre führte man (und speziell die graduierende Studentin Cosima Hotzy) eine Reihe komplizierter Versuche durch, die den Beweis dafür erbrachten, dass die Funktion der Penisstacheln – wie die der zersetzenden Substanzen im Stubenfliegensamen – darin besteht, die dicke Vaginalwand zu perforieren und so einen Durchlass für den Samen des Käfermännchens zu schaffen. Das fand man mit einer Vorgehensweise erstaunlichen Zuschnitts heraus. Zunächst fütterte man den Männchen eine radioaktive Kost, sodass sie radioaktiven Samen ejakulierten und die Experimentatoren nach der Paarung mit nichtradioaktiven Weibchen verfolgen konnten, wie die Radioaktivität aus der Vagina in die Hämolymphe der einzelnen Weibchen sickerte. So weit, so gut. Sodann war jedoch der Nachweis zu führen, dass die Stacheln für diesen Übertritt verantwortlich waren. Man nahm dieserhalb Verbindung mit Michal Polak und seiner Laserkanone auf.

Dr. Polaks Hauptquartier an der University of Cincinnaty beherbergt einen äußerst präzisen Mikrolaser – er ist der einzige seiner Art auf der ganzen Welt.[25] »Eine großartige Anlage«, meint Arnqvist. Wie ein Dr. Evil der Entomologie kann Polak seinen Laserstrahl auf ein Insekt richten, das, längelang ausgestreckt in einem Miniatur-OP fixiert, wehrlos unterm Mikroskop liegt. Der Laserstrahl ist so dünn und kann mit solcher Präzision dirigiert werden, dass Polaks Maschine einzelne Haare wegschießen kann – und, ja, auch einzelne Penisstacheln. »Pfrrt! Tsiiiiiiuh!«, entfährt es Arnqvist, eine unheimliche Nachahmung des Laserstrahls. »Es ist phänomenal! Absolut phänomenal!« Er kann noch immer nicht an sich halten, wenn er daran zurückdenkt, wie seine Studentin Stück um Stück 0,05 Millimeter lange Stacheln von dem ausgefahrenen Penis eines anästhetisierten drei Millimeter langen Samenkäfers entfernte.[26]

Nachdem es so eine ganze Kohorte von Samenkäfermännchen einem mikrochirurgischen Eingriff unterzogen hatte, konnte das Forscherteam beweisen, dass Käfermännchen, denen dreißig Stacheln vom Penis entfernt worden waren, genauso lange kopulierten und das gleiche Quantum Samen ejakulierten wie Männchen, denen nur zehn Stacheln fehlten, dass sie aber der Vagina weniger Wunden beibrachten und ein viel geringerer Anteil ihres Samens es durch die Vaginalwand in die Hämolymphe schaffte. Schließlich konnte man auch eine zahlenmäßige Auswirkung dieses Sachverhalts auf die von den Männchen gezeugte Nachkommenschaft nachweisen: Je mehr Stacheln dem Männchen verblieben waren, desto höher sein Befruchtungserfolg.[27] Für den Fall, dass diese Resultate noch nicht überzeugend genug wirkten, wiederholte das Team die gesamte vergleichende Versuchsreihe mit Paarungen, bei denen die Männchen von Natur aus lange oder kurze Penisstacheln hatten. Und wieder schnitten die langstacheligen Männchen im Fach Kinderzeugen besser ab.

Was das zu besagen hat, ist klar: Stachelpenisse haben sich bei den Samenkäfern wahrscheinlich deswegen evolutionär entwickelt, weil sie es den Männchen erleichtern, die in ihrem Samen enthaltenen Proteine direkt in die chemische Maschinerie des Hormonsystems des Weibchens hineinzustreuen und so dessen Neigung zu dämpfen, sich mit weiteren Männchen zu paaren. Das bedeutet jedoch nicht, dass sich alle priapeische Stacheligkeit der Welt auf gleichem Wege herausgebildet hat. Und es erklärt auch nicht, warum der Frühmensch die seine verloren hat.

Der Mensch zählt unter den Primaten zur stachellosen Minderheit. Bei den meisten Menschenaffen-, Affen-, Koboldmaki-, Lemuren-, Galago- und Lorispezies ist die Eichel, bei manchen überdies der ganze Penisschaft mit kleinen Stiften besetzt. Sogar unser nächster Verwandter, der Schimpanse, hat diese Art Oberflächenrauigkeit zwischen den Lenden. Diese Stifte oder Stacheln – nagelspitzenartige Hautauswüchse – sind zwar bei vielen Primaten winzig, können aber manchmal ein recht imposantes Format haben. Bei den Galagos zum Beispiel.[28]

Galagos – oder Buschbabys, wie sie wegen ihrer nachts aus dem Wald tönenden, Säuglingsgeschrei ähnelnden Rufe auch genannt werden – sind in Afrika heimische, nachtaktive koboldartige kleine Primaten mit stark vergrößerten Augen und Ohren. Die Individuen der meisten Arten sind winzig, bringen nur etliche hundert Gramm auf die Waage und verbringen die meiste Zeit ihres Lebens auf den Bäumen des großen Kontinents. Noch vor wenigen Jahrzehnten glaubten Zoologen, es gebe höchstens sieben Arten. Heute zählt man deren vierzig, Tendenz steigend. Und die neu hinzugekommenen Arten hat man nicht auf Expeditionen in entlegene Regionen des Regenwalds entdeckt, sondern als man den bekannten Galagospezies schärfer zwischen die Hinterbeine schaute. Da zeigte sich, dass in den bekannten Arten noch viele unerkannte versteckt waren.

Die männlichen Genitalien der Galagos erwiesen sich für Taxonomen als Goldgrube. Während viele neu entdeckte Buschbabys auf der in Pelztracht gekleideten Außenseite anderen so ziemlich gleichen, verraten die Penisse die Verschiedenheit. Hautkennzeichen, Form und Größe der Eichel, Maße und Form des Penisknochens – das alles sind Merkmale, die Galagospezies unterscheiden helfen. Die Hauptrolle unter den Merkmalen spielen jedoch die Penisstacheln. Die meisten Galagos haben sie, aber bei manchen Arten sind sie klein, messen nur den Bruchteil eines Millimeters, während andere wie der 1997 entdeckte, vom Aussterben bedrohte Rondo-Zwerggalago (*Galagoides rondoensis*) eine Menge fieser, nach hinten zeigender Zähne von bis zu drei Millimetern Länge besitzt. Für einen dünnen, keulenförmigen Penis von kaum zwei Zentimetern Gesamtlänge ist das eine Wucht. Und nicht nur die Größe der Stacheln variiert, sondern auch die Bauform. Alan Dixson, den wir weiter vorn in diesem Kapitel bereits als Typologen der Primatenpaarungspfropfen kennengelernt haben, hat alle möglichen Arten von Galago-Penisstacheln katalogisiert und dabei drei Typen unterschieden: Typ 1 – schmal und kurz, Typ 2 – groß und dicker an der Basis, Typ 3 – mehrspitzig.

Schade, dass wir gegenwärtig noch nicht wissen, ob diese Primaten-Penisstacheln die gleiche Aufgabe erfüllen wie die Stacheln der Samenkäfer. Auf den ersten Blick scheint die Wahrscheinlichkeit gegeben, dass auch sie die Vaginalwand aufreißen und damit Samenplasmaproteinen den Übertritt in die Blutbahn des Weibchens ermöglichen können. Von Nagetierarten mit Stachelpenis ist bekannt, dass die Vagina nach einigen Kopulationen so wund geworden ist, dass das Weibchen sich jedem weiteren Techtelmechtel verweigert.[29]

Alan Dixson kam nahe heran an die Antwort auf die eingangs des vorigen Absatzes gestellte Frage. In dem Journal ›Physiology and Behavior‹ veröffentlichte er 1991 einen Artikel, in dem er seine Versuche mit männlichen Krallenaffen – in Mittel- und Südamerika heimischen, Baumkronen bewohnenden kleinen Primaten – beschrieb, von deren Penis die Stacheln entfernt worden waren.[30] Nicht mit einem Mikrolaser, wie Arnqvist ihn für seine Samenkäfer benutzt hatte, sondern mit simpler Epiliercreme, wie man sie in jedem Beautyshop kaufen kann. Da die Stacheln aus Keratinen – demselben Stoff wie Haare – bestehen, werden sie von dem Enthaarungsmittel mit derselben Zuverlässigkeit beseitigt wie unerwünschte Gesichts- oder sonstige Behaarung. Dixson stellte fest, dass es »entstachelten« Männchen, nachdem sie das Weibchen bestiegen hatten, schwerer als vorher fiel, die Vagina zu finden. Das brachte ihn auf die Vermutung, die Stacheln könnten eine sensorische Funktion haben. Bedauerlicherweise untersuchte er nicht, welche Wirkung sie in der Vagina ausüben, sodass wir immer noch nicht wissen, ob sie auch bei der Spermienkonkurrenz von großer Bedeutung sind.

Übrigens haben Genetiker herausgefunden, dass unsere unmittelbaren Vorfahren vor nicht allzu langer Zeit ebenfalls Stacheln am Penis gehabt haben müssen. Ein Team von Biologen und Bioinformatikern unter der Leitung von David Kingsley[31] von der Stanford University entdeckte beim Vergleichen der Genome von Mäusen, Menschen und Schimpansen, dass in der menschlichen DNA jener große Abschnitt nicht vorhanden ist, welcher den Schalter enthält, der das Gen für Keratinstacheln an Mäuse-

und Schimpansenpenissen steuert. Vermutlich ist dieser DNA-Abschnitt irgendwo auf dem Evolutionsweg von dem letzten gemeinsamen Vorfahren von uns und dem Schimpansen bis zu uns auf der Strecke geblieben.[32] Manche glauben, der Kranz von weichen »perlenförmigen Penispapeln«, der sich bei zwanzig Prozent aller Männer um den Eichelrand schlingt, könnte ein Relikt der Penisstacheln sein, die unsere Vorfahren vielleicht gehabt haben. Kingsley hält das indessen für unwahrscheinlich. Erstens, schreibt er auf seiner Website, fehlt der DNA-Schalter für Stacheln bei allen Männern, ob sie nun Papeln haben oder nicht. Und zweitens sind die Papeln weiche Hautverdickungen und keine harten Stacheln wie bei den anderen Primaten.

Die nach wie vor offene Frage nach der Funktion der Penisstacheln der anderen Primaten zu beantworten wäre ein Verdienst, das noch immer winkt. Vielleicht nimmt eines nicht zu fernen Tages ein wagemutiger Primatologe mit einer Tube rezeptfreiem Haarentferner in der Hand die Herausforderung an – und bringt vielleicht auch heraus, wieso wir Menschen die unsrigen verloren haben.

Damit sind wir am Ende unserer evolutionären Umschau unter den Genitalien von Primaten, Insekten und anderen sogenannten »gonochoristischen« Tieren angelangt (der Begriff Gonochorismus bezeichnet laut ›Meyers Großem Konversations-Lexikon‹ von 1905 »die Geschlechtstrennung bei Pflanzen und Tieren, im Gegensatz zum Hermaphroditismus, dem Vorkommen männlicher und weiblicher Geschlechtswerkzeuge bei demselben Individuum«; »gonochoristische Tiere« bedeutet demnach »Tiere getrennten Geschlechts«). Wir haben gesehen, dass das Aktionsprogramm des männlichen Geschlechtsorgans von sanftem Für-sich-einnehmen bis zu nackter Nötigung reicht, letztere bisweilen unter Mitwirkung perfider Samenanteile. Ähnlich ist der Genitaltrakt des Weibchens keine passive Steckbuchse, sondern eher eine ausgeklügelte Sortieranlage, mit der es unter den

Männchen im Angebot den Besten auswählt, während es gleichzeitig bemüht ist, der Manipulationstechnik seiner Paarungspartner immer einen evolutionären Schritt voraus zu sein.

Aber unsere Geschichte ist noch nicht aus, denn nicht alle Tiere, die Genitalien besitzen und kopulieren, sind Gonochoristen. Bereiten Sie sich auf eine Steigerung vor: Im Schlusskapitel werden wir uns den sexuellen Alleskönnern, den Hermaphroditen zuwenden. Hermaphroditen haben alles, was es braucht, sowohl männlich als auch weiblich zu sein, Samen und Eier zu produzieren, zu befruchten und selbst befruchtet zu werden. Was dürfen wir demnach für die Evolution ihrer Genitalien erwarten? Müssten sie nicht der Inbegriff von Kompromissfähigkeit sein? Nun, das genaue Gegenteil ist der Fall, wie wir sehen werden.

VIII Sexuelle Ambivalenz

Schon seit über zwanzig Minuten umkreisen auf dem Bildschirm zwei in der Paarung begriffene Individuen der Nacktschneckenart *Deroceras praecox* einander und belecken sich gegenseitig träge mit einer Art Zunge. Einige der Teilnehmer an Joris Koenes Seminar zur Weichtieranatomie bekommen schon einen etwas glasigen Blick und schauen gar nicht mehr hin.[1] Das ist nicht der spektakuläre Schneckensex, den man ihnen versprochen hat! Doch dann kündigt Koene gelassen an: »Jetzt kommt's«, und vierzig Augenpaare, unter deren Besitzern manch einer hastig ein Gähnen abbricht, sehen, wie jede der beiden Schnecken mitten aus dem sanften Vorspiel heraus – plötzlich, ohne Vorwarnung und in ganz unschneckenmäßigem Tempo – aus ihrer Genitalöffnung einen riesigen, bläulichen qualligen Balg ausstößt, von dem wiederum ein zierliches, glasiges mehrfingriges Organ vorschnellt.[2] Ein kollektiver Ausruf achtungsvoller Verwunderung aus der Studentenschar: Genau gleichzeitig legen sich die handschuhfingerartigen Anhänge wie von Fischern ausgeworfene Netze jeweils über den Rücken der Partnerin und werden dann – zusammen mit dem qualligen Balg, an dem sie hängen – fast so schnell wieder eingezogen, wie sie erschienen sind, und damit ist die ganze Prozedur vorbei. Nur flüchtig kann man den Besitzerwechsel zweier weißer Massen zu sehen bekommen, alle Einzelteile des Geschlechtsorgans sind sofort wieder säuberlich in der Genitalöffnung hinter der rechten Backe jeder Schnecke verstaut und die beiden trennen sich und kriechen ihrer Wege. »Okay«, sagt Koene. »Wer kann mir sagen, was Sie da gerade gesehen haben?«

Was die Studenten gesehen haben, ist natürlich nur ein winziges Einzelteil der exotischen Welt der Simultan-Hermaphroditen-Genitalien. Wie die meisten terrestrischen Mollusken, viele Plattwürmer und Regenwürmer und zahllose noch obskurere Tiergruppen sind Nacktschnecken männlich und weiblich zugleich.[3] Sie produzieren sowohl Eier als auch Sperma, sie besitzen einen Penis und eine Vagina samt allem, was zum jeweiligen Reproduktionsapparat sonst noch dazugehört, und sie haben beides zugleich im Einsatz, wenn sie sich paaren und einander die Eier befruchten. (Zum Verfahren der Selbstbefruchtung greifen die meisten Hermaphroditen allerdings nur unter zwingenden Umständen – manche Arten stecken ihr Sperma sogar in winzige »Kondome«, um einer Selbstimprägnation vorzubeugen.)[4] Und die wechselseitige Befruchtung – Kopulation in beiden Richtungen – lässt sich mit einer Kamera in spektakuläres Bildmaterial umsetzen, wie es etwa in dem von der deutschen Molluskenforscherin Heike Reise produzierten und von Joris Koene seinen Studenten vorgeführten Video vorliegt. Man sieht: Bildmaterial dieser Art hat allmählich begonnen, über die Trennlinie zwischen Taxonomen und Evolutionsbiologen hinweg von jenen zu diesen zu wandern.

Taxonomen erforschen die Genitalien hermaphroditischer Tiere mit ebensolchem Engagement, wie sie es bei getrenntgeschlechtlichen Tieren an den Tag legen. Die fingerähnlichen Anhänge am Penis von *Deroceras praecox* sind bestens bekannt, denn bereits der polnische Taxonom Andrzej Wiktor verzeichnete sie regelgemäß in seiner Erstbeschreibung der Spezies im Jahr 1966. Die rund hundert Arten der Gattung *Deroceras* sind nach dem äußeren Erscheinungsbild kaum zu unterscheiden; sie sehen aus wie, nun ja, Nacktschnecken: dünn am einen Ende, in der Mitte etwas dicker, und am anderen Ende wieder dünn. Aber in der Penisform unterscheiden sie sich alle sehr. Eigentlich ist »Penis« ein etwas zu simpler Ausdruck zur Bezeichnung dieser intrikaten Gebilde; *Deroceras*-Experten sprechen deshalb lieber vom »Peniskomplex«.

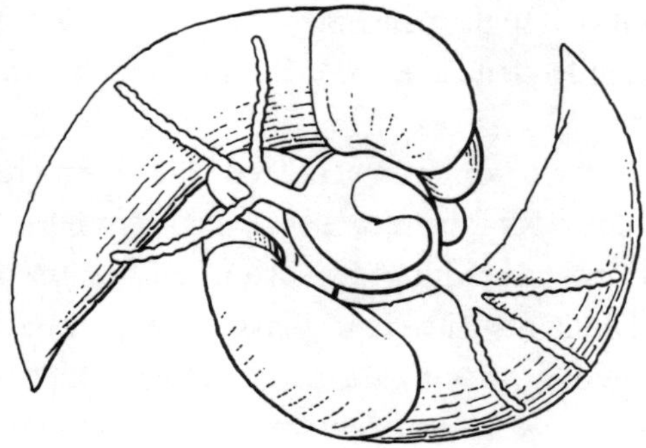

Beiderseitiges Einvernehmen: Die hermaphroditische Schneckenart Deroceras praecox schlingt auf dem Höhepunkt der gegenseitigen Befruchtung ein mehrfingeriges Band um den Rücken des Partners, das wahrscheinlich hormonartige Substanzen enthält, die die Bereitschaft erhöhen, den Samen aufzunehmen.

Zum Peniskomplex gehört an erster Stelle – natürlich – der Penis: Im Ruhezustand eher unscheinbar, kann er sich, wenn erregt wird, explosionsartig bis fast auf die halbe Körperlänge der Schnecke aufblähen. In der Regel ist er kein schlichter Pimmel, sondern ist aufgetakelt mit einer oder mehr Taschen und fingerähnlichen Verlängerungen. Die spielen eine Rolle sowohl bei der Übertragung des eigenen Spermas zu der Spitze vom Penis der Partnerin (mehr über diese Penis-Penis-Kopulation später in diesem Kapitel) als auch bei der Weiterbeförderung des von der Partnerin empfangenen Spermas in die eigene Vagina – es handelt sich um die weißen Massen, die man vorhin am Ende der Kopulation die Plätze hat tauschen gesehen. Von der Penisbasis geht ein zungenähnliches Organ aus, das »Sarcobelum« (der Name setzt sich zusammen aus den griechischen Wörtern für »fleischig« und »Pfeil«; früher gebrauchter deutscher Name: »Reizkörper«); es ist das, womit die Studenten im ersten Teil des Videos die Schnecken beim Liebesspiel vor der Kopulation einander belecken sahen. Am vorderen Ende des Penis sitzt die Penisdrüse. Während des

Vorspiels staut sich in ihr eine hormonale chemische Verbindung, die dann in den letzten Zügen der Kopulation über die Partnerin ausgespritzt wird.[5]

Nacktschneckentaxonomen nutzen die Formen all dieser Einzelelemente – Sarcobelum, Penis, Penistaschen, -säcke und -drüsen zur Unterscheidung der ansonsten identischen *Deroceras*-Spezies. Die Penisdrüse zum Beispiel kann einfach oder verzweigt, klein oder groß sein und die Finger glatt oder gerippt. Und das Sarcobelum ist noch wandelbarer, angefangen bei der kurzen, gedrungenen Ausführung bei der weitverbreiteten Art *D. laeve* bis hin zu ausladenden Gebilden wie dem der mitteleuropäischen *D. rodnae*, das stark einer menschlichen Zunge ähnelt und mit dem die Schnecken einander den ganzen Körper ablecken.

Und was sagen uns all diese Dinge nun? Zuallererst, dass die *Deroceras*-Kopulation eine sonderbar komplexe Veranstaltung ist für ein Tier, das auf den ersten Blick eher 08/15-mäßig anmutet. Warum das lange Vorspiel mit dem Belecken? Warum eine Zunge am Penis tragen? Warum die explosionsartige Erektion, aber dann keine Penetration? Warum Spermaaustausch außerhalb des Körpers? Was ist in der Substanz enthalten, die das mehrfingrige Organ auf die Haut der Partnerin absondert? Und zweitens evolviert der *Deroceras*-Peniskomplex anscheinend wie ein geölter Blitz: Er ist das einzige Organ, in dem sich eine große Zahl eng verwandter Arten eklatant unterscheidet. Und das gilt nicht allein für die Gattung *Deroceras*. Ob Nacktschnecken, Schnecken mit Schale, Regenwürmer oder Plattwürmer – bei praktisch allen simultanen Hermaphroditen sind barock überladene Penisformen und andere genitale Ausschweifung die Regel. Nach sieben Kapiteln, die alle von genitaler Extravaganz handeln, kann das kaum überraschen. Gleiches haben wir auch bei vielen anderen Arten von Gonochoristen gesehen (das sind die getrenntgeschlechtlichen Tiere, wie Sie sich sicher erinnern).

Trotzdem war es nicht unbedingt zu erwarten, solch wuchernden genitalen Aufwand auch bei simultanen Hermaphroditen anzutreffen. Obschon Darwin in ›Die Abstammung des Menschen und die geschlechtliche Zuchtwahl‹ seinen Zeitgenossen Louis Agassiz mit den Worten zitierte: »Wer je Gelegenheit hatte, die Liebesspiele der Schnecken zu beobachten, kann die Verführungskraft der Bewegungs- und Betragensweise, welche der beiderseitigen Umarmung dieser Hermaphroditen vorausgeht und sie begleitet, nicht in Zweifel ziehen«, ging er davon aus, dass Hermaphroditen gegen ungebremste sexuelle Selektion gefeit seien. Denn weil hier beide Geschlechter in ein und demselben Körper gefangen waren, musste in der sexuellen Evolution dieser Tiere eine Politik der Kompromissfindung Ausdruck finden, aber keine Radikalpolitik. Und außerdem hielt Darwin diese Schnecken für zu dämlich, als dass sie einen Unterschied zwischen diesem oder jenem Paarungspartner wahrnehmen könnten: »Scheinen sie doch nicht mit hinreichenden geistigen Kräften ausgerüstet zu sein, um den Individuen eines und desselben Geschlechts einen Kampf der Nebenbuhlerei zu gestatten und sie dadurch sekundäre Sexualcharaktere erlangen zu lassen«, schrieb er. Bis in die 1970er-Jahre hinein blieb es allgemein geteilte Auffassung, dass sexuelle Selektion in der Hermaphroditenwelt eine lahme Angelegenheit sei.

Doch Joris Koene, Assistenzprofessor an der Fakultät für Erd- und Lebenswissenschaften der Freien Universität Amsterdam und Experte für Hermaphroditensex, hat miterlebt, dass die Evolutionsbiologie in diesem Punkt eine 180-Grad-Wendung vollzog, wie er mir erzählt, während er die Süßwasserschnecken im Keller seines Labors füttert.[6] »Mit der Zeit ist uns klar geworden, dass Hermaphroditen sich genau wie Gonochoristen nach dem Bateman-Prinzip verhalten und miteinander darum konkurrieren, die begrenzte Menge Eier zu befruchten, um die es jeweils geht«, sagt er und bleibt an einem blubbernden Aquarium stehen, in dem um die zwanzig hermaphroditische Schlammschnecken herumkriechen.[7] Während er den Deckel vom Aquarium abnimmt und anschließend ein paar Salatblätter hineinfallen lässt, erläutert er:

»Von diesen Schnecken trägt jede um die hundert Eier. Sagen wir also, in diesem Becken warten 2000 Eier auf Befruchtung. Wenn alle sich mit allen paaren, empfängt jede Schnecke Sperma von allen 19 Artgenossinnen. Folglich wird jede Methode, mit der eine Schnecke ihre Chancen für Befruchtungserfolg erhöht, evolutionär selektiert.«

Mit anderen Worten, wenn eine Schnecke es versteht, Artgenossinnen dazu zu bringen, dass sie einen überdurchschnittlich hohen Anteil ihrer Eier mit dem Sperma dieser bestimmten Schnecke befruchten, wird diese wie bei Gonochoristen den Anteil ihrer Gene in der nächsten Generation steigern. Eine Anzahl Generationen weiter werden die meisten Schnecken Nachkommen dieses erfolgreichen Schneckenweibchens/-männchens sein und deren/dessen höchst gewinnendes oder manipulatives Können samt dazugehörigem anatomischen Instrumentenbesteck geerbt haben.[8]

Halten wir uns allerdings an Darwins Argumentation, dürfen wir von Hermaphroditen eine allenfalls schwach ausgeprägte Veranlagung zu einer solchen Evolution erwarten, oder? Wo sie doch in puncto Sexualität ja wohl eher Generalisten als Spezialisten sind? Falsch. »Als Darwin das schrieb«, erklärt Koene, »dachte er an so Sachen wie farbige Anmutung und Ornamente. Die gibt es bei Hermaphroditen tatsächlich nicht oft.« Offenbar wird das aber mehr als aufgewogen durch die Evolution besonders fieser Genitalien. Wir sind ja schon bei den Gonochoristen auf ein ordentliches Quantum an traumatischer Insemination und gefährlichen Genitalien gestoßen. Diese Fälle werden jedoch in den Schatten gestellt von dem, was wir im Reich der Hermaphroditen als ein Stück Normalität ansehen müssen.

Dass sich die hermaphroditische Genitalevolution ins Exzessive verstiegen hat, hat laut Koene mehrere Gründe. Man mache sich klar: Damit etwa das Insektenmännchen das Reproduktionssystem des Weibchens manipulieren kann, muss zuvor die Evolution Substanzen »erfunden« haben, die sich an Schlüsselstellen in die weibliche Physiologie einklinken. Denn beim männlichen Insekt sind die Gene, die echte weibliche Hormone produzieren könnten, größtenteils abgeschaltet. Bei Hermaphroditenarten hingegen sind bei allen Individuen immer zwei Systeme, das der männlichen *und* das der weiblichen Funktionen, vollständig in Betrieb. Eine hermaphroditische Schnecke könnte also einfach auf eines ihrer weiblichen Hormone zurückgreifen und ihre Partnerin mit einer gewissen Dosis davon bespritzen. Gelingt es ihr, die Hormone so ordentlich zu verpacken, dass sie nicht störend auf ihr eigenes weibliches System einwirken, steht diesem sehr viel effizienteren Manipulationsverfahren nichts mehr im Wege.

Genitalien und Sexualverhalten von Hermaphroditen unterscheiden sich auch deswegen um einiges von dem, was wir in dieser Beziehung von Gonochoristen gewohnt sind, weil jene weniger Anlass haben, sich des Kopulierens zu enthalten. Während ein gonochoristisches Weibchen sich nur dann zur Paarung bereitfindet, wenn ihr dabei ein Gewinn winkt – wobei Gewinn gewöhnlich so viel bedeutet wie bessere Väter für seinen Nachwuchs –, hat ein Hermaphrodit immer zwei Wahlmöglichkeiten abzuwägen: So kann es sein, dass er zwar nicht noch weiteres Sperma für seine Eier benötigt, aber durchaus daran interessiert ist, mehr von seinem eigenen Sperma in den Genpool einzubringen. Begegnen sich zwei solcher »gespaltenen Persönlichkeiten«, ergibt sich eine Situation, in der, anders als bei der Männchen-Weibchen-Begegnung zwischen Gonochoristen, hinsichtlich des anstehenden Reproduktionsverhaltens nicht nur zwei Entscheidungen zu treffen, zwei Rollen zu spielen sind, sondern beide Male deren vier. Das bedeutet, dass im Angesicht des verästelten Gewirrs sexueller Möglichkeiten, die sich einem umherziehenden Hermaphroditen auftun, sich in dessen Gehirn ein biochemisches »Ja!« viel häufiger ausformt, als dies bei Gonochoristen der Fall ist. So hat, vielleicht paradoxerweise, der Wegfall der Geschlechtertrennung die Pforte zu einem sexgeladeneren, promiskuitiveren Universum aufgestoßen, in dem die Evolution in höherem – und nicht etwa vermindertem – Umfang Gelegenheit zum Experimentieren hat.

Und experimentieren taten und tun die Hermaphroditen eifrig. Im Verlauf der vergangenen, geschätzt, 15 Jahre ging den Evolutionsbiologen auf, dass Hermaphroditen in einer Welt leben, in der bizarre und nicht selten grausame Paarungsrituale unter Mitwirkung besonders ausgefallener Geschlechtsorgane die Regel sind. Nehmen wir zum Beispiel das Penisfechten der Rennstreifen-Strudelwürmer (*Pseudoceros bifurcus*).[9] Mit ihrem paarigen dolchartigen Penis praktiziert diese Meeresplattwurmart eine überfallartige traumatische Befruchtung: Treffen zwei potenzielle Paarungspartner aufeinander, möchte jeder lieber den anderen inseminieren – das heißt, ihm den eigenen Penis in den Leib stoßen, damit das Ejakulat sich dort im Körpergewebe verbreiten und schließlich die Eier befruchten kann –, als von ihm befruchtet zu werden. Also richten sie sich auf und liefern sich ein Duell mit Zustechen und Parieren, bis es einem gelingt, den entscheidenden Stich anzubringen. Ein noch besseres Beispiel ist der »Liebespfeil« oder »Kalkpfeil« der Landschnecken. Viele Schnecken »schießen« ihn beim Paarungsvorspiel aus einem speziellen Organ nahe der Penisbasis aus kurzer Distanz in den Fuß der Partnerin.[10] Dies war bis in die zweite Hälfte der 1990er-Jahre ein Rätsel. Lange Zeit hielt man ihn für ein Mittel der Sympathiewerbung – ein Brautgeschenk in Gestalt einer gebrauchsfertigen Portion Kalk, die bei der kryptischen »Weibchenwahl« positiv ins Gewicht fallen sollte. Aber der wahre Sachverhalt ist weniger friedsam, wie wir im nächsten Abschnitt sehen werden.

Innere Zwietracht

Seit Aristoteles' Zeiten haben sich Naturforscher über Schneckensex und den damit verbundenen Einsatz von Liebespfeilen gewundert; eine der schönsten Schilderungen lieferte der britische

Zoologe Thomas Rymer Jones in der ersten Hälfte des 19. Jahrhunderts in seinem Werk ›A General Outline of the Organisation of the Animal Kingdom‹ (Die Ordnung des Tierreichs im Grundriss) nieder: »Nach dem Austausch von allerlei Liebkosungen zwischen den Parteien, während dessen diese eine ihnen zu anderer Zeit ganz fremde Lebhaftigkeit an den Tag legen, bringt eine der Schnecken aus der rechten Halsseite einen scharfen dolchartigen Spieß oder Pfeil zum Vorschein. Nachdem sie diese eigenartige Waffe gezückt hat, ist sie bestrebt, sie, wenn möglich, in einen ungeschützen Körperteil ihrer Buhle zu stoßen, welche ihrerseits unter Aufbietung größter Vorsicht dem Stoß zu entgehen sucht, indem sie sich schleunigst in ihr Haus zurückzieht. Hat sie aber nach einiger Zeit doch noch die zur Liebe anregende Wunde empfangen, rüstet sich die geschlagene Schnecke zum Gegenschlag und setzt nun ihrerseits alles daran, um die Angreiferin gleicherweise zu stechen.«[11] Des Weiteren beschreibt Jones die anschließenden »wirksameren Annäherungsschritte« (Peniserektion und beiderseitige Insemination), beschließt dann aber seine Schilderung mit einem Satz, der in trockenen Worten die Verwunderung eines Naturforschers zusammenfasst, der glaubte, schon alles gesehen zu haben: »So absonderlich gestalten sich also die Amouren von Schnecken.«

Ganz recht, absonderlich. Die nicht nur in Frankreich als Vorspeise geschätzten Gefleckten Weinbergschnecken (*Cornu aspersum*) schießen einander bei der Paarung eine lose, knapp einen Zentimeter lange Kalknadel in die Flanke. (Jedenfalls ist die Nadel dahin gezielt; manchmal verfehlt sie das Ziel und landet auf dem Boden oder – was schlimmer ist – bohrt sich in den Kopf der Partnerin.)[12] Wenn Sie nächstes Mal Schnecken essen, wissen Sie, was das ist, was da zwischen Ihren Zähnen knirscht. Aber Liebespfeile sind kein Alleinstellungsmerkmal dieser Art von essbaren Schnecken, wenn sie auch wahrscheinlich die Spezies ist, an der Jones seine Beobachtung gemacht hat. In ähnlicher Form sind viele Landschneckenfamilien und auch Meeresschnecken und Regenwürmer bewaffnet. Alle Schnirkelschnecken (*Helicidae* – die Familie, der auch die Gefleckten Weinbergschnecken angehören) in Europa sind mit Liebespfeilen ausgerüstet, ebenso die Familien *Camaenidae* und *Ariophantidae* in Südostasien sowie die farbenfrohe Gattung der *Polymita* auf Kuba.

Und obgleich die Liebespfeile alle aus derselben Art »Pfeilsack«, einem muskulären Organ nahe der Penisbasis, verschossen werden, unterscheiden sie sich doch von Spezies zu Spezies enorm. Bei der südosteuropäischen Südöstlichen Laubschnecke (*Monachoides vicinus*) gleicht er bis hin zu Spitze, Schaft und »Befiederung« – paariger Wulstung – aufs Haar dem Pfeil eines mittelalterlichen Bogenschützen. Bei der Art *Everettia corrugata* auf dem Mount Kinabalu im malaysischen Nordteil der Insel Borneo sind die Liebespfeile hohl und weisen seitlich eine Reihe von Löchern auf, und bei den italienischen Schnirkelschnecken der Gattung *Marmorana* sehen sie – wie passend! – den Kurzschwertern altrömischer Legionäre täuschend ähnlich.

Nicht nur sehen die Pfeile verschieden aus, sie werden auch auf unterschiedliche Weise eingesetzt. Während die Gefleckte Weinbergschnecke einen einzelnen Pfeil mit sich herumträgt und, nachdem sie diesen verschossen hat, einen neuen ausbildet, hat die ostafrikanische Landschnecke *Trichotoxon heydemanni* zwei Pfeilpaare bei sich, die sie gleichzeitig einsetzt. Bei der japanischen »Samuraischnecken«-Art *Euhadra subnimbosa* rammen die Partnerinnen während eines einstündigen Paarungsrituals ihre Pfeile einander schier unfassliche 3300 Mal in den Leib. Manche Schneckenarten schießen immer einen Pfeil ab, andere tun es nur bei bestimmten Partnerinnen. Manche schießen, bevor sie einander mit den Penissen penetrieren, andere während des Akts, wieder andere danach. Bei einer solchen, die gesamte Welt der Schnecken mit und ohne Haus umspannenden Vielfalt der Pfeil- und Pfeilnutzungsformen muss die Sache irgendeinen gewichtigen Vorteil bergen, denn hoch entwickelte Organe und Verhaltensweisen, die keinen Nutzen bringen, werden von der Evolution gnadenlos abgeschafft.

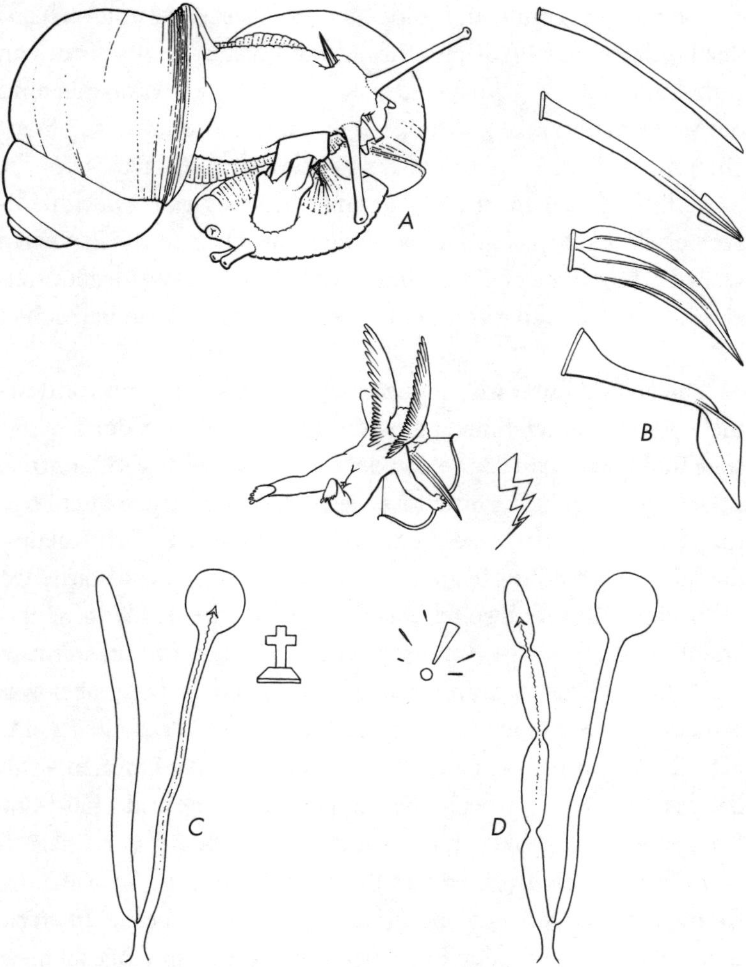

Amors Pfeile: Viele Landschnecken beschießen einander bei der Kopulation mit »Liebespfeilen« (A). Die Pfeile haben bei unterschiedlichen Arten unterschiedliche Formen (B). Ohne den Beschuss gelangt fast alles Sperma in die magenartige »Bursa copulatrix« der Partnerin (C). Der Pfeil ist bedeckt mit einer hormonartigen Substanz, die dafür sorgt, dass der Zugang zu diesem Beutel sich verschließt und das Sperma im »sicheren« Eisamenleiter landet (D).

Jahrelang vermuteten Biologen, dieser Vorteil könnte sich aus der Funktion des Pfeils als eines »Brautgeschenks« in Form von Kalzium ergeben. Schnecken bauen die Schalen ihrer Eier und die Schalen, die sie bewohnen, aus Kalziumkarbonat, das in manchen Aufenthaltsgebieten schwer zu bekommen ist. Die Schnecke nun, die das Paarungsritual mit einer großzügigen, zweckmäßigerweise subkutan abgegebenen Kalziumspende an die Partnerin würzt, ermöglicht es dieser vielleicht, mehr Eier abzulegen, welche sie zuvor dankbar mit dem Sperma der Spenderin befruchtet hat.

Die Hypothese war so einleuchtend, dass sie sich, obwohl niemals geprüft, jahrzehntelang halten konnte, bis sich der kanadische Biologe Ronald Chase von der McGill University in Montreal in den 1990er-Jahren entschloss, sie einer ordnungsgemäßen Prüfung zu unterziehen. Zu diesem Zweck engagierte er Joris Koene – damals noch ein junger graduierender Student – als Mitarbeiter. »Wir hatten unsere Zweifel, was die Brautgeschenk-Idee anging«, erläutert Koene. »Ein Brautgeschenk hat einen Zweck, wenn es von einem Männchen an ein Weibchen gegeben wird, aber was soll der bei simultanen Hermaphroditen sein? Ich schenk dir eine Schachtel Pralinen, du schenkst mir eine Schachtel Pralinen – was hat das für einen Sinn?« Gemeinsam legten Koene und Chase eine Laborkolonie von Gefleckten Weinbergschnecken an und begannen dann (a) die im Liebespfeil enthaltene Menge an Kalzium, (b) die vom »Opfer« aufgenommene Menge an Liebespfeilmaterie und (c) die von reifenden Eiern benötigte Kalziummenge zu messen. Die Ergebnisse, so berichteten sie 1998 im ›Journal of Molluscan Studies‹, entsprachen einfach nicht dem, was die Hypothese verlangte: Nur eine von zwanzig Schnecken nahm den Pfeil in ihren Körper auf, die anderen stießen ihn früher oder später wieder ab. Und damit nicht genug: Ein einzelner Pfeil enthielt kaum genug Kalzium, um auch nur den Baustoff für die Schale eines einzigen Eis liefern zu können. Das versetzte der Brautgeschenk-Hypothese den Todesstoß.

Noch im selben Jahr stellten Koene und Chase dann im ›Journal of Experimental Biology‹ – zunächst noch als neue Hypothese – sexuelle Manipulation als den wahren evolutionären Grund für das Verschießen von Liebespfeilen vor. Ihnen war aufgefallen, dass der Pfeil beim Abschießen mit einem zähen Schleim bedeckt ist, der von nahe bei der Vagina sitzenden Drüsen produziert wird. Daraufhin entfernten die Forscher aus einem Schneckenkörper operativ die weiblichen Reproduktionsorgane, hielten sie in einer Petrischale am Leben und behandelten sie mit dem Schleim. Sofort begannen peristaltische Bewegungen die schlauchartigen Organe zu durchlaufen.

Um zu verstehen, was das bedeutet, müssen wir uns klarmachen, was beim Hermaphroditensex in den männlichen und was in den weiblichen Organen vor sich geht. Zu Beginn der Kopulation wird im männlichen Genitaltrakt eine größere Menge Spermien zu einem Paket, der »Spermatophore«, zusammengepackt. Das Paket gelangt dann auf dem Weg durch den Penis in das sogenannte Divertikel (einen blinden Seitenarm) im weiblichen Genitaltrakt des Partners. Von dort wird die Spermatophore in ein anderes Organ transferiert, die »Bursa copulatrix«, eine Art Magen, dessen Geschäft darin besteht, die Spermatophore mit ihren Spermien und allem Drumherum ratzeputz zu verdauen. Wie kommen denn nun Schneckeneier zur Befruchtung, wenn die ganzen Spermien auf dem Weg zu ihnen draufgehen? Nun, irgendwann zwischen der Ablagerung im Divertikel und dem Transfer in ihr Verhängnis, die Bursa copulatrix, stiehlt sich eine Anzahl Samenzellen (in der Regel nur etliche Hundert der über eine Million im Innern der Spermatophore) sachte aus dem Pimmel der Spermatophore davon und wandert den Eileiter hinauf zu den Eiern. Je mehr Spermien entwischen, desto mehr Eier werden befruchtet. Und hier kommt der Liebespfeil ins Spiel: Der Schleim, mit dem der Pfeil überzogen ist, enthält eine hormonähnliche Komponente, die, der Partnerschnecke von dem Pfeil tief unter die Haut transferiert, die bereits erwähnte peristaltische Wellenbewegung des Divertikels auslöst. Sie hilft mit, mehr Spermien aus der Spermatophore zu pressen und so die Chancen für Vaterschaftserfolg des Pfeilschützen zu erhöhen.

Dass diese Chancen sich tatsächlich verbessern, wurde einige Jahre später von Chase und seiner Schülerin Katrina Blanchard mit einem wunderbar einfachen, in den ›Proceedings of the Royal Society B‹ veröffentlichten Experiment bewiesen. Es war ihnen gelungen, Schnecken einem mikrochirurgischen Eingriff zu unterziehen – das heißt, dass man die Schnecken anästhetisierte, sie aufschnitt, den Pfeilsack entfernte, die Patientinnen wieder zunähte und sich erholen ließ. Diese des Pfeils beraubten Schnecken ließ man sich mit anderen Schnecken paaren. Dabei injizierte man einem Teil der Partnerinnen einen Schleimextrakt, den übrigen eine harmlose Salzlösung: Die Salzlösung zeitigte keinerlei Wirkung, der Schleimextrakt indessen steigerte die Summe des von einer pfeillosen Schnecke gezeugten Nachwuchses auf das Doppelte dessen, was sie in der anstelle von Schleimextrakt mit Salzlösung behandelten Kontrollgruppe betrug.

Es ist nicht undenkbar, sagt Koene, dass, was immer die Nacktschnecken der Gattung *Deroceras* nach dem Paarungsakt auf der Haut ihrer Partnerin hinterlassen, eine ähnliche Funktion hat wie die hormonale Substanz, die den Liebespfeil umkleidet. Doch was ist der Sinn dieser Vielgestaltigkeit der Partien des Genitalapparats, die bei der chemischen Manipulation der Partnerin mitwirken? Die größten Unterschiede zwischen den *Deroceras*-Arten finden sich im Sarcobelum, und wir haben gesehen, dass der Weichtier-Liebesgott ebenso Tausende von Schneckenspezies mit unterschiedlichsten Liebespfeilen versehen hat: lange, kurze, dicke, dünne, gebogene, gerade, glatt runde und runde mit paariger Wulstung. Nochmals also: Warum diese Vielfältigkeit? Müssten wir nicht erwarten können, dass die Evolution aller Arten letztlich in dem Organ zusammenläuft, das am besten funktioniert? Nun ja, das müssten wir – wenn simultane Hermaphroditen in puncto Sex nicht so gnadenlos schizophren wären.

Der männliche Zweig des Geschlechtsapparats von Nackt- und Gehäuseschnecken – das gesamte Instrumentarium für das Verpacken und Zustellen der Spermien sowie für den chemischen Cocktail und dessen Injektion in die Partnerin zwecks Erhöhung der Erfolgschancen der Spermien – hat durch Generationen überspannendes erfolgreiches Agierens in der Mannesrolle seine Optimierung erfahren. Gleichzeitig jedoch sind die weiblichen Genitalien – der Zweig des Geschlechtsapparats, der die angelieferten Spermatophoren aufnimmt und weiterverarbeitet – auf das Ziel hin evolviert, weiblichen Interessen zu dienen.[13] Um ein gesundes Eiergelege zu erhalten, mag es das Beste sein, jeweils nur eine kleine Anzahl Eier mit dem Sperma von einzelnen Paarungspartnerinnen zu befruchten. Den größten Teil der von der jeweiligen Partnerin erhaltenen Spermatophore zu verdauen könnte ein Weg sein, auf dem man dieses Ziel erreicht.

Das evolutionäre Resultat dieses Interessenkonflikts ist kein Stillstehen und Verharren in irgendeinem Status quo.[14] Es ist ein niemals endender Tanz derselben Art, wie wir ihn von dem wechselseitigen Austricksen her kennen, das die männlichen und die weiblichen Genitalien miteinander veranstalten. Aber in diesem Fall sind nicht zwei Wesen getrennten Geschlechts, sondern die separaten Genitalpartien eines einzelnen hermaphroditischen Wesens darin befangen. Auf Verbesserungen im männlichen System, wie etwa die vermehrte Übertragung hormonaler Substanzen dank – durch Hinzutreten von Auswulstungen – vergrößerter Liebespfeiloberfläche oder dank vermehrter Zahl der Pfeile, folgt vonseiten des weiblichen Systems eine Retourkutsche, etwa indem das Divertikel vertieft und so den Spermien das Entkommen daraus erschwert wird. Die Antwort darauf ist eine neue Maßnahme von männlicher Seite (vielleicht wiederholtes anstelle von einmaligem Zustechen mit dem Pfeil, der jedes Mal zuvor neu mit Schleim befrachtet wird), die weiblicherseits wiederum mit einer Gegenmaßnahme (etwa Erweiterung des Divertikels durch Seitentaschen) beantwortet wird. Und da der Verlauf solcher Geschichten vom einander Lieben und Bekriegen prinzipiell nicht vorausberechenbar ist, sondern bei unterschiedlichen Arten ganz unterschiedliche Richtungen nehmen und ganz unterschiedliche »Erfindungen« entwickeln kann, ist das Ergebnis eben: biologische Vielfalt.

Im Endeffekt hat jede Nackt- und jede Gehäuseschnecke sich mit dem Ergebnis dieses seit Generationen währenden Interessenkonflikts zu plagen: Die männlichen Genitalien wollen genau das bewerkstelligen, was die weiblichen nicht haben wollen. Dass die wissenschaftliche Erforschung der sexuellen Evolution die simultanen Hermaphroditen etwas stiefmütterlich behandelt, mag nicht zuletzt daran liegen, dass es uns als den Gonochoristen, die wir sind, so schwer fällt zu lernen, wie ein Hermaphrodit zu denken. Aber sobald man das kann, meint Koene, gewinnt man Einsichten, die nicht zu verachten sind. »Dass Hermaphroditen zwei Geschlechter in einem Körper vereinigen, macht sie zweifach interessant!«, erklärt er und lässt noch ein Salatblatt ins Schneckenaquarium fallen.

Kastrationsangst und Penisneid

Ich habe einmal miterlebt, wie ein irischer Molluskenforscher in einem Anfall von Nacktschnecken-Chauvinismus ein Publikum von Biologen zu überzeugen versuchte, dass Nacktschnecken die besseren Laborratten seien. »Unterm reinen Verhaltensaspekt gesehen ist die Nacktschnecke im Prinzip eine Ratte«, verkündete er. »Überziehen Sie eine Ratte mit Schleim, amputieren Sie ihr die Beine, ziehen Sie ihre Genitalien hinters rechte Ohr und filmen Sie sie in Zeitlupe, und Sie haben eine Nacktschnecke!« Was Genitalien und Sexualverhalten betrifft, sind Nacktschnecken für die Forschung in der Tat eine wahre Goldgrube, mit Flözen, noch reichhaltiger als die von der Wanderratte verkörperten.[15] Wir haben bereits gesehen, was eine einzige Nacktschneckengattung an erstaunlichen Tricks auf Lager hat. Und die Gattung *Deroceras* ist nur die Spitze des Eisbergs. Die Malakologen (so nennen die Weichtier-Aficionados sich selbst) bringen jetzt allmählich das umfangreiche bunte Allerlei des Nacktschneckensexes, das zu Lande wie im Meer unter Felsen und Steinen verborgen liegt, ans Licht der Öffentlichkeit. Und wie wir sehen werden, fördern sie dabei immer mehr Überraschendes darüber zutage, wie die Genitalevolution bei simultanen Hermaphroditen funktioniert.

Gehäuselose Meeresschnecken (oder marine Nacktschnecken) sind vor allem für ihre wundervollen psychedelischen Farben bekannt; dies gilt zumal für die besonders arten- und farbenreiche Gruppe der sogenannten Nacktkiemer (*Nudibranchia*). Nacktkiemer heißen diese Schnecken wegen der kiemenartigen Gebilde, »Cerata«, die sie ungeschützt (»nackt«) auf dem Rücken tragen. Eine etwas weniger spektakulär gefärbte Spezies ist die *Aeolidiella glauca,* welche die Seegras-Betten im kalten Flachwasser längs der nord- und westeuropäischen Küsten bewohnt. Die Schnecken ernähren sich von kleinen Seeanemonen (Sagartiid-Anemonen, insbesondere *Sagartiogeton lacerata*); an den Spitzen der Cerata auf ihrem Rücken befinden sich sogenannte Nesselsäcke, in denen sie giftige Nesselzellen von erbeuteten Seeanemonen aufbewahren, die sie in Gefahrensituationen ihrerseits zur Selbstverteidigung nutzen. Doch all das ist völlig nebensächlich. *Aeolidiella glauca* erwähne ich deswegen, weil sie unter den über 3000 existierenden Nacktkiemerspezies eine der wenigen ist, deren Sexualverhalten nach allen Regeln der Kunst untersucht wurde.

Alles, was wir über *A. glauca* wissen, verdanken wir Anna Karlsson von der Universität Uppsala und Martin Haase, heute an der Universität Greifswald tätig. Mit Haase unterhalte ich mich in dem Büro in der Vogelwarte Hiddensee, das er mit seiner Frau, der Ornithologin Angela Schmitz-Ornés, teilt.[16] Ende der 1990er-Jahre, erzählt er, habe sein Chef auf einer Tagung Karlssons Bekanntschaft gemacht und sie eingeladen, mit ihm, Haase, zusammenzuarbeiten. Sie war als Doktorandin ein Neuling auf dem Gebiet der Reproduktionsbiologie dieser verbreiteten Nacktkiemerart, er ein erfahrener Weichtieranatom, der sich ein neues Arbeitsfeld erschließen wollte. Gemeinsam begaben sie sich auf Entdeckungsfahrt – und kamen dabei aus dem Staunen nicht heraus. »Alles, was von der Kirche verboten ist, ist bei dieser Spezies gang und gäbe!«, ruft Haase aus.

Aeolidiella-glauca-Sex geht folgendermaßen. Wenn ein sexhungriges Individuum auf eine mögliche Partnerin trifft, hängt es sich dicht an sie. Früher oder später wendet sich die Angebetete um und findet sich nun der Verehrerin quasi Auge in Auge gegenüber. Binnen einer Minute geht die Face-to-Face-Position ins »Näherrücken« über – der andern jeweils die rechte Seite mit der Genitalöffnung zuwendend gleiten die beiden nebeneinander. Wenn nötig, knabbert die Begierigere von den beiden, wie um die Partnerin zu erregen, an der Genitalöffnung der anderen. Nachdem sie sich zunächst mit um die Genitalöffnung herum sitzenden Tentakeln aneinander verankert haben, fahren die Schnecken dann ihre riesigen Penisse aus. Zu Haases und Karlssons Überraschung dringen sie mit diesen nicht wie die meisten anderen Meeresnacktschnecken ineinander ein – dafür sind die Organe viel zu groß. Stattdessen sondert jede aus dem Penis eine wurstförmige Spermatophore ab, die sie sorgsam auf dem Rücken der Partnerin ablegt. Sodann heben sie jeweils den Penis und klopfen mit ihm mehrmals auf die Spermatophore, als wollten sie diese an Ort und Stelle festhämmern. Gewöhnlich führen die Schnecken das alles vollkommen synchron aus.

Diese Spermienübertragungsphase dauert lediglich ein oder zwei Minuten, danach kriechen beide wieder ihrer Wege. Das eigentlich Wundersame beginnt erst, nachdem die Partnerinnen sich getrennt haben. Binnen weniger Minuten reckt eine Schnecke mit Spermienpaket auf dem Rücken den Kopf über die rechte »Schulter« zu dem Paket hinauf, frisst einen Teil davon weg und verlängert so die Distanz zwischen ihrer Genitalöffnung und der Spermatophore. Dann wartet sie ab. Nach ungefähr drei Stunden ist zu sehen, wie sich langsam eine dünne Kette von Spermien von der Spermatophore löst und sich auf der Haut der Schnecke im Gänsemarsch in Richtung Genitalöffnung in Bewegung setzt. Obwohl die Kolonne auf ihrem Slalomkurs zwischen den Cerata auf dem Schneckenrücken den kürzesten Weg nimmt, dauert es bei der Winzigkeit der Spermien Stunden, bis sie am Ziel ankommt.

Die Schnecke wohnt dem Spermienmarsch auf ihrem Rücken nicht als tatenlose Zuschauerin bei. Sie scheint die Entwicklung der Dinge genau zu beobachten, und wenn sie findet, dass nun genug Spermien es in ihre Genitalöffnung geschafft haben, macht sie dem Zufluss ein Ende, indem sie die Spermien von ihrem Rücken aufsaugt. »Man kann ihr förmlich dabei zusehen!«, sagt Haase. Mit dem Magen voll glückloser Spermien beginnt sie dann Eier zu legen, die sie zuvor mit den verschonten Spermien befruchtet hat. Haase fährt fort: »Ich habe zwei Mal gesehen, wie Tiere den Spermienfluss mit dem Mund unterbrachen, dann einen Schwung Eier ablegten, und wenn sie damit fertig waren, mit der Spermienaufnahme aus dem Faden weitermachten, der ihnen immer noch über den Rücken lief.« Er zwinkert seiner Frau zu, die am Schreibtisch gegenüber seinem sitzt. »Als Angela und ich uns in Bonn kennengelernt haben, hat sie meinen Namen gegoogelt und war perplex, wie sie auf meine ganzen *Aeolidiella*-Publikationen gestoßen ist.«[17]

In Sachen Meeresschneckensex stehen uns mit Sicherheit noch mehr Überraschungen bevor, meint Haase. Erst vor Kurzem, im Jahr 2012, kam ein kurioses Detail vom Kopulationsverhalten einer anderen Nacktkiemerart, der im Pazifik heimischen *Chromodoris reticulata*, ans Licht. Japanische Forscher entdeckten, dass diese Spezies, die in konventionellerer Weise (mit dem Penis in der Vagina) kopuliert, nach der Paarung den Penis abwirft (der freilich binnen 24 Stunden durch ein Stück von dem Reservepenis ersetzt wird, der komprimiert und aufgerollt im Innern des Tieres lagert.[18] Die Rolle reicht für insgesamt drei Paarungen aus, nach denen das ganze System durch Nachwachsen erneuert werden muss. Noch hat niemand eine Erklärung dafür, warum dieser Wegwerf-Penis evolvierte, aber weil man an den an der Penisspitze sitzenden Stacheln aufgespießtes Sperma gefunden hat, könnte es immerhin sein, dass er ein Instrument zur Entfernung und Entsorgung des Spermas von früheren Paarungspartnerinnen ist – eine hermaphroditische Einweg-Variante des Spermienbaggers, den wir bei den Kleinlibellen vorfanden.

Auch terrestrische Nacktschnecken verlieren manchmal ihren Penis. Aus Kasachstan wurde von einer *Deroceras-Spezies* (keine von denen, die wir bereits kennen) berichtet, welche die Kopulation gelegentlich damit beendet, dass sie sich den Penis abbeißt und ihn der Partnerin als Snack offeriert.[19] Und die großen »Bananenschnecken« (Gattung *Ariolimax*) in Kalifornien machen es umgekehrt: Zum Abschluss des Koitus kauen sie manchmal den Penis der Partnerin ab und überlassen dann die Entmannte ihrem Schicksal.[20]

Den Gipfel der Obszönität erklimmt das Sexualverhalten der terrestrischen Nacktschnecken bei den bis zu zwanzig Zentimeter langen »Tigerschnegeln« der Gattung *Limax*. Die Gattung ist in Europa beheimatet, doch eine Spezies, die Tigerschnegel (*Limax maximus*), wurde auf den amerikanischen Kontinent, nach Australien, Südafrika und in viele andere gemäßigte oder subtropische Regionen der Welt verschleppt – und dürften daher vielen bekannt sein. Es sind nachtaktive Tiere, die im Schutz der Dunkelheit umherkriechen und auf dem Boden und an Baumstämmen dicke, glänzende Schleimspuren hinterlassen. Doch selbst tagsüber sind sie schwer zu übersehen: Mit seinem auf sandfarbenem Grund leopardenartig schwarz gescheckten Erscheinungsbild fesselt ein Exemplar, das man unter einem Stück Holz, einem Stein oder hinter der Borke eines abgestorbenen Baums entdecken kann, sofort die Aufmerksamkeit. Der Tigerschnegel ist zwar die bekannteste und am weitesten verbreitete Art der Gattung *Limax*, aber neben dieser existieren noch Dutzende anderer *Limax*-Arten, deren Grundfärbungsspektrum von Cremefarben über Tiefrot bis zu rußigem Schwarz reicht, während die Flecken oder Streifen häufig dunkler sind. Und viele dieser weniger bekannten Arten leben in eng begrenzten Gebieten in den Alpen und anderen europäischen Gebirgsregionen.[21]

Der Artenreichtum der *Limax* wäre allerdings wohl lange Zeit unbekannt und unerforscht geblieben, wären da nicht die eigenartigen Genitalien der Tiere. Erinnern Sie sich noch an die Rankenfüßer? Im dritten Kapitel wurde der bohrende Rankenfußkrebs *Cryptophialus minutus* als das Tier mit dem – im Verhältnis zu seiner Körperlänge – weltweit längsten Penis vorgestellt: Das Organ misst das Achtfache der Körperlänge seines Besitzers. Sehen wir uns jetzt um, stellen wir fest, dass einige *Limax*-Arten ernst zu nehmende Mitbewerber um den Weltrekordlertitel sind – ein Renommee, das anscheinend die Fantasie mancher Menschen anspricht. Und das sogar so stark, dass über dreieinhalb Jahrhunderte hinweg innerhalb einer, angesichts dieses Zeitraums kann man schon sagen: »Dynastie« von angesehenen und ehrbaren Naturforschern die Klingen gekreuzt wurden über Fragen des Liebeswerbens, der Kopulation und – insbesondere – der Penislängen bei der Gattung *Limax*.

Die Debatte wurde Anno Domini 1678 eröffnet von dem englischen Naturforscher Martin Lister. In seiner ›Historia Animalium Angliae‹ betitelten Abhandlung über die englische Tierwelt beschreibt er in Latein seine Beobachtung zweier getüpfelter Schnecken, die sich, innig ineinander verschlungen, an einem am Stamm eines Baumes befestigten Schleimfaden eine Elle weit herunterließen und dabei ihre großen bläulichweißen Penisse ausfuhren und zu einem dicken, birnenförmigen Gebilde verknoteten. Einige Jahre später, 1684, veröffentlichte Listers italienischer Fachgenosse Francesco Redi (bekannt vor allem durch seine Widerlegung der Theorie, dass Maden von selbst in verwesendem Fleisch entständen) ein Buch, in dem er seinerseits Beobachtungen am Paarungsverhalten von *Limaces* beschrieb. Sie unterschieden sich himmelweit von denen Listers. Von irgendwelchen langen Schleimfäden war bei Redi keine Rede, stattdessen von ineinander verschlungenen Schnecken, die ihre extrem – über einen »florentinischen Meter« (etwa 75 Zentimeter)! – langen Penisse parallel nach unten baumeln ließen. Redi lieferte sogar eine ganzseitige Abbildung von zwei eher lustig aussehenden gefleckten Schnecken mit, Besitzerinnen übermäßig langer, ineinander verschlungener Penisse, die sich vom oberen Teil der Seite bis zum Fuß erstreckten, sodass links und rechts von ihnen noch reichlich Platz war für weitere Bilder von Einzelheiten der Schneckenanatomie.

In den folgenden Jahrhunderten trug eine ganze Reihe von Experten in der »Naturgeschichte« ihr Scherflein zur Veranschaulichung des *Limaces*-Koitus bei. Aber wieder und wieder bestätigten die Beobachtungen Listers Bericht und nicht den Redis. Geringfügige Diskrepanzen lösten sich auf mit der Entdeckung, dass es in Wirklichkeit zwei Spezies gab: die Tigerschnegel, die bei der Paarung kopfunter an langen Schleimfäden hingen und die Penisse zu einem Knoten mit einer Art Krempe verschlangen, und die Schwarzen Schlegel (*Limax cinereoniger*), die mit der Schwanzspitze am Untergrund klebten und kopfunter hängend die Penisse zu einem Gebilde in Glockenform ineinanderwanden. Demnach hörte sich mit zunehmendem Wissen über den *Limaces*-Koitus Redis Darstellung immer unglaubhafter an, sodass Anfang des 20. Jahrhunderts W. Kew sie als »gänzlich bedeutungslos« abtat. Redi musste die Ausstattung seiner südländischen Schnegel zweifellos stark übertrieben haben! Oder er hatte Schleimfäden für Penisse gehalten.

Aber gerade als in den ersten Jahrzehnten des 20. Jahrhunderts die nordeuropäischen Malakologen sich in der festen Gewissheit, dass alle die *Limaces* betreffenden Rätselfragen beantwortet seien, entspannt zurücklehnten, fanden vereinzelte Berichte italienischer und schweizerischer Autoren den Weg in den Norden, die zu bestätigen schienen, dass mediterrane *Limaces* in der Tat unglaublich »gut bestückt« waren. Verunsicherung breitete sich aus und herrschte, bis der deutsche Zoologe Ulrich Gerhardt von der Universität Halle im Jahr 1933 einen bahnbrechenden Artikel zu dem Thema Schnegelsex veröffentlichte, dem er in den darauf folgenden Jahren eine lange Reihe weiterer bedeutsamer Arbeiten zum selben Thema folgen ließ. Seinen Auftrag als Ordinarius für Anatomie und Physiologie der Haustiere offenbar sehr großzügig interpretierend, führte er in geräumigen Innengehegen akribische Studien des Verhaltens der Schnecken durch. Er sezierte, registrierte die Dauer von Kopulationsvorgängen und filmte sie, und nach guter deutscher Tradition beschrieb er peinlich genau und detailliert, was er beobachtet hatte – und versagte sich hie und da auch nicht einen mit gebotenem Respekt vorgetragenen Seitenhieb auf diesen oder jenen weniger skrupulösen Vorgänger. Nachdem er das Paarungsverhalten der Tigerschnegel und der Schwarzen Schnegel gründlicher und ausführlicher dokumentiert hatte, als dies je zuvor geschehen war, wandte er sich dem Problem des so beträchtlich ausgestatteten Redischen Schnegels zu.

Bernhard Peyer, einer der schweizerischen Biologen, die einige Jahre zuvor das Gleiche wie einst Redi beobachtet haben wollten, schickte per Post fünfzig lebende schweizerische Schnegel an Gerhardt, der die Tiere in hohen Gehegen unterbrachte (hoch genug, um – für alle Fälle – ausreichend Raum auch für herabhängende florentinische Meter zu bieten). Ungefähr zwei Wochen, nachdem die Tiere ihr neues Quartier bezogen hatten, begann eines Abends eine Schnecke Interesse für eine andere zu bekunden, indem sie das Objekt ihrer Begierde beharrlich auf dessen Schleimspur verfolgte. Zwei Stunden später, um 22:00 Uhr, bildete das Paar auf einer der senkrechten Stützlatten des Geheges einen Kreis, in dem sie eine Schleimlache erzeugten. Immer näher aneinander herankriechend, fingen sie an, einander zu umwinden, wobei sie zuerst die Köpfe, dann von vorn nach hinten die Körper von der hölzernen Grundfläche lösten, bis sie schließlich nur noch mit den Schwanzspitzen an dem klebrigen Klecks Schleim hingen. Jetzt begannen langsam die Penisse aus den Genitalöffnungen hervorzulugen.

Gerhardt hielt die Stellung, das Notizbuch griffbereit. Um 23:30 Uhr waren die Penisse erst zwei Zentimeter lang und hatten sich gerade berührt und begonnen aneinandergeklebt zu bleiben. *Limaces*-Paarungen dauern normalerweise ungefähr eine Stunde, man kann sich also vorstellen, dass sich in Gerhardt Zweifel geregt haben müssen, ob da wirklich die erwarteten sagenhaft langen Schnegelpimmel im Kommen waren. Aber er blieb auf und wartete weiter und weiter – wach gehalten wahrscheinlich von zahlreichen Tassen Kaffee –, und im Laufe der Nacht wuchsen die beiden Penisse stetig weiter, unter langsamen, pumpenden Bewegungen, bei denen die Spitzen mit fast tänzerischer Lebhaftigkeit schwollen und dann wieder schrumpften. Um 3:45 Uhr am Morgen des nächsten Tages waren sie acht, um 7:00 Uhr 26 Zentimeter lang, und Gerhardt konnte notieren, dass zu sehen war, wie in den dünnen, bläulich-durchscheinenden Penissen jeweils eine reiskorngroße Spermatophore nach unten wanderte. Um 10:00 Uhr, geschlagene zwölf Stunden nach Beginn der Paarung, erreichten die Penisse ihre volle Länge: Die Längsfalten aufweisenden Spitzen (»Kämme« genannt) klebten sage und schreibe achtzig Zentimeter unter ihren Besitzern aneinander – genau wie es Francesco Redi 250 Jahre zuvor beschrieben hatte. Da die Schnegel selbst so um die 13 Zentimeter lang sind, sitzen sie in puncto relative Penislänge den rekordhaltenden Rankenfußkrebsen dicht auf den Fersen.

In diesem Zustand vollendeter Expansion verharrte das Paar unbewegt, solange es die Spermatophoren im Inneren der Penisse zu deren äußerstem Ende hin presste. Sobald die Spermienpakete beider Partner die jeweilige Endstation erreicht hatten, verkürzten beide Schnegel plötzlich ihren Penis um ein Stück, wobei die Spermatophore durch die Öffnung am Penisende hinausgedrückt wurde. Mit solch taschenspielerischer Geschwindigkeit, dass Gerhardt von dem Geschehen nur, weil er es mit Zeitlupen-Bildfrequenz 64 Hertz gefilmt hatte, eine Anschauung erhielt, wandelte sich der Kamm an der Penisspitze in ein schaufelartiges Instrument, das erst die eigene Spermatophore fasste, sie an die Schaufel des Partners heftete und im selben Zug dessen Samenpaket entgegennahm. Binnen wenigen Minuten zogen dann beide Tiere ihren Penis zurück, wobei gleichzeitig die fremde Spermatophore durch die Penisöffnung eingesogen wurde. Um 11:00 Uhr begannen die Tiere sich voneinander zu lösen, eine halbe Stunde später wurde das letzte Stückchen Penis in die eigene Genitalöffnung eingezogen und beide Partner krochen ihrer Wege – hoffentlich ebenso zufrieden mit dem Ergebnis der ganzen Aktion, wie Gerhard es war.

Genitalien und Verhalten dieser *Limaces* fand Gerhardt so außergewöhnlich, dass er die Tiere als Vertreter einer eigenen Gattung einstufte, die er zu Ehren des Entdeckers von deren eigentümlichem Paarungsverhalten, Francesco Redi, *Limax redii* benannte. Wie so manche Laborratte vermachten die beiden Exemplare, die Gerhardt seinen ersten Einblick in ihr Liebesleben gestattet hatten, anschließend ihre Leichen der Wissenschaft: Gebleicht durch fast achtzig Jahre langes Dauertauchen im Ethanolbad, schweben sie mit alkoholgesättigten Penissen in zwei auf einem Regalbord im Museum für Naturkunde zu Berlin ruhenden Glasbehältern.

Sexy Nacktschnecken: Limax-Schnecken tauschen ihr Sperma mit Hilfe ihrer sehr langen, baumelnden Penisse aus, die bei diesen hermaphroditischen Arten sowohl für das Spenden wie das Empfangen von Sperma benutzt werden.

In jüngster Zeit ist die Gattung *Limax* zu einem bei Amateur- wie Profibiologen in Österreich, Frankreich, Italien und der Schweiz beliebten Studienobjekt geworden. Eine Reihe von Websites ist ihrer Biodiversität gewidmet, und eine Folge davon ist die Entdeckung vieler neuer Arten. War zu Gerhardts Zeiten nur eine Handvoll bekannt, so steht das Zählwerk heute auf 33, und mehrere von ihnen – allesamt in Frankreich, Italien oder der Schweiz beheimatet – warten bekanntermaßen mit ähnlich langen Penissen auf wie *L. redii.* In dem Internetforum ›Natura Mediterraneo‹ berichten heutige Redi-Jünger begeistert über ihre Entdeckungen. Auf den beigegebenen Fotos stehen stolze Malakologen neben Bäumen, an denen sich paarende *Limaces* hängen, und dokumentieren mit dem Zollstock in der Hand die Rekordlänge von Schleimfäden oder Penissen. In einem Fall bringt es auf Korsika ein *Limax*-Paar dem Metermaß nach auf eine Penislänge von 92 Zentimetern. »Nuovo record del mondo«, heißt es in der Bildlegende (http://www.naturamediterraneo.com/forum/topic.asp?TOPIC_ID=34652).

Nicht nur konfrontiert uns der immense *Limax*-Phallus mit der befremdlichen Vorstellung, dass der Penis bei Hermaphroditen gleichzeitig Spermienüberbringer und Spermienempfänger sein kann, darüber hinaus lässt sich mit ihm auch sehr gut eine wesentliche Meinungsverschiedenheit auf dem Gebiet der evolutionsbiologischen Genitalforschung zeigen. Einerseits könnte er das Resultat kryptischer Weibchenwahl sein – besser gesagt, »kryptischer Wahl«, da wir es hier ja mit doppelgeschlechtlichen Individuen zu tun haben. Sind längere Penisse ein bevorzugtes Ornament, vergleichbar dem Pfauenschwanz, werden sie im Gang der Evolution immer länger. Andererseits könnten sie aber auch Anzeichen sexueller Manipulation sein: eines Kampfes darum, wem beim Paarungsakt letztlich eine stärker männliche Rolle zufällt. Über die exakte Mechanik der taschenspielerischen Geschicklichkeit, die das Ende der *Limaces*-Kopulation markiert, weiß man noch nicht völlig Bescheid, aber vielleicht versteht es der Schnegel mit dem etwas längeren Penis, sein Spermienpaket zu übergeben und gleichzeitig die Annahme der Gabe des Partners zu umgehen.

Und die außergewöhnliche Kopulationsweise der *Aeolidiella-glauca*-Meeresschnecken mag sich unter einer ähnlichen Faktorenkonstellation entwickelt haben. Andere Nacktkiemer legen ihre Spermatophore näher bei der Genitalöffnung ab, aber von dort kann die Empfängerin sie mühelos entfernen, wenn ihr danach ist. Die Spermatophore außer Reichweite der Partnerin auf deren Rücken zu platzieren und die Spermien sich heimlich in die Genitalöffnung stehlen zu lassen, wenn die Empfängerin nicht hinsieht, muss den Vorfahren von *A. glauca* einen Vorteil gebracht haben, zumindest solange die Evolution noch nicht die Praxis des Aufsaugens der Spermien durch die Empfängerin hervorgebracht hatte. Koene bekennt, dass er angesichts solcher Bizarrerien des Hermaphroditensexes eher an ein Wettrüsten als an kryptische Wahl glaubt. Er fügt jedoch sogleich hinzu, dass beides schwer zu scheiden ist. »Es könnte immerhin sein, dass selbst Schnecken sich gern mit Manipulanten paaren«, räumt er ein.

Linksdreher und Rechtsdreher

In diesem letzten Abschnitt stelle ich einige meiner eigenen Forschungsprojekte auf dem Gebiet der Genitalevolution vor, und wir betreten abschließend eine neue Komplexitätsebene. Nachdem wir uns zusammen gründlich in die verblüffenden Auswirkungen der sexuellen Selektion auf die Genitalien von Tieren versenkt hatten, die in einer männlichen und einer weiblichen Variante vorkommen, lud ich Sie zur Vertiefung in den verwirrenden Dualismus der hermaphroditischen Fortpflanzung ein. In diesem Schlussabschnitt machen wir einen kurzen Ausflug in die fremdartige Spiegelwelt der seitenverkehrten Hermaphroditengenitalien, wo alles gleich und doch ganz anders ist. Am Ende werden wir erkannt haben, dass die Genitalevolution unter bestimmten Bedingungen das Gesamtbild eines Tierkörpers beeinflussen kann.

Die Geschichte beginnt im Jahr 1989. Als junger Biologiestudent kam ich damals in der malaysischen Hauptstadt Kuala Lumpur an, um während eines fünfmonatigen Aufenthalts im Land nähere Einzelheiten über eine winzig kleine »endoparasitoide« Wespe namens *Trichogramma* herauszufinden, zumal solche über die Suche des Insekts nach den Motteneiern, in denen seine Larven aufwachsen. (Ein nicht ganz so überflüssiges Unternehmen, wie es sich vielleicht anhört: Die Wespe sollte die Raupenplage eindämmen helfen, der ganze Maisernten zum Opfer fielen). Aber bevor ich in mein Projekt einstieg – das, wie sich herausstellen sollte, größtenteils darin bestand, dass ich auf Kontrollgängen durch Maisfelder nach Raupenexkrementen auf den aufwachsenden Pflanzen Ausschau hielt und nebenbei ohne Rücksicht auf Verluste herumtrampelnde Wasserbüffel verjagte –, gönnte ich mir einen Kurzurlaub in dem ländlich-friedvollen sandreichen Bundesstaat Terengganu an der Nordostküste der malaiischen Halbinsel. Auf Anraten eines einheimischen Fischers nahm ich auf dem küstennahen Inselchen Kapas Quartier.

Kapas ist heute ein trubeliges Touristenziel, wo Dutzende von Strandurlaubsunternehmen den eintreffenden Bootsladungen von in- und ausländischen Besuchern zu Diensten stehen. Zu der Zeit, von der ich rede, war die Insel menschenleer bis auf ein halbes Dutzend von einer Britin, die das Schicksal hierher verschlagen hatte, vermieteter Nur-Dach-Ferienhäuser. Der von Kokospalmen gesäumte, zwei Kilometer lange unberührte Inselstrand war ganz allein einer Handvoll Ferienhausgäste, der ein und anderen ab und an aus dem Wasser heraufkrabbelnden Suppenschildkröte und Millionen Rennkrabben vorbehalten. Es war mein erster Aufenthalt in den Tropen, und ich konnte nicht genug davon kriegen, am Meerufer entlang und durch den Wald und das Küstengestrüpp zu wandern. Dort sah ich meine ersten Nashornvögel, meinen ersten Flugdrachen und meine ersten Seidenspinnen (*Nephila*) – handgroße Gruselerreger, die aus feinen, aber ungewöhnlich stabilen Fäden riesengroße golden schimmernde Radnetze weben. Aber noch denkwürdiger als diese waren die Tausende *Amphidromus*-Gehäuseschnecken, die überall auf der Insel von Bäumen und Gezweig herunterhingen.

Die Gattung *Amphidromus* war mir nicht unbekannt, denn das Vorjahr hatte ich in der malakologischen Abteilung des Leidener Naturgeschichtlichen Museums verbracht. Dort lehrte mein Betreuer Edmund Gittenberger mich, dass die Individuen dieser Gattung – überall in Südostasien anzutreffende große, farbenfrohe Baumschnecken – die einzigen Schnecken auf der Welt sind, die allem Anschein nach gleichmäßig aufgeteilt in solche mit nach rechts gewundenem und solche mit nach links gewundenem Gehäuse vorkommen (*Amphidromus*, eine Lehnbildung aus griechischen Wörtern, bedeutet denn ja auch »in beide Richtungen drehend«). Bei allen anderen Schneckenarten, also rund 150 000, ist das Gehäuse entweder nach rechts oder nach links gewunden, aber nie in beide Richtungen.[22]

Warum in Schneckenarten normalerweise nicht beide Typen vertreten sind, begreift man leicht, wenn man ein vor gut einem Jahrhundert veröffentlichtes Buch des deutschen Zoologen Johannes Meisenheimer liest. Der hatte eine der normalen Windungsrichtung entgegengesetzt gewundene Weinbergschnecke (*Helix pomatia*) gefunden. Bei diesen Tieren ist die Windungsrichtung nach rechts normal: Wenn man das Schneckengehäuse, die Spitze nach oben zeigend, vor sich hält, blickt einem die Mündung (die Öffnung, aus welcher der Körper des Tieres hervorkommt) auf der rechten Gehäuseseite entgegen. Die von Meisenheimer gefundene Mutantin indessen reproduzierte die Normalform in spiegelbildlicher Variation: Windungsrichtung nach links, die Mündung also linksseitig. Zu solchen Mutationen kommt es ab und an bei den meisten Landschneckenarten, sie sind jedoch äußerst selten – die Quote liegt bei 1 zu 10 000 Individuen oder noch niedriger.

Nachdem Meisenheimer seine Mutantin zu regulär gewundenen Artgenossinnen ins Terrarium gesetzt hatte, wurde klar, dass Gegensätzlichkeit zwischen Partnern zumindest bei Schnecken kein »gutes Eheband stiftet«. Es ist ja nicht nur die Schale, sondern auch des Tieres ganzer Körper spiegelverkehrt. Die Genitalöffnung befindet sich links, nicht rechts hinter dem Kopf, der Liebespfeil wird nach links, nicht nach rechts geschossen. Und seitenverkehrt ist auch der gesamte Reproduktionsapparat, ebenso das Gehirn – und sogar das Sexualverhalten. Zwischen zwei links gewundenen Schnecken könne ohne Weiteres »eine Kopula vollzogen werden«, da ja die relative Lage der Begattungsorgane beider Tiere trotz der Umkehr aller Verhältnisse dieselbe sei wie bei normalen rechts gewundenen Schnecken, meinte Meisenheimer. Anders läge der Fall, wenn sich eine links gewundene Schnecke mit einer rechts gewundenen paaren wolle: »Dann ist die Kopulation infolge der anormalen relativen Lage der Begattungsorgane unmöglich, und tage- und wochenlang mühen sich die Tiere im Liebesspiel ab, ohne zur definitiven Begattung gelangen zu können«, konstatierte der Beobachter nicht ohne einiges Mitgefühl.[23] Das bedeutet, dass eine links gewundene Schnecke, sollte sie mitten in einer Population von rechts gewundenen auftreten, unterm evolutionären Gesichtspunkt bei der Ankunft bereits tot wäre: Da wäre keine, mit der sie sich paaren könnte. Ebendarum sind alle Schneckenarten entweder rechts oder links gewunden. Und ebendarum sind die *Amphidromus*-Schnecken, die sich über diese Regel so unverhohlen und dreist hinwegsetzen, etwas ganz Besonderes.

Meine Erinnerung an die *Amphidromus*-Schnecken von Kapas kam wieder, als ich viele Jahre später einen Posten an einer malaysischen Universität bezog und Ideen für interessante Forschungsprojekte zu sammeln und zu sortieren begann. Das Inselchen Kapas mit seiner besonders hohen *Amphidromus*-Dichte (zu schweigen von der idyllischen Landschaft) schien wie geschaffen dafür, dort die Antwort auf die immer noch rätselhafte Frage nach dem Wie und Warum des Nebeneinanderlebens von rechts und links gewundenen Schnecken zu finden. Also baute ich im Verein mit einer zusammengewürfelten Gruppe von Kollegen, Studenten und Hilfswilligen auf dem (nicht mehr unberührten, aber nach wie vor sehr schönen) Kapas ein Forschungsprojekt auf, mit dem Ziel, das Geheimnis der Weichtierpopulation dieser Insel zu lüften.

Wir arbeiteten an zwei Beobachtungszentren. Zentrum Nr. 1 lag in einem Waldstück hinter dem »Gasthof zum Leuchtturm«, einer baufälligen Herberge, die von Din, einem großherzigen, schlaksigen, langhaarigen Malaien mit Sympathien für die Rastafari-Bewegung, betrieben wurde. Zentrum Nr. 2 lag weiter nördlich zwischen Bäumen direkt hinter dem einzigen Strandstück, das noch so unbelebt war, dass dort ab und an Schildkröten an Land kamen und ihre Eier vergruben (die umgehend von den riesigen saurierartigen Bindenwaranen verspeist wurden). An beiden Orten waren Schnecken im Überfluss vorhanden, und zwar in zwei klar erkennbaren spiegelbildlichen Varianten: 35 Prozent rechts, die übrigen links gewunden. Wir machten uns daran, sie auf die einzige Art und Weise auszufragen, die Freilandbiologen beherrschen, nämlich indem wir uns die Finger schmutzig machten und ihre Lebensweise in den Bäumen aus nächster Nähe studierten.

In Wolken von Moskitos und umwabert von der Reggaemusik, die von Dins Laden herüberdrang, checkten wir zuerst, ob die Windungsrichtung bei *Amphidromus* wie bei allen anderen Schnecken genetisch bedingt ist. Das war sie. Schneckenjunge übernehmen die von den Genen ihrer Mutter diktierte Windungsrichtung, also müssten alle aus ein und demselben Gelege geschlüpften Jungschnecken dieselbe Windungsrichtung aufweisen. Und genau das sahen wir bei den Gelegen von Jelly-Pearls-ähnlichen Eiern, wie sie von den Schnecken in feuchten Spalten in morschen Ästen und Baumstümpfen deponiert werden: In einer Familie von neugeborenen Schnecken waren entweder alle rechts gewunden oder alle links gewunden.

Als Nächstes überlegten wir, ob die Rechtsdreher und die Linksdreher im Ökosystem vielleicht in unterschiedlichen Rollen unterwegs waren. Ernährten sie sich unterschiedlich, lebten sie in Zonen mit unterschiedlicher Vegetationsdecke, hatten sie unterschiedliche Fressfeinde? Nichts von alledem. Ein Jahr lang beschrifteten wir die Schalen von lebenden Schnecken mit Zahlen und verfolgten jede Bewegung der Tiere, aber egal, ob vom einen oder vom anderen Schlag, sie krochen alle munter durcheinander auf denselben Bahnen, fraßen und ruhten nebeneinander an denselben Orten. Und die auf der Insel heimischen Waldratten, die erst die oberste Windung des Schneckengehäuses abzubeißen und dann das Fleisch wie wahre Gourmets aus der Schale zu saugen pflegen, schienen auch keinen Unterschied zwischen Rechts- und Linksdrehern zu machen. Sie knackten und fraßen beide Sorten in genau dem mengenmäßigen Verhältnis, wie sie auf der Insel vorkamen.

Aber während wir auf der Spur markierter Schnecken im Blattwerk herumturnten, fiel uns zunehmend eine merkwürdige Sache auf: An regnerischen Tagen stießen wir ab und an auf eine rechts gewundene und eine links gewundene Schnecke, die es miteinander trieben. Anders als Meisenheimers Mollusken mühten sie sich nicht tagelang im Liebesspiel ab, ohne je mit ihrem Begehren zum Erfolg kommen zu können. Wir gingen dazu über, aufmerksamer auf kopulierende Schnecken zu achten. Das war nicht leicht, weil Schnecken keine große Leidenschaftlichkeit an den Tag legen und sich nur gelegentlich paaren, gewöhnlich bei Eintritt der Monsunzeit. Dennoch ertappten wir im Verlauf mehrerer Jahre über hundert Schneckenpärchen gleichsam mit heruntergelassenen Hosen, und in überraschend vielen Fällen kopulierte da eine rechts gewundene mit einer links gewundenen Partnerin. Anscheinend machte es bei diesen gemischten Pärchen beiden Partnern nichts aus, dass ihre sämtlichen Organe an falschen Stellen saßen, oder sie zogen es sogar vor, sich mit jemandem von jenseits der Spiegelsymmetrieebene zu paaren.

Eines Abends, während sich drüben über der Küste vor Terengganu in rapidem Tempo Gewitterwolken türmten, ließen wir uns drei Mann hoch auf dem Stamm einer umgekippten Palme nieder, um in Montagebandmanier einen großen Haufen Schnecken mit wischfestem Stift zu markieren, die Markierung mit klarem Nagellack zu fixieren und die Einzelheiten auf Papier festzuhalten. Dabei erörterten wir das rätselhafte Sexualleben unserer Schnecken, ohne uns um die verdutzten Blicke der Urlauber in Badezeug zu scheren, und kamen zu dem Schluss, dass wir herausfinden mussten, was im Innern eines kopulierenden Schneckenpärchens vor sich ging. Wie und, wichtiger noch: warum machen *Amphidromus*-Schnecken Paarungspartnerinnen entgegengesetzter Windungsrichtung ausfindig, während alle anderen Schneckengattungen das nicht tun noch wollen?

Erinnern Sie sich an die Koboldspinnen aus dem dritten Kapitel, deren Genitalien Matthias Burger studierte? Und an Helen Crudgingtons Forschungen zum Paarungsakt der Samenkäfer (siebtes Kapitel)? Der Forscher und die Forscherin konnten über die internen Mechanismen der Genitalien nur auf eine Weise Klarheit gewinnen, nämlich indem sie sich paarende Tiere mit Flüssigstickstoff übergossen. Sosehr es mir gegen den molluskenfreundlichen Strich ging, uns blieb kein anderer Weg, als ebendieses grässliche Verfahren auch auf die sich paarenden *Amphidromus*-Schnecken anzuwenden. Da es nicht machbar war, einen Druckbehälter voll Flüssigstickstoff nach Kapas zu schaffen, griff ich zum zweitbesten Hilfsmittel: Kälteschock-Spray. Eine als Lokalanästhetikum sowie in Kühlkörpern für elektronische Bauteile eingesetzte leichtflüchtige Flüssigkeit, die, aus einer Spraydose versprüht, alles, womit sie in Berührung kommt, schockfrostet, würde für meine Zwecke völlig ausreichen. Als sich zu Beginn der nächsten Monsunzeit die Schnecken von den ersten Regen zu amourösen Abenteuern anregen ließen, durchstreifte ich also die Insel, um nach in actu befangenen Pärchen zu suchen und ihnen zu ihren Plätzchen in der Ewigkeit zu verhelfen. Nach einigen kräftigen Sprühstößen sank jedes Paar, das ich überraschte, auf den Grund eines alkoholgefüllten Glasbehälters – selbst der Tod konnte die Liebenden nicht scheiden.

Wieder zurück im Labor, zerlegte ich meine Opfer. Die Paarung zweier *Amphidromi* ist keine Augenblickssache. Sie dauert von morgens bis abends, und meine Objekte veranschaulichten alle Stadien dieses langwierigen Vorgangs. Es beginnt damit, dass sich beide Partnerinnen an die Produktion einer sechs Zentimeter langen, gewundenen Spermatophore machen. (Vergessen wir nicht, dass hier noch immer von simultanen Hermaphroditen die Rede ist, also solchen, die einander gleichzeitig befruchten.) Dieses Spermienpaket stellen sie im »Epiphallus« her, einem Penisanhang, dessen Innenraum quasi als Gussform für die Spermatophore fungiert. Wie sich zeigte, wurde deren Spitze, an der die Spermien letztlich austreten, in einem korkenzieherförmig gewundenen Fortsatz des Epiphallus geformt. Und was soll ich sagen? Die Windungsrichtung des Korkenziehers deckte sich mit der Windungsrichtung der Schnecke selbst: Eine rechts gewundene Schnecke hat einen rechts gewundenen Korkenzieher an der Spitze ihrer Spermatophore, eine links gewundene Schnecke einen links gewundenen!

Die Sache fing an, interessant zu werden. Wenden wir uns nun dem weiblichen – dem empfangenden – Teil des Genitalapparats zu. Dort wird die Spermatophore in die »Bursa copulatrix« gestopft, jenes Organ, das in diesem Fall dazu da ist, den größten Teil der Spermatophore und ihres Inhalts durch Verdauen zu vernichten. Nur die korkenzieherförmige Spitze ragt aus der Bursa heraus bis zu der Stelle, wo vom Bursatrakt der Schlauch abzweigt, der zu den Eiern führt. Und dort findet das Zauberkunststück statt. Als ich den weiblichen Teil des Genitalapparats aufschnitt, sah ich, dass dieser Schlauch an den Bursatrakt in einem gewissen Winkel anschließt; der Winkel öffnet sich nach rechts bei einer rechts gewundenen, nach links bei einer links gewundenen Schnecke. Während ich, still und stumm hinterm Mikroskop auf meinem Laborhocker sitzend, schnippelte und schnippelte, dämmerte es mir langsam: Bei diesem ganzen gespiegelten und gewundenen Genitalapparat läuft es darauf hinaus, dass die Verkop-

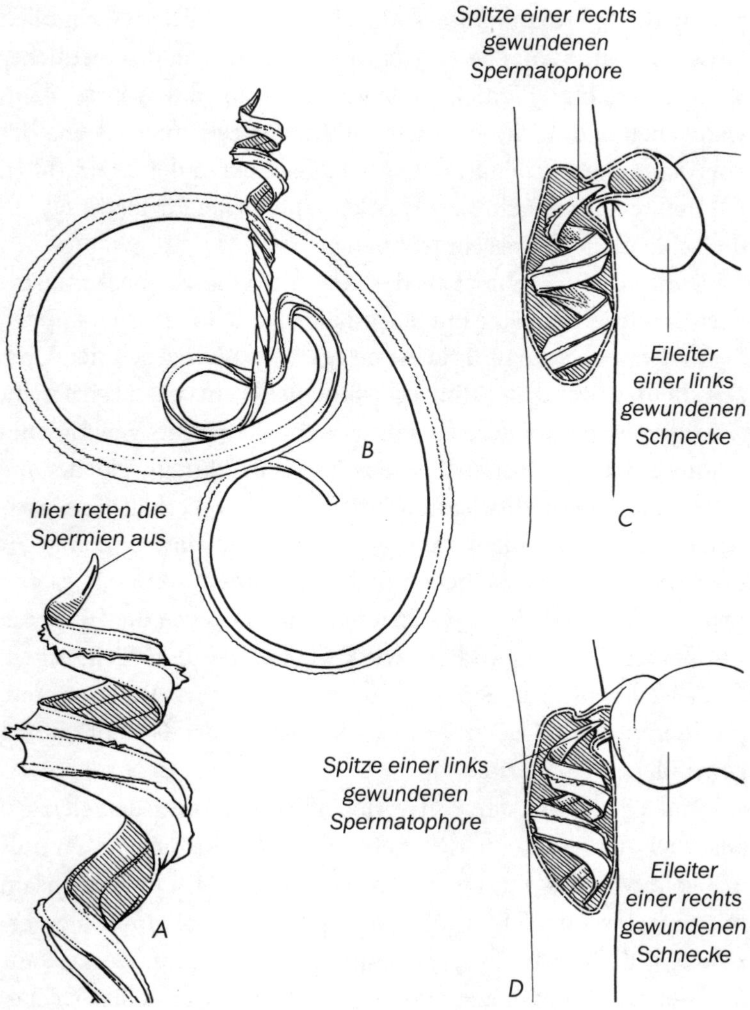

Spiegelbildliche Begattung: Die Schneckenart Amphidromus inversus gibt es in zwei Varianten, Linksdreher und Rechtsdreher. Das betrifft nicht nur die Windung des Schneckenhauses, sondern auch die Spitze (A) der ausgefeilten Spermatophore (B). Wie sich zeigt, passt eine im Uhrzeigersinn gewundene Spermatophore besser in die weiblichen Genitalien eines gegen den Uhrzeigersinn gewundenen Tiers (C) und umgekehrt (D).

pelung der Spermatophorenspitze mit den weiblichen Genitalien besser gelingt, wenn Paarungspartnerinnen mit unterschiedlicher Windungsrichtung aufeinandertreffen! Und das würde dann wahrscheinlich auch bedeuten, dass mehr Spermien es aus der Spermatophore in den Schlauch schaffen, der zu den Eiern führt. Ich drehte auf meinem Laborhocker eine kleine Pirouette, als ich das schließlich herausgebracht hatte.

Die Verhältnisse im Fall der *Amphidromus*-Schnecken erinnern Sie vielleicht an die Entengenitalien aus dem sechsten Kapitel, bei denen die Sache umgekehrt gelagert war: Ein gegen den Uhrzeigersinn gewendelter (links gewundener) Penis passte sich nicht richtig in eine im Uhrzeigersinn gewendelte (rechts gewundene) Vagina ein. Der Witz dabei ist, dass es bei den Entenweibchen nie zur evolutionären Entwicklung eines Fifty-fifty-Verhältnisses zwischen rechts gewundenen und links gewundenen Vaginen kommen wird, weil die Weibchen nichts gewinnen, wenn sie es den Erpeln erleichern, sie zu penetrieren. Anders liegen die Dinge bei simultanen Hermaphroditen wie den *Amphidromus*-Schnecken, denn weil beide Partnerinnen in der männlichen Rolle agieren, profitieren sie von der Paarung mit einer in der Gegenrichtung gewundenen Partnerin.

Paul Craze von der University of Sussex (und derzeit Herausgeber des hoch angesehenen Wissenschaftsjournals ›Trends in Ecology and Evolution‹) kam nach Malaysia, um gemeinsam mit mir eine Publikation über die Gattung *Amphidromus* zu erarbeiten; dafür schrieb er ein Computerprogramm, das den Effekt der wie füreinander maßgeschneiderten Genitalien solcher Schnecken simulierte. Und tatsächlich ging aus Pauls Computersimulationen hervor, dass bei der von uns untersuchten Art *Amphidromus inversus* bei gleichbleibenden Umständen dank der festgestellten sexuellen Selektion das Nebeneinander von Schnecken beider Windungsrichtungen für alle Zeit aufrechterhalten bleibt. Im Jahr 2007 veröffentlichten wir unsere Ergebnisse im ›Journal of Evolutionary Biology‹ als erstes Fallbeispiel dafür, wie sexuelle Selektion und Form der Genitalien bei einem Tier das Bauprinzip (rechts gewunden oder links gewunden) des gesamten Körpers beeinflussen können. Und ich erwähne das hier als abschließendes Beispiel dafür, wie die Genitalien der Natur den Spiegel vorhalten.[24]

Was haben wir gelernt auf dieser Tour durch die bizarre Welt der Hermaphroditen? Erstens, dass deren Genitalien genauso schräg sind wie die »normaler« Tiere. Nicht selten sind sie sogar noch schräger und outrierter. Anders als Darwin meinte, beherrscht die sexuelle Selektion auch ihre Evolution. Obschon jede sexhungrige Nackt- oder Gehäuseschnecke genauso gepolt ist wie das Objekt ihrer Begierde, hat das keineswegs prosaisch-nüchternen Sex im Stil »Du willst es doch genauso wie ich« zur Folge. Ganz im Gegenteil: Weil jede darauf aus ist, die männliche Rolle zu übernehmen, haben sie beide eine ganze Reihe von Tricks entwickelt, wie sie bei der Partnerin sozusagen die weibliche Seite in den Vordergrund rücken können. Liebespfeile, an der Spitze überlanger Penisse übertragenes Sperma, das Anfressen von Sperma, wahnsinnig lange Spermatophoren – das alles sind Strategien, die sich herausgebildet haben zu dem Zweck, die andere Seite so weit zu bringen, dass sie mehr Spermien entgegennimmt. Das Resultat dieses Zweikampfs ist eine erweiterte und noch manipulativere Variante dessen, was wir bereits bei den Gonochoristen kennengelernt haben. Es ist der Gipfelpunkt, könnte man sagen, dessen, was die Genitalevolution mit einer Spezies alles anstellen kann.

Schlusswort

»Das Erröthen ist die eigenthümlichste
und menschlichste aller Ausdrucksformen.«

Charles Darwin,
›*Der Ausdruck der Gemüthsbewegungen bei dem Menschen und den Thieren*‹

Mit seinem bahnbrechenden ›Science‹-Artikel von 1979, in dem er das raffinierte Libellenpenis-Gimmick beschrieb, erntete Jonathan Waage einiges Lob von Seiten der Medien. Eine Schlagzeile jedoch – er meint, er habe sie im ›National Enquirer‹ gelesen – wetterte: »Akademischer Intelligenzler verschwendet das Geld des Steuerzahlers für Studien zum Libellensex.« In den dreieinhalb Jahrzehnten seit Waages wegweisender Arbeit hat die Lust gewisser Medien, Forscher, die seinem Weg folgen, zum Angriffsziel zu machen nicht nachgelassen.[1] Im März 2013 verspottete die Online-Nachrichtenagentur ›CNS News‹ unter einer ähnlichen Kopfzeile die Studien zu den Entengenitalien von Patricia Brennan und Kollegen, was einen zwei Wochen anhaltenden Mini-Wirbelsturm in US-Medien (Entrüstung über Brennan im TV-Sender ›Fox News‹, Schützenhilfe für sie von ›National Geographic‹ und dem Online-Magazin ›Slate‹) nach sich zog, der umgehend auf den Namen »Duckpenisgate« getauft wurde.[2]

Es ist nicht schwer zu verstehen, warum die Genitalienforschung ein leichtes Ziel für alle ist, die meinen, wissenschaftliche Grundlagenforschung mit Hohn übergießen zu müssen. Über Untersuchungen kleinster Einzelheiten der Geschlechtsorgane irgendwelchen »unbedeutenden Getiers« lässt sich natürlich mühelos in unsäglich abfälligen Worten reden. In diese Diktion kleidet man zwei publikumswirksame Totschlagargumente, beispielsweise: »Nicht nur interessiert es außer Patricia Brennan und ihren abnormen Kollegen an der Yale University keinen Menschen auf der Welt, wie denn nun genau die Geschlechtsorgane der Argentinischen Ruderente beschaffen sind, sondern diese Art Bescheidwissen dient auch keinerlei praktischem Zweck – also sollte man auch keine öffentlichen Gelder dafür verschwenden.« Was Wunder, dass neunzig Prozent der von ›Fox News‹ Befragten diese Schlussfolgerung richtig fanden.

In Wirklichkeit lässt sich der Ansicht, für die Genitalforschung gebe es keine praktische Verwendung, mit guten Argumenten widersprechen. Beispielsweise haben wir im vierten Kapitel gesehen, dass die Erfolgssicherheit der künstlichen Insemination von Nutztieren gesteigert werden kann durch die Verwendung von Spritzen, deren Form der des Penis der jeweiligen Tierart gleicht; in einem in ›Medical Hypotheses‹ veröffentlichten Artikel äußert Eberhard die Vermutung, dass dies auch für Menschen gelten könnte.[3]

Dass Eberhards Artikel in der medizinwissenschaftlichen Literatur ganz unberücksichtigt blieb (seit der Publikation im Jahr 1991 wurde er genau null Mal zitiert), ist symptomatisch für das in der Medizin traditionelle Verständnis der menschlichen Fortpflanzung als einer banalen körperlichen Funktion, bei der die Geschlechter »zum Besten der Art« zusammenwirken und auftretende Fruchtbarkeitsprobleme schlicht als Funktionsstörungen zu werten sind. Es sollte inzwischen klar geworden sein, dass die Fortpflanzung bei jeder Spezies das vorläufige Endergebnis eines niemals endenden evolutionären Tangos ist, eines Tanzmarathons, in dem Elemente von Kampf wie auch von Ballett aufeinandertreffen. Und wie wir gesehen haben, können bei Menschen auftretende gynäkologische und urologische Probleme, in denen Ärzte, als wäre es selbstverständlich, vielfach gern unvermeidliche »Normabweichungen« sehen, allesamt besser verstanden und möglicherweise besser behandelt werden, wenn wir die an der Genitalevolution beteiligten Kräfte kennen.[4] Nehmen Sie nur die

Beispiele Präeklampsie (siebtes Kapitel), Spontanabort (viertes Kapitel), Samenallergie (siebtes Kapitel), Schwangerschaft in einem nichtkommunizierenden Uterushorn (sechstes Kapitel).

Allerdings sollte die praktische Verwendbarkeit ihrer Arbeiten von Genitalforschern keinesfalls als alleinige Rechtfertigung angeführt werden. Wie bildende Kunst, Musik und Sport ist die Grundlagenwissenschaft dazu da, der übrigen Menschheit eine eigene Form von Unterhaltung zu bieten. Evolutionsbiologen verrichten ihre harte, skrupulöse Arbeit, um alle Einzelheiten herauszufinden, zu verstehen und verständlich zu machen, die man benötigt, um wahre Geschichten über die Welt, in der wir leben, erzählen zu können. Natur-Dokus im Fernsehen zum Beispiel werden weltweit von Hunderten Millionen Menschen gesehen. Die Zuschauer staunen über das, was sie da sehen, und gleichzeitig lernen sie etwas und werden unterhalten. Häufig wird dabei vergessen, dass nicht die sich keuchend durch feuchtheiße Tropenwälder und am Rand steiler Felsstürze entlang mühenden Macher des Films es sind, die all die biologischen Fakten entdeckt haben, die sie dem Zuschauer präsentieren. Jede Minute einer solchen Doku basiert auf der jahrelangen Arbeit eines namenlosen Biologen, der irgendwann irgendwo seiner wissenschaftlichen Grundlagenforschung nachging.

Insofern sie das tief im Menschen verwurzelte Fasziniertsein von allem, was mit Sexualität überhaupt zu tun hat, bedienen (und gleichzeitig dadurch mit Material bedient werden), sollte es für Genitalforscher kein Problem sein, die Welt davon zu überzeugen, dass sie es verdienen, ernst genommen zu werden. Doch liegt darin auch ein gewisses Störpotenzial. Denn mit dieser tief im Menschen verwurzelten Faszination von Sex ist es eigentümlich bestellt. Weil unsere Genitalien in mehreren Bereichen des menschlichen Gefühlslebens strategisch wichtige Positionen besetzt halten, stehen wir seit eh und je in einem recht bewegten Verhältnis zu diesen Körperteilen. In durchaus nachdrücklicher Weise reklamieren sie unser Interesse, sind aber auch bei Männern wie Frauen Zentrum von Machtentfaltung und Verletzlichkeit. Es kann gut sein, dass die daraus resultierende seltsame Mischung von Schamgefühl und Lüsternheit ein evolutionär entstandener Aspekt menschlichen Verhaltens ist, den wir in manchem mit unseren nächsten Verwandten teilen. Menschenaffen scheinen ebenfalls die besondere Bedeutung der Genitalien zu kennen. Stark beeindruckt hat mich die Beobachtung Frans de Waals, dass zwei aufstrebende Schimpansenmännchen, als sie im Handstreich das Alphamännchen stürzten, den Alten nicht erdrosselten oder ihm den Schädel einschlugen, sondern sich für die Entmannung entschieden.[5]

Es überrascht demnach nicht, dass Genitalforscher mit beiden Seiten dieses zweischneidigen Schwerts Bekanntschaft machen, wenn sie unsere Aufmerksamkeit auf die Ursprünge, die Funktionsmechanismen und die Evolution der Fortpflanzungsorgane unserer eigenen wie auch anderer Spezies lenken. Wissenschaftliche Inhalte einem breiteren Publikum bekannt zu machen, ist zunächst kein Problem, denn die Leute spitzen sofort die Ohren. Doch die Neugier kann schnell in Betretenheit umschlagen. Als das populärwissenschaftliche Magazin ›Scientific American‹ im Jahr 2013 auf seiner Facebook-Seite über Brian Mautz' Untersuchungen zur Attraktivität von unterschiedlichen Penisgrößen für Frauen (siehe das dritte Kapitel) berichtete, entfernte Facebook die (computergenerierten) Illustrationen mit der Begründung, sie seien zu »explizit«.[6]

Zugleich jedoch ist, was Genitalien und Sex angeht, auch die Genitalforschung selbst nicht frei von fest eingewurzelten vorgefassten Ideen. Wiederholt habe ich in diesem Buch auf eine Dauerdebatte zwischen zwei Lagern der Genitalforscher hingewiesen. Das eine, mit William Eberhard als führendem Kopf, unterstreicht die Wichtigkeit der »kryptischen Weibchenwahl« (KWW) für die Genitalevolution. Andere Forscher, unter ihnen Göran Arnqvist, sind der Überzeugung, dass die »sexuell antagonistische Koevolution« (SAK) die treibende Kraft hinter der Biodiversität der Genitalien ist. Es sind kleine theoretische Details, die beide Lager trennen.[7] Der KWW-Theorie zufolge evolvieren Genitalien größtenteils deswegen, weil Weibchen sich aus der Zahl der verfügbaren Freier die besten heraussuchen. Selbst wenn die Männchen das Weibchen mit hinterhältigen Tricks manipulieren, ist es letztlich das Weibchen, das, wie Eberhard es ausdrückt, »selektiv kooperiert«, um seinen Nachwuchs mit den besten Genen auszustatten, an die es kommen kann. Für das SAK-Lager dagegen verläuft die Genitalevolution als ein sich wechselweise aufschaukelnder männlich-weiblicher Kampf darum, wer das letzte Wort in Sachen Befruchtung hat – eines Kampfs, der nicht ohne Kosten für beide Parteien abgeht.

Welches Lager recht hat, ist schwer zu entscheiden. Eindeutige Beweise wären nur auf einem Wege zu erlangen, nämlich durch den Vergleich der genauen Zahlen unter natürlichen Bedingungen erzeugter Kinder, Enkel und Urenkel – kurzum, des gesamten Fortpflanzungserfolgs – von Weibchen, die sich jeweils mit Männchen unterschiedlichen Typs paaren. Gingen die Zahlen zurück, wenn ein Weibchen sich mit vielen Männchen paart, wäre dies ein Beweis für die SAK-Theorie; stiegen sie, hätte das KWW-Lager die besseren Karten. Aber laut Eberhard ist niemand »in diesem Belang je auch nur annähernd so weit gekommen, dass er annehmbare Daten hätte vorlegen können«.

Gleichzeitig wirft jedes der beiden Lager dem anderen vor, sich von alten unwissenschaftlichen, patriarchalischen Stereotypen betreffend die Geschlechterrollen nicht lösen zu können. Der KWW-affine Eberhard spricht von unbewussten »kulturellen Scheuklappen«, die bewirken, dass die SAK-ler in dem Glauben verharren, an sexueller Interaktion nehme der männliche Teil in eher aktiver, der weibliche in mehr passiver Rolle teil. Für das SAK-Lager wiederum steht fest, dass die KWW-ler zu stark auf den Penis fokussiert sind und häufig die gynäkologischen Details ihrer Vorzeigespezies ignorieren.

Den Vorwurf, auf den Penis fixiert zu sein und deshalb die

Vagina zu vernachlässigen, sollte sich wahrlich die gesamte Genitalwissenschaftsgemeinde hinter den Spiegel stecken. Dass die Aufmerksamkeit vornehmlich den Penissen zugewandt wurde, die Vaginen dagegen unbeachtet blieben, hat zum Teil technische Gründe (bei Insekten zum Beispiel besteht der Penis gewöhnlich aus Chitin und verliert selbst bei Präparaten nicht die Form, während die weichen, nachgiebigen weiblichen Genitalien zusammenschrumpfen). Indes muss auch eine kulturell bedingte Voreingenommenheit im Spiel sein. Das konnten wir im vierten Kapitel daran ablesen, wie viele Hürden zu überwinden waren, ehe endlich eine angemessene Beschreibung der menschlichen Klitoris vorlag, während der Penis in den Lehrbüchern schon immer problemlos ein eigenes Kapitel für sich beanspruchen konnte. Die weiblichen Genitalien, schreibt die feministische Evolutionsbiologin Patricia Adair Gowaty, haben in der gesamten Biologie schon immer darunter zu leiden, dass sie als »eher gewöhnlich denn raffiniert, eher zweckdienlich denn fantastisch gestaltet«[8] angesehen werden. Doch sobald Beobachter die technischen und kulturellen Hürden überwinden und sich die weiblichen Genitalien genau ansehen (denken Sie an die Enten und die Kurzflügler aus dem sechsten Kapitel), stellen diese sich meistens als ebenso eigenartig und abwechslungsreich gestaltet heraus wie die männlichen Pendants. Tatsächlich werden bei vielen Tiergruppen (Spinnen, Stutz- und Zwergkäfer, Sandmücken und Motten, um nur einige zu nennen) zur Artbestimmung ebenso oft die weiblichen Genitalien herangezogen wie die männlichen.

Seinen Unzulänglichkeiten und Einseitigkeiten zum Trotz hat uns das Studium der Genitalevolution tiefe Einblicke in die Geschichte des Lebens geschenkt – genauso wie spektakuläre Ausblicke darauf. Das wissenschaftliche Interesse des jungen Studenten William Eberhard erwachte in dem Augenblick, als ihm beim Durchblättern arachnologischer Abhandlungen auffiel, dass kein anderer Körperteil von der Evolution so vielfältig gestaltet worden war wie die an der Fortpflanzung unmittelbar beteiligten Organe.

Dass die Genitalien bei vielerlei Organismen den Gipfelpunkt der Biodiversität darstellen, scheint fast ein Naturgesetz zu sein. Wir wollen jedoch nicht vergessen, auf welch unsicheren, von Zufälligkeiten bestimmten Wegen dieser Zustand erreicht wurde.

Als ein Mittel, schnell evolvierende Viren abzuhängen und Fehler im Gencode zu korrigieren, kam irgendwann im Dunkel der Zeiten die geschlechtliche Fortpflanzung auf. Dann schlich sich ein Bakterium in eine Urzelle ein. Damit der Krieg zwischen den bakteriellen Bewohnern ein und derselben Zelle ein Ende nahm, entstanden getrennte Geschlechter, ein männliches und ein weibliches, die jeweils eigene Keimzellen (Samenzellen bzw. Eizellen) produzierten. Statt diese Keimzellen ins Blaue hinein in die Fluten zu streuen, gingen manche Organismen dazu über, sie zu Spermatophoren zusammenzupacken, und entwickelten Geschlechtsorgane, mit denen man diese Samenpakete zu anderen Organismen übertragen konnte; damit war die Bühne bereitet, auf der dann die sexuelle Selektion ihren Zauberstab schwang, um mit kryptischer Weibchenwahl, Fisher'scher »runaway selection« und Geschlechterkampf das verwirrende Aufgebot der Formen und Funktionsmechanismen hervorzubringen, das wir heute sehen.

Aber das ist noch nicht alles. Die Proteine in den Paarungspfropfen aus dem siebten Kapitel sind möglicherweise die gleichen wie die, welche Verwendung in der Membran fanden, die in Urzeiten, vielleicht noch vor der Evolution der Genitalien, die Spermatophoren der Vorfahren umhüllt hat. Ganz ähnlich erwies sich, was zuerst nur die Fähigkeit der Samenzelle war, sich in die Eizelle einzubohren, später als nützlich bei den Arten, welche die traumatische Insemination evolvierten, weil dort die Spermien jetzt mehr als nur die Außenhülle von Eizellen durchdringen können mussten. Dass Hermaphroditen sowohl weibliche wie männliche Hormone produzieren, macht sie anfällig für die hormonelle Manipulation durch den Paarungspartner, wie wir im achten Kapitel von Joris Koene erfahren haben. Und schließlich könnte der Grat, der die Spermienabstoßung (drittes Kapitel) vom Spermienbaggern (sechstes Kapitel) scheidet, noch schmaler als schmal sein. Es könnte sein, dass ein Männchen in der Lage ist, während der Kopulation den Reflex auszulösen, der das Weibchen veranlasst, die Spermien eines früheren Freiers abzustoßen, was den Unterschied zwischen den beiden Praktiken verwischen würde.

Solche Zufälligkeiten und Präadaptationen legen der Genitalevolution eine lockere Zwangsjacke an. Locker, weil – wie wir im vierten Kapitel gesehen haben – sie ein ungemein dynamischer Prozess ist, der sich in allen möglichen unvorhersehbaren Richtungen zu großem Formenreichtum entfalten kann. Dabei spielt die Umwelt eine große Rolle, die sehr viel mehr umfasst als die Größenbegrenzung der Genitalien von Moskitofischen oder *Tidarren*-Spinnen. Ich schreibe diesen Abschnitt während eines Urlaubs auf Kreta. Anders als die meisten Urlauber habe ich hier viel Zeit mit der Beobachtung von auf Blumen am Wegrand kopulierenden Käfern verbracht. Während die Paare mancher Arten völlig blind und taub für die Außenwelt zu sein scheinen und fest zusammengeschlossen bleiben, wenn ich sie auflese und unter der Lupe betrachte, trennen sich die anderer Spezies auf der Stelle und fliegen weg, sobald sie gestört werden. Kann sein, dass die erstgenannten Arten von Stacheln am Penis zusammengehalten werden und diese sich entwickeln konnten, weil die Tiere giftig sind oder aus anderem Grund weniger Fressfeinde und daher auch weniger zu befürchten haben, wenn sie in flagranti überrascht werden. Es würde mich nicht überraschen, wenn sich bestätigte, dass solche evolutionären Zusammenhänge zwischen den Genitalien einer Spezies und ihrer ökologischen Nische existieren.

Umgekehrt könnte die Genitalevolution auch die Triebkraft hinter der Entstehung neuer Arten sein. Wenn es zutrifft, dass die männlichen Genitalien fortwährend evolvieren, um sich an die weiblichen anzupassen, und umgekehrt, dann könnte diese zweiseitige Anpassung eine Aufspaltung der fraglichen Art, ein »Speziations«- oder Artbildungsereignis bewirken. Zum Beispiel haben bei den mit ihrem Ejakulat zugleich manipulative Substanzen injizierenden Samenkäfern, die wir im siebten Kapitel kennengelernt haben, die verschiedenen Arten in je verschiedenem Grad stachelbewehrte Penisse, und entsprechend variiert auf der weiblichen Seite die Dicke der Vaginalwände dergestalt, dass die Weibchen von Arten, bei denen der Penis besonders üppig mit Stacheln besetzt ist, eine gut gepanzerte Vagina besitzen.[9] Solche Anpassungen auf beiden Seiten kommen nicht nur bei Samenkäfern vor, die bereits der einen oder anderen von klar voneinander unterschiedenen Arten angehören; derselbe Prozess findet auch in räumlich getrennten Populationen einer und derselben Art statt. So zum Beispiel bei der Samenkäferspezies *Callosobruchus maculatus*. Ein indisches *C.-maculatus*-Männchen, das sich mit einem afrikanischen Weibchen paart, hat keinen großen Erfolg in der Spermienkonkurrenz mit Männchen aus der heimischen Population des Weibchens; das gilt auch umgekehrt. Derlei in jeder Population isoliert vonstattengehende wechselseitige männlich-weibliche Anpassung kann unter Umständen zu unüberwindlichen Hindernissen für eine erfolgreiche Kreuzung zwischen den Populationen führen, und das wiederum kann zur Folge haben, dass die jeweiligen Populationen sich zu separaten Arten entwickeln.

So viel zu den Samenkäfern. Im Vorwort habe ich auf eklatante Unterschiede zwischen unseren Genitalien und denen unserer nächsten Verwandten, der Schimpansen und Bonobos, hingewiesen. Und obschon ich von der Evolution der Genitalien nicht sagen würde, dass sie der Keil ist, der zwischen uns und unsere Primaten-Geschwister getrieben wurde, hat sie doch ohne Frage die Evolutionswege zu bahnen mitgeholfen, welche diese drei Spezies in den letzten Jahrmillionen zurückgelegt haben. Über dieses ganze Buch verteilt blitzen befremdende Schnappschüsse der Evolution auf: von Penissen, die zwar ihre Stacheligkeit verloren haben mochten, dafür aber Instrumente zur Beseitigung von Sperma ausgebildet hatten; und von weiblichen Orgasmen, die Samen auswählen oder abstoßen; Samen von Partnern, die ihrerseits vielleicht unter der Hand in die weibliche Physiologie eingreifen oder auf die ein oder andere Weise sogar den Samen von Vorgängern kaltstellen.

Nicht eingegangen bin ich auf die Frage, ob bei der Genitalevolution vielleicht auch Homosexualität eine Rolle spielen könnte – Genitalforscher haben noch nicht einmal angefangen, an der Oberfläche dieser Frage zu kratzen.[10] Bei Säugetieren – inklusive des Menschen – ist sie wahrscheinlich angebracht. Zum Beispiel ist bei den Bonobos die Klitoriseichel eine größere, nach vorn spitz zulaufende Angelegenheit, eine anatomische Besonderheit, die von manchen Primatologen in Verbindung damit gebracht wird, dass bei diesen Menschenaffen homosexuelle Kopulationen unter Weibchen (wie übrigens auch unter Männchen) eine wichtige soziale Rolle spielen. Bei bekanntermaßen im Tierreich auch sonst stark verbreiteter Homosexualität ist es durchaus wahrscheinlich, dass gleichgeschlechtliche Paarung auch noch auf anderen Wegen Einfluss auf die Genitalevolution ausüben könnte – Wegen, von denen bis jetzt noch keiner von Biologen untersucht worden ist.

Jenseits des ruhigen Nebengewässers, in dem wir Menschen uns befinden, existiert ein weites Meer von Spielarten der Sexualität, und vieles, was bei anderen animalischen Lebewesen gang und gäbe ist, ist uns ganz fremd: Wir wären nicht sehr glücklich mit einem Liebesleben nach Art der Samenkäfer, Meeresschnecken oder Kellerspinnen. Was ich jedoch hoffentlich habe zeigen können, ist, dass wir Menschen in das Ganze hineingehören, dort unseren Platz haben. Die Art und Weise, wie Formen und Funktionen unserer Genitalien von der Evolution gestaltet wurden, ordnet uns nahtlos in das große Kontinuum ein, macht uns zu einem integralen Teil der Natur. Gleich allen animalischen Lebewesen, mit denen wir diese Welt teilen, sind wir Nachkommen einer ununterbrochenen Ahnenreihe, deren Glieder sich wie jenes Paar, das im 17. Jahrhundert den Pottwalpenis beäugte, über den unwiderstehlichen Reiz der Sexualität einig war.

Danksagung

Ich schrieb dieses Buch teils zu Hause, teils auf Reisen in verschiedene Regionen der Welt. Im Zuhause danke ich meiner Lebensgefährtin Rachel Esner und meinen Kindern Fenner und Jan für das Verständnis, das sie für mich und meine vom Schreiben induzierte Gedankenverlorenheit am Küchentisch in Leiden, Amsterdam, Paris und Kota Kinabalu bewiesen haben – und Rachel auch dafür, dass sie es mir zugestanden hat, noch intensiver, als ich es normalerweise schon tue, über Genitalien nachzusinnen. Außerhalb der Familiensphäre leistete das Personal der folgenden Institutionen, ohne es zu ahnen, Geburtshilfe für dieses Buch. In London des Dana Centre, der Imperial-College-Mensen, des Restaurants im Victoria and Albert Museum und von Mrs. Sue Craysons Hotel garni. Auf den Azoren des Lince Azores Great Hotel in Ponda Delgada. Auf Kreta des Marin Hotel und des Morosini Café in Iraklio (mit Ausblick auf die belebte Balzarena der Stadt) und in Douliana des Haus Filipa. Das ganze sechste Kapitel wurde in Ben Banksons Wohnung in Brooklyn, New York, zu Papier gebracht, große Teile des ersten und zweiten Kapitels schrieb ich in der Wohnung, die ich in Berlin von Annette Ciré angemietet hatte.

Dann sind da die zahlreichen Wissenschaftler (sowie einzelne Künstler und Kunsthistoriker) – manche von ihnen Freunde, andere Kollegen, wieder andere mir gänzlich fremd –, die sämtlich mir großzügig für kürzere oder längere Dauer ihre Zeit widmeten, mich mit Ratschlägen und Informationen versorgten und in vielen Fällen gastfreundlich in ihr Labor, Büro oder Heim einluden. In alphabetischer Reihenfolge waren dies: Gerd Alberti, Göran Arnqvist, Lisa Becking, Tim Birkhead, Oskar Brattström,

Maria Fernanda Cardoso, Satoshi Chiba, William Eberhard, Coby Feijen, Hans Feijen, Claudia Gack, John Grahame, Martin Haase, Peter van Helsdingen, Kasper Hendriks, Rolf Hoekstra, Michael Jennions, Kazuki Kimura, Joris Koene, Hanna Kokko, Bram Kuijper, Michael Lang, Martine Maan, Patricia Mainardi, Brian Mautz, Thibaut de Meulemeester, Peter Michalik, Jeremy Miller, Kees Moeliker, Nobuaki Nagata, Virginie Orgogozo, Antonella di Palma, Rich Palmer, Michel Perreau, Michal Polak, Andrew Pomiankowski, Richard Preece, »Theo« Michael Schmitt, Angela Schmitz-Ornés, Stephen Sutton, Gabriele Uhl, Jonathan Waage und Paul Watson.

Eine Reihe von nahen Freunden hat mich mit klugen Ratschlägen bedacht und mir sowohl geistige wie seelische Unterstützung gewährt, allen voran auf vielerlei Art und Weise Rachel Esner, aber auch Frank van Rooij (beide haben große Teile der Entwurfsfassung kritisch durchgesehen), Jeroen Roelfsema, Janine Kourakos, Lydian ter Brugge und Abigail Solomon Godeau. Danken möchte ich auch meinen Kollegen am Naturalis Biodiversity Center, insbesondere Kris de Greef und allen Mitgliedern der Focus Group »Character Evolution«, meinen Schülern Thijmen Breeschoten, Paulien de Jong, Tamara Hoogenboom, Rick van Beek und Melanie Meijer zu Schlochtern, aber auch meinen Abteilungsdirektoren am Institut Jan van Tol, Koos Biesmeijer, Erich Smets und Edwin van Huis, deren Flexibilität es mir gestattete, einen Teil meiner Zeit für dieses Buchprojekt abzuzweigen.

Last not least danke ich Peter Tallack und Louisa Pritchard bei der literarischen Agentur The Science Factory sowie Melanie Tortoroli und Wendy Wolf beim Verlag The Viking Press, die all dies möglich gemacht haben.

Anmerkungen

Ein Wort vorab

1 Das Leidener Museum für Naturgeschichte ist heute in einem modernen Hochhaus beim Bio Science Park untergebracht und in Naturalis Biodiversity Center (www.naturalis.nl) umbenannt. Dort sind auch die Sammlung von Geweihen und Hörnern und das Gemälde von 1606 mit dem bei Brouwershaven gestrandeten Pottwal zu besichtigen.

2 Schöpfer der Lehrtafel ›Penises of the Animal Kingdom‹ ist Jim Knowles (der für seine Schöpfung 1992 einen Ig-Nobelpreis erhielt).

3 Die Kurzfilmreihe ›Green Porno‹ ist online zu sehen auf www.sundancechannel.com/greenporno/.

4 Darwins (1871) Ausschluss der primären Geschlechtsmerkmale aus dem Objektbereich der sexuellen Selektion findet sich im 8. Kapitel (»Principles of Sexual Selection«), S. 253 f.

5 Die Umstände, unter denen Waage seine Untersuchungen der Prachtlibellengenitalien begann, erfuhr ich bei einem Online-Interview, das ich am 14. März 2013 mit ihm führte.

6 Das – hier paraphrasierte – Stephen-Hubbell-Zitat entnahm ich meinem Buch ›The Loom of Life‹ (Schilthuizen, 2009).

7 Die weiblichen Genitalien des Schimpansen beschreibt Dahl (1985).

8 Die männlichen Genitalien des Schimpansen beschreibt Prasad (1970).

9 Das Geschehen, das zur Konzeption von Eberhards Buch führte, erfuhr ich von dem Autor bei einer E-Mail-Korrespondenz mit ihm Ende April 2013.

10 Ein Artikel in ›Nature‹ (Barron und Brown, 2012) geißelt die in Wissenschaftsmedien grassierende Tendenz zum Sensationalismus und zur Fehldarstellung der Forschung zur sexuellen Selektion.

I Begriffsklärungen

1 Wie in der Biologie aktuell über bakteriellen Sex gedacht wird, referieren Prasad Narra und Ochman (2006).

2 Das Massenablaichen der Korallen beschreiben z.B. Harrison u. a. (1984).

3 Die Spermienübertragung ohne direkten Kontakt zwischen Männchen und Weibchen beschreiben Weygoldt (1969) bei Pseudoskorpionen, Schaller (1971) bei Springschwänzen (*Collembola*) und Houck und Verrell (2010) bei Salamandern.

4 Einen vorzüglichen Überblick über die verschiedenen Spermienübertragungsverfahren bei Tieren gibt Clark (1981).

5 In Highnam (1964) behandeln mehrere Kapitel die Theorie, der zufolge das Absetzen von Spermatophoren älter ist als die Evolution von Genitalien.

6 Mehr über ungeschlechtliche Fortpflanzung bei Pflanzen, parasitären Wespen, Gespenstschrecken, Käfern, Truthühnern, Eidechsen und *Bdelloida*-Rädertierchen in Calzada u. a. (1996) bzw. Godfray (1994), Bullini und Nascetti (1989), Dybas (1978), Olsen (1966), Radtkey u. a. (1995) und Fontaneto u. a. (2007).

7 Gut verständlich erklärt werden die verschiedenen Theorien über die Entstehung der geschlechtlichen Fortpflanzung von Ridley (1993).

8 Hintergrundmaterial zur Evolution der Geschlechter enthalten Hoekstra (1987), Randerson und Hurst (2001) sowie Schilthuizen (2004). Dieser und der vorige Abschnitt wurden von Rolf Hoekstra überprüft.

9 Eine maßgebliche distinktive Definition von primären und sekundären Geschlechtsmerkmalen aus medizinischer Sicht findet sich in Haeberle (1983).

10 Darwin (1871, Kap.8:253–255) behandelt Hunters (1780) primäre und sekundäre tierische Sexualcharaktere und die Problematik ihrer Definition. Eine moderne Behandlung des Themas bietet Ghiselin (2010).

11 Beschreibungen der Genitalien des Marienkäfers *Cycloneda sanguinea* finden sich in Eberhard (1985:158) und Araújo-Siqueira und Almeida (2006).

12 Die türkisgrünen Hoden der Östliche-Vollbartmeerkatzen- und Zwergbeutelratten-Männchen begegnen in Prum und Torres (2004).

13 Mehr Hintergrundmaterial zur Entdeckung der sexuellen Selektion findet der Leser im vierten Kapitel meines Buches ›Frogs, Flies and Dandelions‹ (Schilthuizen, 2000).

14 Ghiselin kritisiert den Gebrauch des Begriffs »Merkmal« u. a. in Ghiselin (1984).

15 Eberhard trägt seine Definition der Genitalien in Eberhard (1985:2) vor.

16 Die Evolution der inneren Befruchtung als Folge der Übersiedlung des Lebens aus dem Meer aufs Land erörtert einleuchtend Clark (1981).

17 Van Leeuwenhoek (1678) beschrieb als Erster (des damals heiklen Gegenstands wegen in Latein) das Absterben von Hundespermien in Süßwasser.

18 Ein Schaubild, das die Überlebensspannen der Spermatozoen verschiedener Fischarten in destilliertem Wasser bei unterschiedlichen Temperaturen veranschaulicht, findet sich in Lindroth (1947).

19 Die medizinischen Fälle von »Infektion« mit Kalmarenspermien wurden erfasst und zoologisch interpretiert von Marian u. a. (2012), desgleichen von Danna Staal im Rahmen einer auf Video aufgezeichneten Performance auf der ›Nerd Nite San Francisco‹ (20. Juni 2012). Die zitierte Zeitungsschlagzeile, angeregt durch den Artikel von Park u. a. (2012), war in der Online-Ausgabe der britischen ›Daily Mail‹ vom 15. Juni 2012 zu lesen.

20 Arkhipkin und Laptikhovsky (2010) beschreiben den längeren Penis des Tiefseekalmars *Onykia ingens*.

21 Tinbergen (1939) beschreibt das Paarungsverhalten des Gewöhnlichen Tintenfischs.

22 Die Schale des Papierboots, die ich nur kurz streife, gibt Anlass zu vielfacher Spekulation, weil sie der Ammonitenschale so sehr ähnelt, dabei aber aus anderem Material (Kalk, nicht Argonit) gefertigt ist und nicht vom Mantel des Tiers, sondern von Tentakeln erzeugt wird. Deshalb mutmaßte Adolf Naef, dass die Vorfahren der Papierboote zu Zeiten, in denen die Ammoniten noch nicht ausgestorben waren, sich die von verendeten Ammoniten hinterlassenen Schalen aneigneten, um ihre Eier darin abzulegen, im Laufe der Zeit dann evolutionär die Fähigkeit ausbildeten, sie auszubessern, und schließlich auch die Fähigkeit evolvierten, ganze Schalen selbst zu fertigen. Diese nicht sehr realistische Hypothese nimmt allerdings kaum jemand ernst. Ein weiterer interessanter Aspekt des Papierboot-Lebensstils ist es, dass die Tiere manchmal eine Symbiose mit Quallen (die Weibchen) oder Salpiden (die Männchen) eingehen. Ein gutes Video mit Basisinformationen über Papierboote kann man sich auf http://tinyurl.com/3ae957o anschauen.

23 Die Information über die Autotomie (Selbstablösung) des »Hectocotylus« bei den Papierbooten ist Laptikhovsky und Salman (2003) und Sukhsangchan und Nabhitabhat (2007) entnommen.

24 Cuviers Beschreibung von *Hectocotylus octopodis* findet sich in Cuvier (1829).

25 Sedgwicks Referat vor der Royal Society ist gedruckt als Sedgwick (1885).

26 Jagen in der Gruppe bei einer gesellig lebenden Onychophorenart schildern Reinhard und Rowell (2005).

27 Über die seltsamen unbekannten Strukturen am Kopf berichteten erstmals Tait und Briscoe (1990). Tait und Norman (2001) beschrieben das Paarungsverhalten von *Florelliceps stutchburyae*. Die Entdeckung, dass

»strukturbekrönte« Onychophoren auch Organe für die Durch-die-Haut-Paarung besitzen, findet sich in Walker u. a. (2006).

II Darwins Peepshow

1 Mein Besuch des Jardin des Plantes und des Muséum Nationale d'Histoire Naturelle, wo ich nach dem Standbild von René Jeannel fahndete, fand am 16. Juli 2012 statt.

2 Biografische Details zu Jeannel entnahm ich Motas (1966), Negrea (2007), d'Aguilar (2007) und der Webpage http://fr.wikipedia.org/wiki/Ren%C3%A9_Jeannel.

3 Die Entdeckung paläolithischer Höhlenkunst durch Jeannel erwähnt Lawson (2012).

4 Jeannels Doktorarbeit ist Jeannel (1911).

5 Die *Leptodirini*, ein Tribus in der Familie *Leiodidae*, wurden zu Jeannels Zeiten als *Bathysciinae* bezeichnet und als eine Unterfamilie der Aaskäfer (*Silphidae*) betrachtet.

6 Jeannels Monografie über den »Aedeagus« ist Jeannel (1955).

7 Beiträge zur Taxonomie der Hummeln liefern Williams (1991) und Richards (1927); die Artspezifität des Hummelpenis ist allerdings schon 1821 von V. Audoin bemerkt worden (Jeannel, 1955).

8 Informationen über die Hummelgenitalien sind über die Webadresse http://tinyurl.com/l42ngn3 zu finden. Weitere Informationen über Hummeln im Allgemeinen sind über die Webadressen www.bumblebee.org und bumblebeeconservation.org zu finden. Zwar sind Hummeln überwiegend auf der nördlichen Hemisphäre heimisch, einige Arten kommen jedoch auch in Südamerika und in südostasiatischen Gebirgsregionen vor.

9 Hintergrundmaterial zu den Rüsselspringern und ihrer Klassifikation liefern Springer u. a. (1997) und Dawkins (2004:224); die Formen der männlichen Genitalien untersuchte Woodall (1995), einiges Hintergrundmaterial zum weiblichen Reproduktionssystem findet sich bei Tripp (1971).

10 Der Entomologe, der mich (im Winter 1981/82) bei jener Veranstaltung der Niederländischen Entomologischen Gesellschaft beeindruckte, war Alexey Diakonoff.

11 Im vierten Kapitel meines Buches ›Frogs, Flies and Dandelions‹ (Schilthuizen, 2000) betrachte ich die Formenvielfalt der Genitalien im Zusammenhang mit der Artbildung (siehe auch das Schlusswort).

12 Die Absätze über María Cardoso basieren auf einem Dokumentarfilm der ›Australian Broadcasting Corporation‹ (online auf http://tinyurl.com/l2ma3zg), auf der Website der Künstlerin (www.mariafernanda-cardoso.com) sowie auf meinem E-Mail-Wechsel mit ihr während der Abfassung dieses Buches.

13 Das Gosse-Zitat entnahm ich Gosse (1883). Ich muss gestehen, dass ich wie viele andere vor mir dieses Zitat bewusst aus dem Zusammenhang gerissen habe. Gosse fährt nämlich an Ort und Stelle mit der Anmerkung fort, dass die Auffassung von den Genitalien als Schlösser und Schlüssel zwar oft vorgetragen werde, aber er »würde gern einmal Beweise für dieses Axiom sehen«.

14 Weiteres Hintergrundmaterial zur Schlüssel-Schloss-Hypothese findet sich u. a. bei Eberhard (1985) und Shapiro und Porter (1989).

15 Die Ausführungen in diesem Abschnitt betreffen sowohl die »mechanische« wie die »sensorische« Variante der Schlüssel-Schloss-Hypothese. Letztere ist formuliert u. a. bei Jeannel (1942, 1955) und De Wilde (1964).

16 Der Artikel über die Aaskäfer in einem tschechischen Wald ist Kočárek (2002); Abbildungen von den Penissen der Spezies *Catops* findet man u. a. in Jeannel (1936).

17 Die Makakengenitalien beschreibt Fooden (1967).

18 Hummeln betreffende Schlüssel-Schloss-Theorien wurden angezweifelt u. a. von Richards (1927) und Boulangé (1924).

19 Der Entomologe, der mich seine Sammlung von Inter-Spezies-Begattungen sehen ließ, war der verstorbene Jan Lucas.

20 Die Paarungsexperimente mit chiralen *Ciulfina*-Arten beschreiben Holwell und Herberstein (2010).

21 Das gegen die Schlüssel-Schloss-Hypothese sprechende biogeografische Beweismaterial findet sich bei Eberhard (1985), aber auch bei Shapiro und Porter (1989), Eberhard (1996), Arnqvist (1997) und Eberhard und Huber (2010).

22 Das Beispiel für eine einem Schlüssel-Schloss-Verhältnis ähnliche Sachlage bei Taufliegen diskutieren Kamimura und Mitsumoto (2012).

III Ein Instrument zur kopulatorischen Balz

1 Bei den erwähnten Bestimmungsbüchern handelt es sich um Jeyarajasingam und Pearson (1999), Kleukers u. a. (1997) und Freude u. a. (1971).

2 Die kurze Erwähnung der sexuellen Selektion bei Darwin (1859) erfolgt im vierten Kapitel, S. 87–90.

3 Das Eberhard-Zitat entstammt Eberhard (1985:15).

4 Die Darwin-Karikatur ist von Albert Way (1805–1874) und Eigentum der Universitätsbibliothek Cambridge. (Soweit wir wissen, hat Darwin nie einen Riesenkäfer geritten – nur Riesenschildkröten.) Die Anekdote aus den Zeiten seiner Käferjagd entstammt Barlow (1958:62 f.).

5 Darwins Abhandlungen über die Rankenfüßer sind Darwin (1851, 1854).

6 In der Abhandlung von 1854 beschreibt Darwin den Penis des bohrenden Rankenfußkrebses *Cryptophialus minutus* (laut Birkhead, 2009) als »wunderbar entwickelt … vollständig ausgestreckt muss er zwischen acht und neun Mal die volle Körperlänge des Tieres messen … zusammengerollt gleich er einem großen Wurm«.

7 Eine Liste der längsten Penisse im Tierreich findet sich in Neufeld und Palmer (2008).

8 Weitere Einzelheiten zur Morphologie des Rankenfüßerpenis bieten Neufeld und Palmer (2008); ein Video, das Rankenfußkrebse in Kopula zeigt, kann man sich auf http://vimeo.com/7461478 anschauen.

9 Henrietta Darwins Einfluss auf das Werk ihres Vaters beschreibt u. a. Birkhead (2007, 2008, 2009); die Anekdote über ihre Feldzüge gegen den Stinkmorchel überliefert (laut Birkhead, 2007) Raverat (1952). Ich bediente mich auch der Notizen, die ich mir als Hörer von Birkheads Tinbergen-Vorlesung an der Universität Leiden am 11. Mai 2012 gemacht hatte. Eine kommentierte Kostprobe aus Henriettas Tagebuch ist online zu lesen unter www.darwinproject.ac.uk/hed-diary-1871. Darüber, wie Henrietta der frommen Legende (»Lady Hope Story«) entgegentrat, Darwin habe sich auf dem Totenbett zum Christentum bekehrt, berichtet Litchfield (1922).

10 Bateman (1948) wurde zu einem richtungweisenden Impulsgeber für die Entwicklung der Theorie von der sexuellen Selektion nach deren »Wiederentdeckung« durch Trivers (1972). Allerdings leistete sich Bateman Fehler bei seiner Versuchsplanung und der Auswertung seiner Befunde, Fehler, die von Gowaty u. a. (2012) aufgezeigt wurden; gleichzeitig repetierte das Gowaty-Team Batemans Versuche und stellte fest, dass sie keinen Beweis für eine sexuelle Selektion lieferten. Einen summarischen Überblick über weitere kritische Stellungnahmen zum Bateman-Prinzip gibt Olivia Judson (2002). Der Abschnitt über das Bateman-Prinzip wurde gegengelesen und kommentiert von Hanna Kokko, die mir gleichzeitig Einblick in Teile zweier unveröffentlichter Kapitel eines Buches aus ihrer Feder zu diesem Thema gewährte und mich überdies auf den Artikel von Gerlach u. a. (2012) hinwies, in dem

erklärt wird, warum positive Bateman-Gradienten für Weibchen statistische Artefakte sein könnten.

11 Eine allgemein verständliche Theoriegeschichte der sexuellen Selektion, zumal von deren »Weibliche-Wahl«-Variante, enthält Schilthuizen (2000). In diesem Buch trete ich als Anhänger der konzeptuellen Unterscheidung zwischen »Gute Gene«-Selektion und »Fisher'scher« sexueller Selektion auf – siehe auch Ridley (1993). Wie indessen beispielsweise Kokko u.a. (2003) nachgewiesen haben, besteht zwischen den beiden Konzepten kein grundlegender Unterschied.

12 Über die sexuelle Selektion bei Pfeilgiftfröschen informieren umfassend Maan und Cummings (2008, 2009, 2012). Weiteres Material dazu liefern Myers und Daly (1976) und Summers (2004).

13 Die Beispiele für weibliche Wahl bei Pfauen und Rauchschwalben sind Petrie (1994) und Møller (1990) entnommen.

14 Über die originale Entdeckung der Wirkung von farbigen Plastikreifen an Finkenbeinen auf die weibliche Wahl berichten Burley u.a. (1982).

15 Burleys Untersuchung des Effekts von Federhauben schildern Burley und Symanski (1998), die Information über die Verhaltensänderung künstlich attraktiv gemachter Finkenmännchen findet sich in Burley (1988).

16 Die Sensorischer-Trieb-Theorie modelliert einen komplexen Prozess mit mehreren, jeweils für sich untersuchten und benannten Komponenten. Ein stimmiges Gesamtbild zeichnen Endler und Basolo (1998).

17 Auf das Motto von F. Scott Fitzgeralds Roman ›Der große Gatsby‹, das an Ort und Stelle dem Alter Ego des Autors, Thomas Parke d'Invilliers, zugeschrieben wird, hat mich dankenswerterweise Frank van Rooij aufmerksam gemacht.

18 Die Zurschaustellung des Penis bei Moskitofischen, Primaten und Echsen beschreiben Kahn u.a. (2010) bzw. Wickler (1966) und Bohme (1983), während Mautz u.a. (2013) die maßgebliche Studie zur Penislänge beim Menschen in ihrer Rolle als Faktor männlicher visueller Attraktivität ist.

19 Cartoons von Rube Goldberg findet man im Netz auf www.rubegoldberg.com.

20 Der Artikel über die stridulierenden Genitalien einer Schnakenart ist Eberhard und Gelhaus (2009); über Genitalstridulation bei Nachtfaltern berichten u.a. Heller und Krahe (1994) und Conner (1999).

21 Zur Funktion der Parameren (a) im Allgemeinen siehe Eberhard (1985) und (b) speziell bei Käfern Düngelhoef und Schmitt (2010). Notabene: Der Satz in Anführungszeichen (»mehr nach links – ja – so ist's richtig«) ist nicht etwa als wörtliches Zitat aus den Ausführungen von Frau

Dr. Düngelhoef zu verstehen. Parameren der Marienkäfergattung *Cycloneda* beschreiben u. a. Araújo-Siqueira und Almeida (2006); das Video von einer Paarung (mit aktiven Parameren) kann man sich im Netz auf www.youtube.com/watch?v=VplJpdlUmsw anschauen.

22 Die Penisgeißel bei Insekten beschreiben Eberhard (1985) und Rodriguez u. a. (2004); den Harnröhrenzipfel (»Processus urethrae«) der Huftiere behandelt Prasad (1970). Dass dieser Harnröhrenfortsatz bei der Ejakulation vorwärtsschnellt, erfährt man von Eberhard (1985:11).

23 Eine genüssliche kulturanthropologische Beschreibung des bornesischen »palang« liefert Harrisson (1959); im Sarawak-Museum in Kuching, der Hauptstadt des malaysischen Bundesstaats Sarawak, sind mehrere berühmte Exponate des Schmuckstücks zu besichtigen.

24 Das die Wespengenitalien betreffende Zitat ist aus West-Eberhard (1984).

25 Die Angabe zum Prozentsatz der unter rhythmischen Stoßbewegungen des Genitales kopulierenden Spezies, inklusive des Details betreffend die Riesengalagos, sowie die Beobachtung zum »kryptischen Stoßen« richten sich nach Eberhard (1996).

26 Den Pseudophallus des Büffelwebers und seinen Gebrauch bei der Kopulation beschrieben Winterbottom u. a. (1999, 2001) und Tim Birkhead in seiner Tinbergen-Vorlesung in Leiden am 11. Mai 2012.

27 Die Angaben zu den Sinnesorganen in der Kleinlibellen-Vagina, den Genitalien der Kakerlakenweibchen, der Klitoris und der Vagina beim Menschen schöpfte ich aus Córdoba-Aguilar (2005) bzw. Eberhard (2010a), Cold und McGrath (1999) und Pauls u. a. (2006).

28 Die zwei zusammenhängenden Artikel in ›Animal Behaviour‹ sind Baker und Bellis (1993 a, b), und in diesem Abschnitt stütze ich mich einesteils auf diese beiden Papers, zum anderen Teil auf ein Gespräch, das ich am Rande des sechsten Kongresses der Europäischen Gesellschaft für Evolutionsbiologie (Arnheim, 24.–28. August 1997) mit Robin Baker führte.

29 Spätere Arbeiten Bakers wurden kritisiert u. a. von Tim Birkhead, zunächst milde (Birkhead, 1995), dann schärfer (Birkhead u. a., 1997).

30 Das Zitat über die Popularität von Baker und Bellis bei dem Kongress in Princeton ist aus Birkhead (1995).

31 Die Genitalien des Koboldspinnenweibchens *Silhouettella loricatula* und deren Spermienbehandlungsmechanismus beschreiben Burger u. a. (2006) sowie Burger (2007).

32 Die Spermienabstoßung der Großen Zitterspinne ist in Peretti und Eberhard (2009) beschrieben, die der Grévyzebrastute in Ginsberg und

Huck (1989) sowie in Ginsberg und Rubenstein (1990) und die des Haushuhns in Dean u.a. (2011). Kopulation und Spermienabstoßung bei Rundwürmern der Spezies *Caenorhabditis elegans* beschreibt Barker (1994). Die Stoßbewegungen der Fadenwurmspiculae bei der Kopulation sowie weitere Einzelheiten der Paarung beschreiben Barr und Garcia (2006).

IV Fünfzig Wege, einem Lover ein Schnippchen zu schlagen

1 Die Zitate aus Eberhards Buch entstammen alle Eberhard (1996).

2 Von den Artikeln Donald Dewsburys, die ich konsultierte, seien hier lediglich drei genannt: Dewsbury (1971, 1974) und Langtimm und Dewsbury (1991).

3 Neben Helsdingen (1965) beschrieb auch Kullmann (1964) schon früh eine »trockene« Phase bei der Spinnenkopulation.

4 »Trockenen Sex« zwischen Tausendfüßern beschreiben u.a. Tanabe und Sota (2008). Die im Text aufgezählten Beispielfälle entlehnte ich Eberhard (1985).

5 Peter van Helsdingen interviewte ich in Leiden am 25. Oktober 2012.

6 Die Forschung zur Sierra-Kuppelspinne *Neriene litigiosa* hat sich u.a. in Watson (1991, 1995) und Watson und Lighton (1994) sowie in Eberhard (1996) niedergeschlagen. Andere Textteile basieren auf einer E-Mail von Paul Watson vom 28. Oktober 2012. De facto kommt es nicht sehr oft vor, dass Sierra-Kuppelspinnenweibchen sich aus dem Geschäft mit dem jeweiligen Männchen verabschieden, indem sie sich nach der trockenen Phase davonmachen; in den meisten Fällen verlassen sie sich eher auf die Spermienabstoßung.

7 Von den positiven Effekten einer sachgemäßen weiblichen Stimulation bei der künstlichen Besamung handeln Evans und McKenna (1986) und Eberhard (1991).

8 Die Morphologie des weiblichen Reproduktionstrakts des Goldhamsters beschreiben Yanagimachi und Chang (1963), die einer Reihe von Baldachinspinnenarten Hormiga und Scharff (2005).

9 Über den Maiswurzelbohrer *Diabrotica undecimpunctata* schrieben Tallamy u.a. (2001).

10 Die meisten Angaben zur Anatomie der menschlichen Klitoris und zur Geschichte ihrer Erforschung entnahm ich O'Connell u.a. (1998, 2005) und Foldes und Buisson (2009). Bestimmte Einzelheiten zu Reinier de

Graaf sind Rozendaal (2006) entnommen. Der ›New Scientist‹-Artikel ist von Williamson (1998).

11 Mein kurzer Absatz über die wechselnden Ansichten zum weiblichen Orgasmus beim Menschen basiert zum größten Teil auf Gould (1991) und Symons (1979). Freuds Anschauungen vom menschlichen weiblichen Orgasmus finden sich in der dritten seiner ›Drei Abhandlungen zur Sexualtheorie‹ (Freud, 1905:53–79). Das Zitat aus ›Der nackte Affe‹ ist aus Morris (1967).

12 Die Angaben zur Entwicklung der Beuteltiergenitalien sind Butler u. a. (1999) entnommen.

13 Die Informationen über die Form der Klitoris bei verschiedenen Säugetieren entnahm ich Porto u. a. (2010), Place und Glickman (2004), Rubenstein u. a. (2003) und Bassett (1961).

14 Zur Physiologie des vaginalen und des klitoralen Orgasmus siehe Masters und Johnson (1966) und Gruenwald u. a. (2007).

15 Das Zitat von Tim Birkhead ist aus seiner Tinbergen-Vorlesung in Leiden am 11. Mai 2012.

16 Zur Ausschüttung des »Kuschelhormons« Oxytocin beim Orgasmus siehe Blaicher u. a. (1999).

17 Die Information über die während des Orgasmus aktivierten Gehirnareale habe ich aus Georgiadis (2011).

18 Den urethrogenitalen Reflex bei Rattenweibchen beschreiben u. a. Marson u. a. (2003) und Giraldi u. a. (2004).

19 Zum weiblichen Orgasmus bei Primaten siehe Burton (1971), Hanby und Brown (1974), Symons (1979), Puts u. a. (2012a) und Troisi und Carosi (1998).

20 Weitere Ansaug-Experimente mit Säugern, sogar solche aus dem 19. Jh., nennt Roach (2008). Die Quellen für meine Ausführungen über die Ansaug-Hypothese sind Fox u. a. (1970) und Baker und Bellis (1993).

21 Die Studien, bei denen zur Erkundung der Auswirkungen männlicher Attraktivität bzw. der Penislänge auf die Orgasmushäufigkeit Fragebogen verwendet wurden, sind Puts u. a. (2012b) bzw. Costa u. a. (2012).

22 Die Nebenprodukt-Hypothese für den weiblichen Orgasmus formulierte erstmals Symons (1979). Die 0,8-sekündlichen Genitalspasmen während des weiblichen wie des männlichen Orgasmus stellten Masters und Johnson (1966) fest. Goulds »Klitoraler Kitzel«-Aufsatz ist in Gould (1991) enthalten; weitere neuere Publikationen, die der Nebenprodukt-Hypothese zustimmen, sind Lloyd (2005) und Wallen und Lloyd (2008). Ein Beitrag zu dem Thema ist auch Lloyds Vortrag von 2012 am Istituto Venetiano, zu sehen und zu hören auf Youtube (www.youtube.com/watch?v=m6GMeeOFUsE). Einwände gegen die Nebenprodukt-Theorie

formulierten u. a. Judson (2005), Hosken (2008), Lynch (2008), Zietsch und Santtila (2011) und Puts u. a. (2012a).

23 Die Rolle von Oxytocin beim Spermientransport behandeln Wildt u. a. (1998).

24 Die angegebene Zahl wissenschaftlicher Texte zur Biologie des weiblichen Orgasmus fand ich beim Googeln nach »female orgasm« AND »biology« auf Google Scholar.

25 Eine solche Geschichte von einer Frau, die sich mit Sperma des Exgatten selbst befruchtete, brachte beispielsweise die britische ›Daily Mail‹ vom 24. September 2012.

26 Daten zur Lebensdauer der Spermien verschiedener Wirbeltier-Taxa sind bei Birkhead und Møller (1993) und Holt und Lloyd (2010) aufgelistet; die Daten für gesellige Insekten bezog ich aus Boomsma u. a. (2005).

27 Bei Eberhard (1996) findet man eine Anzahl unterschiedlicher Spermienspeicherorgane von Tierweibchen – darunter Schlangen – aufgelistet; diesbezügliche Hintergrundinformationen über Fliegen und andere Insekten liefern Pitnick u. a. (1999). Über Schnecken ließ ich mich von Baur (2007, 2010) und Evanno und Madec (2007), über Schildkröten von Gist und Jones (1989) belehren.

28 Bei der Geschichte von der Gelben Dungfliege hielt ich mich in erster Linie an Parker (2001), woher auch alle Parker-Zitate sind, sodann an Ward (1993), Hellriegel und Bernasconi (2000), Jann u. a. (2000), Sbilordo u. a. (2009) und Bussière u. a. (2010).

29 Den Bruce-Effekt beschrieb Bruce (1959, 1960). Die Beispiele für den Bruce-Effekt bei diversen Wühlmausarten bezog ich aus Eberhard (1996:164). Die Studie zum Bruce-Effekt bei frei lebenden Dscheladas ist Roberts u. a. (2012), aber auch Yong (2012) zog ich zu diesem Thema heran.

30 Die Informationen über Spontanabortraten bei Menschen habe ich aus Forbes (1997), Reeder (2003) und Wasser und Isenberg (1986). Die Korrelation zwischen Fehlgeburtenrate und Ähnlichkeit der Immunsysteme bemerkten Knapp u. a. (1996) bei Schweinsaffen, Ober u. a. (1998) bei Menschen. Die Anmerkung zu den Abtreibungsgegnern bezieht sich auf die Bemerkung des US-Senatskandidaten Todd Akin, dass »der Körper der Frau seine eigenen Mittel für den Versuch besitzt, die ganze Sache abzublasen«.

V Ein wankelmütiger Plastiker

1 Einen generellen Überblick über die Theorien der sexuellen Selektion verschaffte mir Kuijper u. a. (2012).

2 Der zitierte einleitende Satz (»Sei ›t‹ ein männliches Merkmal, das Weibchen bei der Partnerwahl beeinflusst, und sei ›p‹ die Stärke der weiblichen Präferenz«) ist in Iwasa und Pomiankowski (1995) zu lesen.

3 Einige allgemeine Informationen über Stielaugenfliegen bezog ich aus Cotton u. a. (2010) und aus Gesprächen mit Hans und Cobi Feijen auf der Kinabalu/Crocker Range Expedition im September 2012.

4 Die Exkursion mit A. Pomiankowski und S. Sutton fand am 17. April 2006 statt.

5 Den »rare-male effect« beschreiben u. a. Partridge (1988) und Kokko u. a. (2007).

6 Die Guppy-Experimente (Hughes u. a., 1999) waren komplexer, als ich sie hier beschrieben habe (sie schlossen auch eine dritte, bunter zusammengesetzte Gruppe von Männchen ein), aber durch Konzentration ausschließlich auf die M1- und M7-Männchen hoffe ich, das Wesentliche an ihnen herausgestellt zu haben. Der den Guppys gewidmete Textteil wurde freundlicherweise von Michael Jennions gegengelesen.

7 Hanna Kokkos Haiku holte ich mir von ihrer Homepage biology.anu.edu.au/hosted_sites/kokko/Publ/index.html (und ich bitte sie um Nachsicht dafür, dass ich es nicht, wie es sich eigentlich gehört hätte, im traditionellen Dreizeilerformat wiedergegeben habe).

8 Über die Computermodellierung des »rare-male effect« berichten Kokko u. a. (2007). Ich verwertete einen Vortrag, den Kokko am 15. Februar 2013 in Leiden hielt, samt dem Gespräch, das ich anschließend mit ihr führte, und den Kommentaren, die sie zu diesem Textabschnitt abgab, nachdem sie ihn gegengelesen hatte.

9 Den raschen Wandel bei den Finken auf den Galapagosinseln und andere Beispiele zeitnaher Evolution beschreibt u. a. Weiner (1994).

10 Das Buch über die Paläontologie des Sex ist Long (2012).

11 Zu den versteinerten Schildkröten in Kopula siehe Joyce u. a. (2012) und zur Fortflanzungsweise der ausgestorbenen Plattenhäuter Long u. a. (2008, 2009).

12 Die Geschichte der Sammlungen von Bernstein mit Insekteneinschluss schrieb Poinar (1992).

13 Über die Röntgentomografie am Synchrotron wie auch über einige Resultate der mit dieser Technik vorgenommenen Abbildung von Käfern in Baltischem Bernstein berichten Perreau und Tafforeau (2011) und Perreau (2012). Michel Perreau las und überprüfte die seiner Arbeit gewidmeten Absätze.

14 Für die Nutzung von Käferfossilien, die aus Torf- und anderen Ablagerungen des Pleistozäns und des Holozäns stammen, plädieren Coope (1979,

2004) und Schafstall (2012). Über die Geschichte dieser Nutzung setzte mich Richard Preece am Rande einer Tagung im britischen Cambridge am 17. April 2013 ins Bild. Abbildungen in Coope und Angus (1975) dokumentieren den exzellenten Erhaltungszustand der Genitalien in solchen Fossilien. Das Zitat stammt aus Coope (2004).

15 Das Konzept des »unterbrochenen Gleichgewichts« wurde eingeführt von Eldredge und Gould (1972).

16 Das Darwin-Zitat ist aus Darwin (1859).

17 Über die Evolution der Klammerorganformen bei den Becherjungfern mittels 3-D-Bilder-Analyse informieren McPeek u. a. (2008, 2009) und Shen u. a. (2009).

18 Die Studie zur Genitalienevolution in Schüben und Sprüngen bei Kaktusfliegen ist Richmond u. a. (2012), bei Tausendfüßern ist es Wojcieszek und Simmons (2011).

19 Das Zitat aus Masters und Johnson (1966:91) scheint einer der Quellen für den mittlerweile gemeinplätzigen Ausspruch »Die Größe spielt keine Rolle« zu sein.

20 Hintergrundinformationen zur Allometrie sind bei Klingenberg (1996) zu finden.

21 Überblicke über negative Allometrie bei den Genitalien zahlreicher Tierarten liefern Eberhard u. a. (1998) und Eberhard (2008), den japanischen Hirschkäfer behandeln Tatsuta u. a. (2001). Retief u. a. (2013) meinen, dass bei Säugergenitalien positive Allometrie die Norm sein könnte.

22 Die Studie zum Verhältnis zwischen Penislänge und Schuhgröße beim Menschen ist Shah und Christopher (2002); die Online-Umfrage führte Richard Edwards durch.

23 Zur Allometrie bei den Guppy-Genitalien siehe Eberhard (2008) und Kelly u.a (2000).

24 Die Ausführungen über Moskitofische basieren auf Langerhans u. a. (2005) und Kahn u. a. (2010). Michael Jennions hat freundlicherweise die den *Poeciliidae* gewidmete Partie dieses Abschnitts gegengelesen.

25 Hintergrundinformation über die Spinnengattung *Tidarren* entnahm ich Knoflach und van Harten (2000). Der Ausdruck »Einmalspritze« als Bezeichnung für das Genitale des *Tidarren*-Männchens benutzten Schneider und Michalik (2011). Den Nachweis dafür, dass die Keimdrüsen des *Tidarren*-Männchens kurz vor Erreichen des Adultstadiums verkümmern, erbrachten Michalik u. a. (2010). Zu den Versuchen zur Mobilität der Tiere siehe Ramos u. a. (2004). Meine Ausführungen zu den *Tidarren* wurden von Peter Michalik gegengelesen, mit Ausnahme des Satzes über die Entwicklung großformatiger Weibchen und zwer-

genhafter Männchen in dieser Gattung, der auf Hormiga u. a. (2000) basiert.

VI Batemans Rückkehr

1 Die Funktionsweise des Prachtlibellenpenis ist nach Waage (1979), Córdoba-Aguilar u. a. (2003) und Cordero-Rivera und Córdoba-Aguilar (2010) beschrieben.
2 Die Einzelheiten über Waages berufliche Laufbahn habe ich einer E-Mail-Korrespondenz mit ihm vom 14. März 2013 und dem Curriculum Vitae auf seiner Homepage auf der Website der Brown University entnommen.
3 Waages Studie zur Teichjungfernspezies *Lestes vigilax* ist Waage (1982).
4 Die Informationen über die Südwestliche Prachtlibelle stammen aus Siva-Jothy und Hooper (1996), die über die Bronzene Prachtlibelle aus Córdoba-Aguilar (1999, 2002).
5 Zur Spermienabstoßung bei Kleinlibellen siehe Eberhard (1996).
6 Das Zitat über Schwerter und Schilde ist aus Dawkins und Krebs (1979).
7 Die Gefahr anthropomorphisierender Betrachtung tierischer sexueller Konflikte und des Gebrauchs einer für das menschliche Geschlechterverhältnis entwickelten Terminologie wird in Karlsson Green und Madjidian (2011) erörtert.
8 Die Experimente mit künstlichen menschlichen Genitalien sind in Gallup u. a. (2003) beschrieben, die Resultate der von New Yorker Collegestudentinnen haben sich in Gallup u. a. (2006) niedergeschlagen.
9 Weitere Informationen über die Häufigkeit sexueller Kontakte von Frauen enthält Baker und Bellis (1995).
10 Daten zur Einzel- und Gruppenvergewaltigung enthält u. a. Vetten und Haffejee (2005).
11 Die Information über die Promiskuität bei Schimpansen findet sich in Tutin (1979).
12 Der Vaterschaft-per-Stellvertretung-Artikel des belgisch-britischen Teams ist Haubruge u. a. (1999).
13 Basisinformationen über Hai-Genitalien und -kopulation bezog ich aus Gilbert und Heath (1972), Fitzpatrick u. a. (2012) und Eilperin (2012).
14 Whitney u. a. (2004) veröffentlichten Beobachtungen, die angeblich die Spermienausspülungshypothese für Haie widerlegen; ihre Argumente haben mich jedoch nicht gänzlich überzeugt und so habe ich mich ent-

schieden, Haie (mit einigem Bedenken) in die Liste der Spermien beseitigenden Tiere aufzunehmen.

15 Über die Spermienbeseitigung bei Grillen und Sichelschrecken informieren von Helversen und von Helversen (1991), Ono u. a. (1989) und Eberhard (1996).

16 Theo Schmitt danke ich dafür, dass er mir die Genitalien der Kurzflüglergattung *Aleochara* eindringlich ins Bewusstsein gerufen hat. Für den Abschnitt über diese Gattung wertete ich Gack und Peschke (1994, 2005) sowie Putnam (1988) aus. Claudia Gack las den Text mit Zustimmung. Als Quelle allgemeiner Informationen über Insekten mit parasitoider Lebensweise empfehle ich Godfray (1994).

17 Die Einzelheiten des Akts homosexueller Nekrophilie entnahm ich Moeliker (2001, 2009). Kees Moeliker las den einschlägigen Textteil und hieß ihn gut.

18 McCrackens Artikel über die Argentinische Ruderente sind McCracken (2000) und McCracken u. a. (2001). Alle zitierten Sätze Birkheads fielen in seiner Tinbergen-Vorlesung in Leiden am 11. Mai 2012.

19 Die Information über das mögliche Penis-Schnabulieren im Anschluss an die Entenpaarung auf trockenem Boden findet sich in Birkhead (2008:313, 385).

20 Patricia Brennans Arbeitsergebnisse schlugen sich in Brennan u. a. (2007, 2009) nieder. Der Abschnitt, in dem von Birkheads und Brennans Arbeit die Rede ist, wurde von Tim Birkhead gegengelesen. Teile dieses Absatzes basieren auf einem Artikel in niederländischer Sprache, den ich für die Zeitschrift ›Bionieuws‹ schrieb (Schilthuizen, 2010).

21 Als Quelle allgemeiner Informationen über die traumatische Insemination taugt Lange u. a. (2013).

22 Die Kopulation bei der Sechsaugenspinne *Harpactea sadistica* beschreibt Řezáč (2009).

23 Als Quelle allgemeiner Informationen über die Fortpflanzung der Bettwanzen benutzte ich Reinhardt und Siva-Jothy (2007). Die zitierten Sätze von Siva-Jothy notierte ich mir als Zuhörer seines Vortrags auf dem Kongress der Europäischen Gesellschaft für Evolutionsbiologie in Tübingen vom 20. bis 24. August 2011. Rivnay (1933) beschrieb, wie Männchen in Bewegung befindliche Weibchen registrieren. Die Geschichte von Wanzenmännchen, die manchmal andere Männchen inseminieren, steht in Lloyd (1979), wird aber von Judson (2002) für unplausibel erachtet. Dass Weibchen, die mit zwölf Männchen die Unterkunft teilen, binnen einem Tag umkommen, berichtet Mellanby (1939). Die durch die Kopulation verkürzte Lebenszeit konstatierten Stutt und Siva-Jothy (2001). Über die

Experimente mit Nachbildungen von Wanzenpenissen kann man Genaueres u. a. in Morrow und Arnqvist (2003) nachlesen.

24 Die in der Hämolymphe von Milben gefundenen Spermien erwähnten Gerd Alberti und Antonella di Palma mir gegenüber bei unserem Gespräch in Greifswald am 18. Dezember 2012; auch in Alberti (2002) sind sie erwähnt.

25 Die Methode der künstlichen Befruchtung von Meerschweinchenweibchen und Hennen durch Injektion von Spermien in den Bauchraum wurde mir durch Rowlands (1957) bekannt.

26 Die Studie zur Schwangerschaft bei Frauen mit nicht kommunizierendem Uterushorn ist Nahum u. a. (2004).

VII Künftige Freier

1 Mein Besuch im Greifswalder Zoologischen Institut und die Gespräche mit Gerd Alberti, Antonella di Palma, Gabriele Uhl, Martin Haase, Peter Michalik und Theo Schmitt fand in der Zeit vom 17. bis 19. Dezember 2012 statt.

2 Grundlegendes über die Fortpflanzung von Spinnentieren und Milben enthalten Alberti (2002), Alberti und Coons (1999) und Alberti und Michalik (2004). Die Textpartie über mein Gespräch mit Alberti und di Palma wurde von Ersterem gegengelesen und gutgeheißen.

3 Einen Überblick über das Thema Paarungspfropfen bei Spinnen erhält man von Uhl u. a. (2010).

4 Die Ausdehnung des Verbreitungsgebiets der Wespenspinne ist in Kumschick u. a. (2011) protokolliert, die Forschungen zu den Paarungspfropfen bei dieser Spezies haben sich in Nessler u. a. (2007) und Uhl u. a. (2007) niedergeschlagen.

5 Die Ergebnisse der Forschungen zu der Spinnengattung *Tidarren* sind enthalten in Knoflach und van Harten (2001), Knoflach und Benjamin (2003) und Michalik u. a. (2010).

6 Der gesamte Text über die Paarungspfropfen der Spinnen wurde von Gisela Uhl gegengelesen und gebilligt.

7 Ein Paarungspfropfen beim Meerschweinchen soll erstmals von Leuckart (1847; laut Dean, 2013), beim Schimpansen von Tinklepaugh (1930) beobachtet worden sein.

8 Information über Paarungspfropfen bei Säugetieren bezog ich vor allem aus Kingan u. a. (2003), Carnahan und Jensen-Seaman (2008), Tauber u. a. (1975), Hernández-Lopez u. a. (2008), Dean (2013), Murer u. a. (2001), Koprowski (1992) und Dixson und Anderson (2002).

9 Zu der bei Frauen gelegentlich auftretenden allergischen Reaktion auf Samen – »Spermien-Heufieber« – Näheres auf www.seminalplasmaallergy.org.

10 Die Information über die Zahl der Proteine im Taufliegen- und im menschlichen Ejakulat fand ich in Findlay u. a. (2008) bzw. Pilch u. a. (2006).

11 Das Rama-Singh-Zitat stammt aus einem Vortrag, den Singh 1996 auf dem Fifth International Congress of Systematic and Evolutionary Biology in Budapest hielt. Ein jüngerer Artikel zum selben Thema, den seine Forschungsgruppe veröffentlichte, ist Haerty u. a. (2007).

12 Die Wirkungsweise des Taufliegen-Sexpeptids ist kurz zusammengefasst u. a. in Eberhard (1996), Gillott (2003) und Liu und Kubli (2003).

13 Die Wirkungsmechanismen der Samenplasmaproteine anderer Insekten beschreiben Eberhard (1993), Gillott (2003) und Liu und Kubli (2003). Studien speziell zum Feuerkäfer, dem Baumwollkapselbohrer und der Persischen Lederzecke sind Eisner u. a. (1996) bzw. Kingan u. a. (1996) und Leahy und Galun (1972).

14 Gallup u. a. (2002) untersuchten die möglichen Auswirkungen von Samen auf das seelische Befinden von Collegestudentinnen.

15 Einen Überblick über den Zusammenhang zwischen Samen und Präeklampsie geben Robertson u. a. (2003).

16 Die Versuche mit der Roten Keulenschrecke stellten Hartmann und Loher (1999) an.

17 Die Wirkung der Samenplasmaproteine auf das Stubenfliegenweibchen beschreiben Leopold u. a. (1971) und Riemann und Thorson (1969).

18 Die erwähnten beiden Artikel über Taufliegensamen sind Chapman u. a. (1995) und Civetta und Clark (2000).

19 Zum Samenkäfersamen siehe Eady u.a (2007) und Yamane und Miyatake (2012).

20 Der Artikel über die stacheligen Bockkäfergenitalien ist Hubweber und Schmitt (2010).

21 Ausblicke auf das Panorama der Stachelpenisse im Tierreich gewähren Eberhard (1985) und Cordero und Miller (2012); der letztgenannte Artikel ist auch meine Quelle für die Krähenfuß-Cornuti bei den Nachtfaltern. Die Penisstacheln der Eisgrauen Fledermaus kann man in Cryan u. a. (2012) bewundern.

22 Mit Göran Arnqvist sprach ich am 18. Januar 2013 im »Linnaeusborg« der Universität Groningen bei Gelegenheit von Bram Kuijpers Verteidigung seiner Doktordissertation.

23 Der ›Nature‹-Artikel ist Crudgington und Siva-Jothy (2000).

24 Den »subletalen postkoitalen Schaden«, den Arnqvist und Kollegen den Käferweibchen zufügten, beschreiben Morrow u. a. (2003).

25 Zu den Mikrolaserexperimenten siehe Hotzy u. a. (2012).

26 Andere Arbeiten über Samenkäfer von Arnqvists Forschungsteam sind Rönn u. a. (2007) und Hotzy und Arnqvist (2009).

27 Über seinen Versuchsaufbau (siehe Polak und Rashed, 2010) sprach ich mit Michal Polak nach seinem Vortrag auf dem Kongress der Europäischen Gesellschaft für Evolutionsbiologie in Tübingen vom 20. bis 24. August 2011.

28 Allgemeine Informationen über Primatenpenisstacheln bezog ich von Zarrow und Clark (1968), Prasad (1970) und Stockley (2002), und solche speziell über Galagos (»Buschbabys«) von Anderson (2000), Perkin (2007) und Veerman (2010). Außerdem nutzte ich die Website der Nocturnal Primate Research Group an der britischen Oxford Brookes University (http://www.nprg.org/home.shtml).

29 Die wunde Vagina bei Nagern mit Stachelpenissen erwähnen van der Schoot u. a. (1992).

30 Die Experimente mit »entstachelten« Krallenaffen beschreibt Dixson (1991).

31 Die Website von Kingsleys Labor, auf der er die Frage »Papeln ist gleich Stacheln?« ventiliert, ist kingsley.stanford.edu/SpinesVsPapules.html.

32 Zur Genetik des stachellosen Penis beim Menschen siehe McLean u. a. (2011).

VIII Sexuelle Ambivalenz

1 Die geschilderte Vorlesung von Joris Koene fand am 23. November 2010 in Leiden statt.

2 Das Paarungsverhalten von *Deroceras praecox* ist in Reise (2007) und in Hutchinson und Reise (2009) beschrieben.

3 Der taxonomische Artikel über *Deroceras praecox* ist Wiktor (1966).

4 Das Kondom, das manche Schnecken benutzen, um einer Selbstbefruchtung vorzubeugen, ist in Bojat u. a. (2001) beschrieben.

5 Das Abscheiden von Sekret aus der Penisdrüse ist (für eine andere *Deroceras*-Art) geschildert in Benke u. a. (2010).

6 Das Gespräch mit Joris Koene, wie es da steht, ist der zusammengefasste Ertrag zweier separater Besuche in seinem Labor: einer im Jahr 2008, der zweite am 11. April 2013.

7 Die Rolle des Bateman-Prinzips bei Hermaphroditen ist genau genommen eine etwas komplexere Angelegenheit; siehe z.B. Leonard (2005).

8 Die Theorie darüber, warum Hermaphroditen sich besser auf sexuelle Manipulation verstehen müssen als getrenntgeschlechtliche Organismen, findet man in Koene (2005) und Michiels und Koene (2006).

9 Das Penisfechten der Rennstreifen-Strudelwürmer beschreiben Michiels und Newman (1998).

10 Allgemeine Informationen über die Liebespfeile der Schnecken bieten u. a. Koene und Schulenburg (2005), Davison u. a. (2005), Schilthuizen (2005) und Koene u. a. (2013), über die der Regenwürmer Koene u. a. (2002, 2005) und über die der Gehäuselosen Meeresschnecken Lange u. a. (2012).

11 Die Thomas-Rymer-Jones-Zitate sind aus Jones (1841: 399).

12 Die Artikel über die wirkliche Funktion des Liebespfeils der Gefleckten Weinbergschnecke sind Koene und Chase (1998a, b) und Chase und Blanchard (2006).

13 Den sexuellen Rüstungswettlauf zwischen Liebespfeilevolution und Gegenmaßnahmen im weiblichen Zweig des Reproduktionsapparats thematisieren Koene und Schulenburg (2005).

14 Dieser und der vorige Abschnitt wurden von Joris Koene mit Zustimmung gegengelesen.

15 Die zitierten Sätze über die Nacktschnecken und die Ratten fielen in Anthony Cooks Vortrag auf dem 11. Internationalen Malakologenkongress in Siena vom 30. August bis 5. September 1992.

16 Die Gespräche mit Martin Haase fanden am 17., 18. und 19. Dezember 2012 statt.

17 Die Forschung zur *Aeolidiella* hat sich niedergeschlagen in Haase und Karlsson (2000, 2004) und Karlsson und Haase (2002). Ich habe darüber schon früher geschrieben (Schilthuizen, 2001).

18 Über die Nacktkiemerart mit dem Wegwerfpenis schrieben Sekizawa u. a. (2013) und Milius (2013).

19 Die *Doceras*-Schnecke, die sich den eigenen Penis abbeißt, ist in Leonard (2006) erwähnt.

20 Einen summarischen Überblick über das Penisamputationsverhalten bei terrestrischen Nacktschnecken geben Reise und Hutchinson (2002). Zum gelegentlichen Abkauen des Penis der Partnerin bei den Bananenschnecken siehe Leonard u. a. (2002).

21 Meine Ausführungen über die Schnegelgattung *Limax* basieren auf Lister (1678:129 f.), Redi (1684), Gerhardt (1933) und Glaubrecht und Zorn (2012) sowie auf Material von den Websites www.naturamediterraneo.com und www.wirbellose.at.

22 Allgemein gefasste Artikel über die Windungsrichtung bei Gehäuse-

schnecken sind Gittenberger (1988) und Schilthuizen und Davison (2005).

23 Zu Meisenheimers Experiment siehe Meisenheimer (1912:130f.).

24 Unsere Forschungen zu der Gehäuseschneckengattung *Amphidromus* fanden ihren Niederschlag u. a. in Schilthuizen u. a. (2005, 2007, 2009, 2012). Viele Mitarbeiter waren beteiligt und nur einen (Paul Craze) habe ich im Text erwähnt, doch auch Lilian Wan, Sylvia Looijestijn, Sigrid Hendrikse, Kees Koops, Bronwen Scott, Annadel Cabanban, Martin Haase, Rachel Esner und Angela Schmitz-Ornés – sie alle haben mitgeholfen, die meisten im praktischen Einsatz.

Schlusswort

1 Seine Erinnerung an das Presseecho auf seinen ›Science-Artikel‹ teilte mir Waage bei Gelegenheit einer E-Mail-Korrespondenz mit, die ich am 14. März 2013 mit ihm führte.

2 Die CNS-Story, die das »Duckpenisgate« nach sich zog, ist auf der Webpage http://cnsnews.com/news/article/384949-federal-study-looks-plasticity-duck-penis-length nachzulesen. Carl Zimmer reagierte auf sie in seinem Blog The Loom: http://phenomena.nationalgeographic.com/2013/03/25/ducks-meet-the-culture-wars/. Am 2. April 2013 reagierte Patricia Brennan mit einem Posting in Slate: www.slate.com/articles/health_and_science/science.html.

3 Eberhards Artikel über die künstliche Besamung ist Eberhard (1991).

4 Ein durchdachter Aufsatz über die Evolution des menschlichen Sexualverhaltens ist Hrdy (1997).

5 Die Entmannung eines Schimpansen-Alphamännchens in Burgers' Zoo in Arnheim beschreibt de Waal (1986).

6 Die Entfernung eines ›Scientific-American‹-Postings von der Facebook-Seite durch die Betreiber wurde am 10. April 2013 auf slantist.com gemeldet.

7 Die Kontroverse über KWW contra SAK wurde u. a. in Cordero und Eberhard (2003), Chapman u. a. (2003) und Eberhard (2004a, b; 2010b) ausgetragen. Die Eberhard-Zitate schöpfte ich aus der E-Mail-Korrespondenz, die ich am 25. April 2013 mit Eberhard führte.

8 Quelle des Gowaty-Zitats ist Gowaty (1997:353).

9 Ergebnisse der Forschung zur Artbildung bei Samenkäfern liegen in Brown und Eady (2001), Rönn u. a. (2007) und Hotzy und Arnqvist (2009) vor; mehr über die Rolle der sexuell antagonistischen Koevoluti-

on bei der Artaufspaltung ist in meinem Buch ›Frogs, Flies and Dandelions‹ (Schilthuizen, 2000) zu finden.

10 Welche Rolle homosexuelles Verhalten bei Schimpansen und Bonobos bei deren Genitalevolution spielt, erkundet Hrdy (1997). Siehe dazu auch Bagemihl (2000).

Literatur

Alberti, G. 2002. »Ultrastructural Investigations of Sperm and Genital Systems in Gamasida (Acari: Anactinotrichida): Current State and Perspectives for Future Research«. ›*Acarologia*‹ 42:107–26.

Alberti, G. und *L. B. Coons*. 1999. »Acari–Mites«. In ›*Microscopic Anatomy of Invertebrates*‹, Vol. 8c, hg. von F. W. Harrison, 515–1265. New York: Wiley-Liss.

Alberti, G. und *P. Michalik*. 2004. »Feinstrukturelle Aspekte der Fortpflanzungssysteme von Spinnentieren (Arachnida)«. ›*Denisia*‹ 12:1–62.

Anderson, M. J. 2000. »Penile Morphology and Classification of Bush Babies (Subfamily Galagoninae)«. ›*International Journal of Primatology*‹ 21:815–36.

Araújo-Siqueira, M. und *L. M. de Almeida*. 2006. »Estudo das espécies brasileiras de *Cycloneda* Crotch (Coleoptera, Coccinellidae)«. ›*Revista Brasileira de Zoologia*‹ 23:550–68.

Arkhipkin, A. I. und V. V. Laptikhovsky. 2010. »Observation of Penis Elongation in *Onykia ingens:* Implications for Spermatophore Transfer in Deep-Water Squid". ›*Journal of Molluscan Studies*‹ 76:299–300.

Arnqvist, G. 1997. »The Evolution of Animal Genitalia: Distinguishing Between Hypotheses by Single-Species Studies«. ›*Biological Journal of the Linnean Society*‹ 60:365–79.

Bagemihl, B. 1999. ›*Biological Exuberance: Animal Homosexuality and Natural Diversity*‹. New York: Stonewall Inn.

Baker, R. R. und *M. A. Bellis*. 1993a. »Human Sperm Competition: Ejaculate Adjustment by Males and the Function of Masturbation«. ›*Animal Behaviour*‹ 46:861–85.

Baker, R. R. und *M. A. Bellis*. 1993b. »Human Sperm Competition: Ejaculate Manipulation by Females and a Function for the Female Orgasm«. ›*Animal Behaviour*‹ 46:887–909.

Baker, R. R. und *M. A. Bellis*. 1995. ›*Human Sperm Competition: Copulation, Masturbation and Infidelity*‹. London: Chapman and Hall.

Barlow, N. 1958. ›*The Autobiography of Charles Darwin, 1809–1882. With the Original Omissions Restored*‹. *Edited and with Appendix and Notes by his Grand-Daughter Nora Barlow.* London: Collins (dt. ›Charles Darwin, Mein Leben. 1809–1882‹, hg. von Nora Barlow, mit einem Vorwort von Ernst Mayr, Frankfurt am Main, Leipzig: Insel, 2008).

Barr, M. M. und *L. R. Garcia*. 2006. »Male Mating Behavior«. In ›*WormBook*‹, hg. von der *C. elegans* Research Community, doi:10.1895/wormbook.1.78.1, www.wormbook.org.

Barron, A. B. und *M. J. F. Brown*. 2012. »Science Journalism: Let's Talk About Sex«. ›*Nature*‹ 488:151–52.

Bassett, E. G. 1961. »Observations on the Retractor Clitoridis and Retractor Penis Muscles of Mammals, with Special Reference to the Ewe«. ›*Journal of Anatomy*‹ 95:61–76, Tafeln 1–3.

Bateman, A. J. 1948. »Intra-Sexual Selection in *Drosophila*«. ›*Heredity*‹ 2:349–68.

Baur, B. 2007. »Reproductive Biology and Mating Conflict in the Simultaneously Hermaphroditic Land Snail *Arianta arbustorum*«. ›*American Malacological Bulletin*‹ 23:157–72.

Baur, B. 2010. »Stylommatophoran Gastropods«. In ›*The Evolution of Primary Sexual Characters in Animals*‹, hg. von J. L. Leonard und A. Córdoba-Aguilar, 197–217. Oxford: Oxford University Press.

Benke, M., H. Reise, K. Montagne-Wajer und *J. M. Koene*. 2010. »Cutaneous Application of an Accessory-Gland Secretion After Sperm Exchange in a Terrestrial Slug (Mollusca: Pulmonata)«. ›*Zoology*‹ 113:118–24.

Birkhead, T. R. 1995. »Human Sperm Competition: Copulation, Masturbation und Infidelity« (Buchbesprechung). ›*Animal Behaviour*‹ 50:1141–42.

Birkhead, T. R. 2007. »Promiscuity«. ›*Daedalus*‹ 136(2):13–22.

Birkhead, T. R. 2008. ›*The Wisdom of Birds: An Illustrated History of Ornithology*‹. London: Bloomsbury.

Birkhead, T. R. 2009. »Sex and Sensibility«. ›*Times Higher Education Supplement*‹, 5. Februar 2009.

Birkhead, T. R. und *A. P. Møller*. 1993. »Sexual Selection and the Temporal Separation of Reproductive Events«. ›*Biological Journal of the Linnean Society*‹ 50:295–311.

Birkhead, T. R., H. D. M. Moore und *J. M. Bedford*. 1997. »Sex, Science und Sensationalism«. ›*Trends in Ecology and Evolution*‹ 12:121–22.

Blaicher, W., D. Gruber, C. Bieglmayer, A. M. Blaicher, W. Knogler und *J. C. Huber*. 1999. »The Role of Oxytocin in Relation to Female Sexual Arousal«. ›*Gynecologic and Obstetric Investigation*‹ 47:125–26.

Bohme, W. 1983. »The Tucano Indians of Colombia and the Iguanid Lizard *Plica plica*: Ethnological, Herpetological and Ethological Implications«. ›*Biotropica*‹ 15:148–50.

Bojat, N. C., U. Sauder und *M. Haase*. 2001. »The Spermathecal Epithelium, Sperm and Their Interactions in the Hermaphroditic Land Snail *Arianta arbustorum* (Pulmonata, Stylommatophora)«. ›*Zoomorphology*‹ 120:149–57.

Boomsma, J. J., B. Baer und *J. Heinze*. 2005. »The Evolution of Male Traits in Social Insects«. ›*Annual Review of Entomology*‹ 50:395–420.
Boulangé, H. 1924. »Recherches sur l'appareil copulateur des Hymenoptères et spécialement des Chalastrogastres«. ›*Mémoires et Travaux de la Faculté Catholique de l'Université de Lille*‹ 28:1–444.
Brennan, P. L. R., C. J. Clark und *P. O. Prum*. 2010. »Explosive Eversion and Functional Morphology of the Duck Penis Supports Sexual Conflict in Waterfowl Genitalia«. ›*Proceedings of the Royal Society B*‹ 277:1309–14.
Brennan, P. L. R., R. O. Prum, K. G. McCracken, M. D. Sorenson, R. E. Wilson und *T. R. Birkhead*. 2007. »Coevolution of Male and Female Genital Morphology in Waterfowl«. ›*PLOS ONE*‹ 2:e418.
Brown, D. V. und *P. E. Eady*. 2001. »Functional Incompatibility Between the Fertilization Systems of Two Allopatric Populations of *Callosobruchus maculatus*«. ›*Evolution*‹ 55:2257–62.
Bruce, H. M. 1959. »An Exteroceptive Block to Pregnancy in the Mouse«. ›*Nature*‹ 184:105.
Bruce, H. M. 1960. »A Block to Pregnancy in the Mouse Caused by Proximity of Strange Males«. ›*Journal of Reproduction and Fertility*‹ 1:96–103.
Bullini, L. und *G. Nascetti*. 1989. »Speciation by Hybridization in Phasmids and Other Insects«. ›*Canadian Journal of Zoology*‹ 68:1747–60.
Burger, M. 2007. »Sperm Dumping in a Haplogyne Spider«. ›*Journal of Zoology*‹ 273:74–81.
Burger, M., W. Graber, P. Michalik und *C. Kropf*. 2006. »*Silhouettella loricatula* (Arachnida, Araneae, Oonopidae): A Haplogyne Spider with Complex Female Genitalia«. ›*Journal of Morphology*‹ 267:663–77.
Burley, N. 1988. «The Differential-Allocation Hypothesis: An Experimental Test«. ›*American Naturalist*‹ 132:611–28.
Burley, N., G. Krantzberg und *P. Radman*. 1982. »Influence of Color-Banding on the Conspecific Preferences of Zebra Finches«. ›*Animal Behaviour*‹ 30:444–55.
Burley, N. T. und *R. Symanski*. 1998. »A Taste for the Beautiful: Latent Aesthetic Mate Preferences for White Crests in Two Species of Australian Grass Finches«. ›*American Naturalist*‹ 152:792–802.
Burns, E. 1953. ›*The Sex Life of Wild Animals: A North American Study*‹. New York: Rinehart.
Burns, J. M. 1987. »The Big Shift: *nabokovi* from *Atalopedes* to *Hesperia* (Hesperiidae)«. ›*Journal of the Lepidopterists' Society*‹ 41:173–86.
Burton, F. D. 1971. »Sexual Climax in Female *Macaca mulatta*«. In ›*Proceedings of the 3rd International Congress of Primatology*‹, Zürich 1970, vol. 3:180–91.

Bussière, L. F., M. Demont, A. J. Pemberton, M. D. Hall und *P. I. Ward*. 2010. »The Assessment of Insemination Success in Yellow Dung Flies Using Competitive PCR«. ›*Molecular Ecology Resources*‹ 10:292–303.

Butler, C. M., G. Shaw und *M. B. Renfree*. 1999. »Development of the Penis and Clitoris in the Tammar Wallaby, *Macropus eugenii*«. ›*Anatomy and Embryology*‹ 199:451–57.

Calzada, J.-P. V., C. F. Crane und *D. M. Stelly*. 1996. »Apomixis: The Asexual Revolution«. ›*Science*‹ 274:1322–23.

Carnahan, S. J. und *M. I. Jensen-Seaman*. 2008. »Hominoid Seminal Protein Evolution and Ancestral Mating Behavior«. ›*American Journal of Primatology*‹ 70:939–48.

Chapman, T., L. F. Liddle, J. M. Kalb, M. F. Wolfner und *L. Partridge*. 1995. »Cost of Mating in *Drosophila melanogaster* Females Is Mediated by Male Accessory Gland Products«. ›*Nature*‹ 373:241–44.

Chapman, T., G. Arnqvist, J. Bangham und *L. Rowe*. 2003. »Response to Eberhard and Cordero und Córdoba-Aguilar and Contreras-Garduno: Sexual Conflict and Female Choice«. ›*Trends in Ecology and Evolution*‹ 18:440–41.

Chase, R. und *K. C. Blanchard*. 2006. »The Snail's Love-Dart Delivers Mucus to Increase Paternity«. ›*Proceedings of the Royal Society B*‹ 273:1471–75.

Civetta, A. und *A. G. Clark*. 2000. »Correlated Effects of Sperm Competition and Postmating Female Mortality«. ›*Proceedings of the National Academy of Sciences*‹ 97:13162–65.

Clark, W. C. 1981. »Sperm Transfer Mechanisms: Some Correlates and Consequences«. ›*New Zealand Journal of Zoology*‹ 8:49–65.

Cold, C. J. und *K. A. McGrath*. 1999. »Anatomy and Histology of the Penile and Clitoral Prepuce in Primates: An Evolutionary Perspective of the Specialised Sensory Tissue of the External Genitalia«. In ›*Male and Female Circumcision*‹, hg. von G. C. Denniston, F. M. Hodges und M. F. Milos. New York: Kluwer Academic/Plenum.

Conner, W. E. 1999. »›Un Chant d'Appel Amoureux‹: Acoustic Communication in Moths«. ›*Journal of Experimental Biology*‹ 202:1711–23.

Coope, G. R. 1979. »Late Cenozoic Fossil Coleoptera: Evolution, Biogeography und Ecology«. ›*Annual Review of Ecology and Systematics*‹ 10:247–67.

Coope, G. R. 2004. »Several Million Years of Stability Among Insect Species Because of, or In Spite of, Ice Age Climatic Instability?« ›*Philosophical Transactions of the Royal Society B*‹ 359:209–14.

Coope, G. R. und *R. B. Angus*. 1975. »An Ecological Study of a Temperate Interlude in the Middle of the Last Glaciation, Based on Fossil Coleoptera from Isleworth, Middlesex«. ›*Journal of Animal Ecology*‹ 44:365–91.

Cordero, C. und *W. G. Eberhard*. 2003. »Female Choice of Sexually Antagonistic Male Adaptations: A Critical Review of Some Current Research«. ›*Journal of Evolutionary Biology*‹ 16:1–6.

Cordero, C. und *J. S. Miller*. 2012. »On the Evolution and Function of Caltrop Cornuti in Lepidoptera–Potentially Damaging Male Genital Structures Transferred to Females During Copulation«. ›*Journal of Natural History*‹ 46:701–15.

Cordero-Rivera, A. und *A. Córdoba-Aguilar*. 2010. »Selective Forces Propelling Genitalic Evolution in Odonata«. In ›*The Evolution of Primary Sexual Characters in Animals*‹, hg. von J. L. Leonard und A. Córdoba-Aguilar, 332–52. Oxford: Oxford University Press.

Córdoba-Aguilar, A. 1999. »Male Copulatory Sensory Stimulation Induces Female Ejection of Rival Sperm in a Damselfly«. ›*Proceedings of the Royal Society B*‹ 266:779–84.

Córdoba-Aguilar, A. 2002. »Sensory Trap as the Mechanism of Sexual Selection in a Damselfly Genital Trait (Insecta: Calopterygidae)«. ›*American Naturalist*‹ 160:594–601.

Córdoba-Aguilar, A. 2003. »Sperm Competition in Odonata (Insecta): The Evolution of Female Sperm Storage and Rivals' Sperm Displacement«. ›*Journal of Zoology*‹ 261:381–98.

Córdoba-Aguilar, A. 2005. »Possible Coevolution of Male and Female Genital Form and Function in a Calopterygid Damselfly«. ›*Journal of Evolutionary Biology*‹ 18:132–37.

Costa, R. M., G. F. Miller und *S. Brody*. 2012. »Women Who Prefer Longer Penises Are More Likely to Have Vaginal Orgasms (But Not Clitoral Orgasms): Implications for an Evolutionary Theory of Vaginal Orgasm«. ›*Journal of Sexual Medicine*‹ 9:3079–88.

Cotton, S., J. Small, R. Hashim und *A. Pomiankowski*. 2010. »Eyespan Reflects Reproductive Quality in Wild Stalk-Eyed Flies«. ›*Evolutionary Ecology*‹ 24:83–95.

Cryan, P. M., J. W. Jameson, E. F. Baerwald, C. K. R. Willis, R. M. R. Barclay, E. A. Snider und *E. G. Crichton*. 2012. »Evidence of Late-Summer Mating Readiness and Early Sexual Maturation in Migratory Tree-Roosting Bats Found Dead at Wind Turbines«. ›*PLOS ONE*‹ 7:e47586.

Crudgington, H. S. und *M. T. Siva-Jothy*. 2000. »Genital Damage, Kicking und Early Death«. ›*Nature*‹ 407:855–56.

Cuvier, G. 1829. ›*Iconographie du Règne Animal; ou, Représentation d'après Nature de l'une des espèces les plus et souvent non encore figurées de chaque genre d'animaux*‹. Paris: Baillière.

D'Aguilar, K. 2007. »René Jeannel, l'homme des cavernicoles«. ›*Insectes*‹ 146:31–32.

Dahl, J. F. 1985. »The External Genitalia of Female Pygmy Chimpanzees«. ›*Anatomical Record*‹ 211:24–28.

Darwin, C. R. 1871. ›*The Descent of Man und Selection in Relation to Sex*‹. London: John Murray.

Darwin, C. R. 1859. ›*On the Origin of Species by Means of Natural Selection, or the Preservation of Favoured Races in the Struggle for Life*‹. London: John Murray.

Darwin, C. R. 1851. ›*A Monograph of the Sub-Class Cirripedia, with Figures of all the Species. The Lepadidae; or, the Pedunculated Cirripedes*‹. London: Ray Society.

Darwin, C. R. 1854. ›*A Monograph of the Sub-Class Cirripedia, with Figures of all the Species. The Balanidae (or Sessile Cirripedes); the Verrucidae, etc*‹. London: Ray Society.

Davison, A., C. M. Wade, P. B. Mordan und *S. Chiba*. 2005. »Sex and Darts in Slugs and Snails (Mollusca: Gastropoda: Stylommatophora)«. ›*Journal of Zoology*‹ 267:329–38.

Dawkins, R. 2004. ›*The Ancestor's Tale: A Pilgrimage to the Dawn of Life*‹. London: Weidenfeld and Nicolson (dt. ›Geschichten vom Ursprung des Lebens. Eine Zeitreise auf Darwins Spuren‹. Berlin: Ullstein, 2008).

Dawkins, R. und *J. R. Krebs*. 1979. »Arms Races Between and Within Species«. ›*Proceedings of the Royal Society B*‹ 205:489–511.

Dean, M. D. 2013. »Genetic Disruption of the Copulatory Plug in Mice Leads to Severely Reduced Fertility«. ›*PLOS Genetics*‹ 9:e1003185.

Dean, R., S. Nakagawa und *T. Pizzari*. 2011. »The Risk and Intensity of Sperm Ejection in Female Birds«. ›*American Naturalist*‹ 178:343–54.

De Wilde, J. 1964. »Reproduction-Endocrine Control«. In ›*The Physiology of Insecta*‹, hg. von M. Rockstein, 59–90. New York: Academic Press.

Dewsbury, D. A. 1971. »Copulatory Behaviour of Old-Field Mice (*Peromyscus polionotus subgriseus*)«. ›*Animal Behaviour*‹ 19:192–204.

Dewsbury, D. A. 1974. »Copulatory Behavior of California Mice (*Peromyscus californicus*)«. ›*Brain, Behavior und Evolution*‹ 9:95–106.

Dixson, A. F. 1991. »Penile Spines Affect Copulatory Behaviour in a Primate (*Callithrix jacchus*)«. ›*Physiology and Behavior*‹ 49:557–62.

Dixson, A. F. und *M. J. Anderson*. 2002. »Sexual Selection, Seminal Coagulation and Copulatory Plug Formation in Primates«. ›*Folia Primatologica*‹ 73:63–69.

Düngelhoef, S. und *M. Schmitt*. 2010. »Genital Feelers: The Putative Role of Parameres and Aedeagal Sensilla in Coleoptera Phytophaga (Insecta)«. ›*Genetica*‹ 138:45–57.

Dybas, H. S. 1978. »The Systematics and Geographical and Ecological

Distribution of *Ptiliopycna*, a Nearctic Genus of Parthenogenetic Featherwing Beetles (Coleoptera: Ptiliidae)«. ›*Midland Naturalist*‹ 99:83–100.

Eady, P. E., I. Hamilton und *R. E. Lyons*. 2007. »Copulation, Genital Damage and Early Death in *Callosobruchus maculatus*«. ›*Proceedings of the Royal Society B*‹ 272:247–52.

Eberhard, W. G. 1985. ›*Sexual Selection and Animal Genitalia*‹. Cambridge, MA: Harvard University Press.

Eberhard, W. G. 1991. »Artificial Insemination: Can Appropriate Stimulation Improve Success Rates?« ›*Medical Hypotheses*‹ 36:152–54.

Eberhard, W. G. 1996. ›*Female Control: Sexual Selection by Cryptic Female Choice*‹. Princeton, NJ: Princeton.

Eberhard, W. G. 2004a. »Rapid Divergent Evolution of Sexual Morphology: Comparative Tests of Antagonistic Coevolution and Traditional Female Choice«. ›*Evolution*‹ 58:1947–70.

Eberhard, W. G. 2004b. »Male-Female Conflict and Genitalia: Failure to Confirm Predictions in Insects and Spiders«. ›*Biological Reviews*‹ 79:121–86.

Eberhard, W. G. 2008. »Static Allometry and Animal Genitalia«. ›*Evolution*‹ 63:48–66.

Eberhard, W. G. 2010a. »Rapid Divergent Evolution of Genitalia: Theory and Data Updated«. In ›*The Evolution of Primary Sexual Characters in Animals*‹, hg. von J. L. Leonard und A. Córdoba-Aguilar, 40–78. Oxford: Oxford University Press.

Eberhard, W. G. 2010b. »Evolution of Genitalia: Theory, Evidence, and New Directions«. ›*Genetica*‹ 138:5–18.

Eberhard, W. G. und *J. K. Gelhaus*. 2009. »Genitalic Stridulation During Copulation in a Species of Crane Fly, *Tipula* (*Bellardina*) sp. (Diptera: Tipulidae)«. ›*International Journal of Tropical Biology*‹ 57 (Suppl. 1):251–56.

Eberhard, W. G. und *B. A. Huber*. 2010. »Spider Genitalia: Precise Maneuvers with a Numb Structure in a Complex Lock«. In ›*The Evolution of Primary Sexual Characters in Animals*‹, hg. von J. L. Leonard und A. Córdoba-Aguilar, 249–84. Oxford: Oxford University Press.

Eberhard, W. G., B. A. Huber, R. L. Rodriguez S., R. D. Briceno, I. Salas und *V. Rodriguez*. 1998. »One Size Fits All? Relationships Between the Size and Degree of Variation in Genitalia and Other Body Parts in Twenty Species of Insects and Spiders«. ›*Evolution*‹ 52:415–31.

Eilperin, J. 2012. ›*Demon Fish: Travels Through the Hidden World of Sharks*‹. New York: Anchor.

Eisner, T., S. R. Smedley, D. K. Young, M. Eisner, B. Roach und *J. Meinwald*. 1996. »Chemical Basis of Courtship in a Beetle (*Neopyrochroa flabellata*):

Cantharidin as Nuptial Gift«. ›*Proceedings of the National Academy of Sciences*‹ 93:6499–503.
Eldredge, N. und *S. J. Gould.* 1972. »Punctuated Equilibria: An Alternative to Phyletic Gradualism«. In ›*Models in Paleobiology*‹, hg. von T. J. M. Schopf, 82–115. San Francisco: Freeman, Cooper.
Endler, J. A. und *A. L. Basolo.* 1998. »Sensory Ecology, Receiver Biases and Sexual Selection«. ›*Trends in Ecology and Evolution*‹ 13:415–20.
Evanno, G. und *L. Madec.* 2007. »Variation morphologique de la spermathèque chez l'escargot terrestre *Cantareus aspersus*«. ›*Comptes Rendus Biologies*‹ 330:722–27.
Evans, L. E. und *D. S. McKenna.* 1986. »Artificial Insemination of Swine«. In ›*Current Therapy in Theriogenology*‹, hg. von D. Morrow, 946–49. Philadelphia: W. B. Saunders.
Findlay, G. D., X. Yi, M. J. MacCoss und *W. J. Swanson.* 2008. »Proteomics Reveals Novel *Drosophila* Seminal Fluid Proteins Transferred at Mating«. ›*PLOS Biology*‹ 6:e178.
Fitzpatrick, J. L., R. M. Kempster, T. S. Daly-Engel, S. P. Collin und *J. P. Evans.* 2012. »Assessing the Potential for Post-Copulatory Sexual Selection in Elasmobranchs«. ›*Journal of Fish Biology*‹ 80:1141–58.
Foldes, P. and *O. Buisson.* 2009. »The Clitoral Complex: A Dynamic Sonographic Study«. ›*Journal of Sexual Medicine*‹ 6:1223–31.
Fontaneto, D., E. A. Herniou, C. Boscheti, M. Caprioli, G. Melone, C. Ricci und *T. G. Barraclough.* 2007. »Independently Evolving Species in Asexual Bdelloid Rotifers«. ›*PLOS Biology*‹ 5:e87.
Fooden, J. 1967. »Complementary Specialization of Male and Female Reproductive Structures in the Bear Macaque, *Macaca arctoides*«. ›*Nature*‹ 214:939–41.
Fox, C. A., H. S. Wolff und *J. A. Baker.* 1970. »Measurement of Intra-Vaginal and Intra-Uterine Pressures During Human Coitus by Radio-Telemetry«. ›*Journal of Reproduction and Fertility*‹ 22:243–51.
Forbes, L. S. 1997. »The Evolutionary Biology of Spontaneous Abortion in Humans«. ›*Trends in Ecology and Evolution*‹ 12:446–50.
Freud, S. 1905. »Die Umgestaltung der Pubertät«. In ›*Drei Abhandlungen zur Sexualtheorie*‹. Leipzig, Wien: Deuticke.
Freude, H., K. Harde und *G. Lohse.* 1971. ›*Die Käfer Mitteleuropas*‹, *Band 3: Adephaga II (Hygrobiidae–Rhysodidae), Palpicornia (Hydraenidae–Hydrophilidae), Histeroidea, Staphylinoidea (excl. Staphylinidae).* Krefeld: Goecke & Evers.
Gack, C. und *K. Peschke.* 1994. »Spermathecal Morphology, Sperm Transfer and a Novel Mechanism of Sperm Displacement in the Rove Beet-

le, *Aleochara curtula* (Coleoptera, Staphylinidae)«. ›*Zoomorphology*‹ 114:227–37.

Gack, C. und *K. Peschke*. 2005. »›Shouldering‹ Exaggerated Genitalia: A Unique Behavioural Adaptation for the Retraction of the Elongate Intromittant Organ by the Male Rove Beetle (*Aleochara tristis* Gravenhorst)«. ›*Biological Journal of the Linnean Society*‹ 4:307–12.

Gallup, G. G., R. L. Burch und *T. J. B. Mitchell*. 2006. »Semen Displacement as a Sperm Competition Strategy«. ›*Human Nature*‹ 17:253–64.

Gallup, G. G., R. L. Burch und *S. M. Platek*. 2002. »Does Semen Have Antidepressant Properties?« ›*Archives of Sexual Behavior*‹ 31:289–93.

Gallup, G. G., R. L. Burch, M. L. Zappieri, R. A. Parvez, M.L. Stockwell und *J. A. Davis*. 2003. »The Human Penis as a Semen Displacement Device«. ›*Evolution and Human Behavior*‹ 24:277–89.

Georgiadis, J. R. 2011. »Exposing Orgasm in the Brain: A Critical Eye«. ›*Sexual and Relationship Therapy*‹ 26:342–55.

Gerhardt, U. 1933. »Zur Kopulation der Limaciden. I. Mitteilung«. ›*Zeitschrift für Morphologie und Ökologie der Tiere*‹ 27:401–50.

Gerlach, N. M., J. W. McGlothlin, P. G. Parker und E. D. Ketterson. 2012. »Reinterpreting Bateman Gradients: Multiple Mating and Selection in Both Sexes of a Songbird Species«. ›*Behavioural Ecology*‹ 23:1078–88.

Ghiselin, M. T. 1984. »›Definition‹, ›character‹, and other equivocal terms«. ›*Systematic Zoology*‹ 33:104–10.

Ghiselin, M. T. 2010. »The Distinction Between Primary and Secondary Sexual Characters«. In ›*The Evolution of Primary Sexual Characters in Animals*‹, hg. von J. L. Leonard und A. Córdoba-Aguilar, 9–14. Oxford: Oxford University Press.

Gilbert, P. W. und *G. W. Heath*. 1972. »The Clasper-Siphon Sac Mechanism in *Squalus acanthias* and *Mustelus canis*«. ›*Comparative Biochemistry and Physiology*‹ 42A:97–119.

Gillott, C. 2003. »Male Accessory Gland Secretions: Modulators of Female Reproductive Physiology and Behavior«. ›*Annual Review of Entomology*‹ 48:163–84.

Ginsberg, J. R. und *U. W. Huck*. 1989. »Sperm Competition in Mammals«. ›*Trends in Ecology and Evolution*‹ 4:74–79.

Ginsberg, J. R. und *D. I. Rubenstein*. 1990. »Sperm Competition and Variation in Zebra Mating Behavior«. ›*Behavioral Ecology and Sociobiology*‹ 26:427–34.

Giraldi, A., L. Marson, R. Nappi, J. Pfaus, A. M. Traish, Y. Vardi und *I. Goldstein*. 2004. »Physiology of Female Sexual Function: Animal Models«. ›*Journal of Sexual Medicine*‹ 1:237–52.

Gist, D. H. und *J. M. Jones*. 1989. »Sperm Storage Within the Oviduct of Turtles«. ›*Journal of Morphology*‹ 199:379–84.

Gittenberger, E. 1988. »Sympatric Speciation in Snails: A Largely Neglected Model«. ›*Evolution*‹ 42:826–28.

Glaubrecht, M. und *C. Zorn*. 2012. »More Slug(gish) Science: Another Annotated Catalogue on Types of Tropical Pulmonate Slugs (Mollusca, Gastropoda) in the Collection of the Natural History Museum Berlin«. ›*Zoosystematics and Evolution*‹ 88:33–51.

Godfray, H. C. J. 1996. ›*Parasitoids: Behavioral and Evolutionary Ecology*‹. Princeton, NJ: Princeton University Press.

Gosse, P. H. 1883. »On the Clasping-Organs Ancillary to Generation in Certain Groups of the Lepidoptera«. ›*Transactions of the Linnean Society of London*‹ *(Zoology)* 2:265–345.

Gould, S. J. 1991. ›*Bully for Brontosaurus: Reflections in Natural History*‹. New York: Norton (dt. ›Bravo, Brontosaurus‹, Hamburg: Hoffmann & Campe, 1994).

Gowaty, P. A. 1997. ›*Feminism and Evolutionary Biology: Boundaries, Intersections and Frontiers*‹. Heidelberg: Springer.

Gowaty, P. A., Y.-K. Kim und *W. W. Anderson*. 2012. »No Evidence of Sexual Selection in a Repetition of Bateman's Classic Study of *Drosophila melanogaster*«. ›*Proceedings of the National Academy of Sciences*‹ 109:11740–45.

Gruenwald, I., L. Lowenstein, I. Gartman und *Y. Vardi*. 2007. »Physiological Changes in Female Genital Sensation During Sexual Stimulation«. ›*Journal of Sexual Medicine*‹ 4:390–94.

Haase, M. und *A. Karlsson*. 2000. »Mating and the Inferred Function of the Genital System of the Nudibranch, *Aeolidiella glauca* (Gastropoda: Opisthobranchia: Aeolidoidea)«. ›*Invertebrate Biology*‹ 119:287–98.

Haase, M. und *A. Karlsson*. 2004. »Mate Choice in a Hermaphrodite: You Won't Score with a Spermatophore«. ›*Animal Behaviour*‹ 67:287–91.

Haeberle, E. J. 1983. ›*The Sex Atlas: New Popular Reference Edition*‹. New York: Continuum.

Haerty, W., S. Jagadeeshan, R. J. Kulathinal, A. Wong, K. R. Ram, L. K. Sirot, L. Levesque, C. G. Artieri, M. F. Wolfner, A. Civetta und *R. S. Singh*. 2007. »Evolution in the Fast Lane: Rapidly Evolving Sex-Related Genes in *Drosophila*«. ›*Genetics*‹ 177:1321–35.

Hanby, J. P. und *C. E. Brown*. 1974. »The Development of Sociosexual Behaviours in Japanese Macaques *Macaca fuscata*«. ›*Behaviour*‹ 49:152–95.

Harrison, P. L., R. C. Babcock, G. D. Bull, J. K. Oliver, C. C. Wallace und *B. L. Willis*. 1984. »Mass Spawning in Tropical Coral Reefs«. ›*Science*‹ 223:1186–89.

Harrisson, T. 1959. ›*World Within: A Borneo Story*‹. London: Cresset Press.

Hartmann, R. und *W. Loher*. 1999. »Post-Mating Effects in the Grasshopper, *Gomphocerus rufus* L. Mediated by the Spermatheca«. ›*Journal of Comparative Physiology*‹ *A* 184:325–32.

Haubruge, E., L. Arnaud, J. Mignon und *M. J. G. Gage*. 1999. »Fertilization by Proxy: Rival Sperm Removal and Translocation in a Beetle«. ›*Proceedings of the Royal Society B*‹ 266:1183–87.

Heller, K.-G. und *R. Krahe*. 1994. »Sound Production and Hearing in the Pyralid Moth *Symmoracma minoralis*«. ›*Journal of Experimental Biology*‹ 187:101–11.

Hellriegel, B. und *G. Bernasconi*. 2000. »Female-Mediated Differential Sperm Storage in a Fly with Complex Spermathecae, *Scatophaga stercoraria*«. ›*Animal Behaviour*‹ 59:311–17.

Helsdingen, P. J. van. 1965. »Sexual Behaviour of *Lepthyphantes leprosus* (Ohlert) (Araneida, Linyphiidae), with Notes on the Function of the Genital Organs«. ›*Zoologische Mededelingen*‹ (Leiden) 41:15–42.

Helversen, D. von und *O. von Helversen*. 1991. »Pre-Mating Sperm Removal in the Bushcricket *Metaplastes ornatus* Ramme 1931 (Orthoptera, Tettigonoidea, Phaneropteridae)«. ›*Behavioral Ecology and Sociobiology*‹ 28:391–96.

Hernández-Lopez, L., A. L. Cerda-Molina, D. L. Páez-Ponce und *R. Mondragón-Ceballos*. 2008. »The Seminal Coagulum Favours Passage of Fast-Moving Sperm into the Uterus in the Black-Handed Spider Monkey«. ›*Reproduction Research*‹ 136:411–21.

Highnam, K. C. 1964. ›*Insect Reproduction*‹. London: Royal Entomological Society.

Hoch, J. M. 2008. »Variation in Penis Morphology and Mating Ability in the Acorn Barnacle, *Semibalanus balanoides*«. ›*Journal of Experimental Marine Biology and Ecology*‹ 359:126–30.

Hoekstra, R. F. 1987. »The Evolution of Sexes«. In ›*The Evolution of Sex and Its Consequences*‹, hg. von S. C. Stearns, 59–91. Basel: Birkhäuser.

Holt, W. V. und *R. E. Lloyd*. 2010. »Sperm Storage in the Vertebrate Female Reproductive Tract: How Does It Work So Well?« ›*Theriogenology*‹ 73:713–22.

Holwell, G. I. und *M. E. Herberstein*. 2010. »Chirally Dimorphic Male Genitalia in Praying Mantids (*Ciulfina*: Liturgusidae)«. ›*Journal of Morphology*‹ 271:1176–84.

Hormiga, G. und *N. Scharff*. 2005. »Monophyly and Phylogenetic Placement of the Spider Genus *Labulla* Simon, 1884 (Araneae, Linyphiidae) and

Description of the New Genus *Pecado*«. ›*Zoological Journal of the Linnean Society*‹ 143:359–404.

Hormiga, G., N. Scharff und *J. A. Coddington*. 2000. »The Phylogenetic Basis of Sexual Size Dimorphism in Orb-Weaving Spiders (Araneae, Oribiculariae)«. ›*Systematic Biology*‹ 49:435–62.

Hosken, D. J. 2008. »Clitoral Variation Says Nothing About Female Orgasm«. ›*Evolution and Development*‹ 10:393–95.

Hotzy, C. und *G. Arnqvist*. 2009. »Sperm Competition Favors Harmful Males in Seed Beetles«. ›*Current Biology*‹ 19:404–7.

Hotzy, C., M. Polak, J. L. Rönn und *G. Arnqvist*. 2012. »Phenotypic Engineering Unveils the Function of Genital Morphology«. ›*Current Biology*‹ 22:2258–61.

Houck, L. D. und P. A. Verrell. 2010. »Evolution of Primary Sexual Characters in Amphibians«. In ›*The Evolution of Primary Sexual Characters in Animals*‹, hg. von J. L. Leonard und A. Córdoba-Aguilar, 409–24. Oxford: Oxford University Press.

Hrdy, S. B. 1997. »Raising Darwin's Consciousness: Female Sexuality and the Prehominid Origins of Patriarchy«. ›*Human Nature*‹ 8:1–49.

Hubweber, L. und M. Schmitt. 2010. »Differences in Genitalia Structure and Function Between Subfamilies of Longhorn Beetles (Coleoptera: Cerambycidae)«. ›*Genetica*‹ 138:37–43.

Hughes, K. A., L. Du, H. Rodd und *D. N. Reznick*. 1999. »Familiarity Leads to Female Mate Preference for Novel Males in the Guppy, *Poecilia reticulata*«. ›*Animal Behaviour*‹ 58:907–16.

Hunter, J. 1780. «Account of an Extraordinary Pheasant«. ›*Philosophical Transactions of the Royal Society of London*‹ 70:527–35.

Hutchinson, J. M. C. und *H. Reise*. 2009. »Mating Behaviour Clarifies the Taxonomy of Slug Species Defined by Genital Anatomy: The *Deroceras rodnae* Complex in the Sächsische Schweiz and Elsewhere«. ›*Mollusca*‹ 27:183–200.

Iwasa, Y. und *A. Pomiankowski*. 1995. «Continual Change in Mate Preferences«. ›*Nature*‹ 377:420–22.

Jann, P., W. U. Blanckenhorn und *P. I. Ward*. 2000. »Temporal and Microspatial Variation in the Intensities of Natural and Sexual Selection in the Yellow Dung Fly *Scathophaga stercoraria*«. ›*Journal of Evolutionary Biology* 13:927–38.

Jeannel, R. 1911. »Biospeologica 19: Révision des Bathysciinae (Coléoptères Silphides): morphologie, distribution géographique, systématique«. ›*Archives de Zoologie Expérimentale et Générale*‹ *5, Série* 7:1–641, Tafel i-xxiv.

Jeannel, R. 1936. »Monographie des Catopidae«. ›*Mémoires du Muséum National d'Histoire Naturelle (N.S.)*‹ 1:1–435.

Jeannel, R. 1941. »L'isolement, facteur de l'évolution«. ›*Revue Française d'Entomologie*‹ 8:101–10.

Jeannel, R. 1955. »L'Édéage: initiation aux recherches sur la systématique des Coléoptères«. ›*Publications du Muséum National d'Histoire Naturelle*‹, *Paris* 16:1–155.

Jeyarajasingam, A. und *A. Pearson.* 1999. ›*A Field Guide to the Birds of West Malaysia and Singapore*‹. Oxford: Oxford University Press.

Jones, S. 2008. »A Wonderful Life by Leaps and Bounds«. ›*Nature*‹ 456:873–74.

Jones, T. R. 1841. ›*A General Outline of the Organisation of the Animal Kingdom, and Manual of Comparative Anatomy*‹. London: John van Voorst.

Joyce, W. G., N. Micklich, S. F. K. Schaal und *T. M. Scheyer.* 2012. »Caught in the Act: The First Record of Copulating Fossil Vertebrates«. ›*Biology Letters*‹ 8:846–48.

Judson, O. P. 2002. ›*Dr. Tatiana's Sex Advice to All Creation*‹. London: Random House (dt. ›Die raffinierten Sexpraktiken der Tiere. Fundierte Antworten auf die brennendsten Fragen‹, München: Heyne, 2003).

Judson, O. P. 2005. »Anticlimax«. ›*Nature*‹ 436:916–17.

Kahn, A. T., B. Mautz und *M. D. Jennions.* 2010. »Females Prefer to Associate with Males with Longer Intromittent Organs in Mosquitofish«. ›*Biology Letters*‹ 6:55–58.

Karlsson, A. und *M. Haase.* 2002. »The Enigmatic Mating Behaviour and Reproduction of a Simultaneous Hermaphrodite, the Nudibranch *Aeolidiella glauca* (Gastropoda, Opisthobranchia)«. ›*Canadian Journal of Zoology*‹ 80:260–70.

Karlsson Green, K. und *J. A. Madjidian.* 2011. »Active Males, Reactive Females: Stereotypic Sex Roles in Sexual Conflict Research?« ›*Animal Behaviour*‹ 81:901–7.

Kelly, C. D., J.-G. J. Godin und *G. Abdallah.* 2000. »Geographical Variation in the Male Intromittent Organ of the Trinidadian Guppy (*Poecilia reticulata*)«. ›*Canadian Journal of Zoology*‹ 78:1674–80.

Kingan, S. B., M. Tatar und *D. M. Rand.* 2003. »Reduced Polymorphism in the Chimpanzee Semen Coagulating Protein, Semenogelin I«. ›*Journal of Molecular Evolution*‹ 57:159–69.

Kingan, T. G., W. M. Bodnar, A. K. Raina, J. Shabanowitz und *D. F. Hunt.* 1995. »The Loss of Female Sex Pheromone After Mating in the Corn Earworm Moth *Helicoverpa zea:* Identification of a Male Pheromonostatic Peptide«. ›*Proceedings of the National Academy of Sciences*‹ 92:5082–86.

Kleukers, R. M. J. C., E. J. van Nieukerken, B. Odé, L. P. M. Willemse und

W. K. R. E. van Wingerden. 1997. »*De Sprinkhanen en Krekels van Nederland (Orthoptera)*«. ›Nationaal Natuurhistorisch Museum, KNNV Uitgeverij und EIS-Nederland‹, Leiden.

Klingenberg, C. P. 1996. »Multivariate Allometry«. In ›*Advances in Morphometrics*‹, hg. von L. F. Markus, M. Corti, A. Loy, G. J. P. Naylor und D. E. Slice, 23–49. Heidelberg, Germany: Springer.

Knapp, L. A., J. C. Ha und *J. P. Sackett*. 1996. »Parental MHC Antigen Sharing and Pregnancy Wastage in Captive Pigtailed Macaques«. ›*Journal of Reproductive Immunology*‹ 32:73–88.

Knoflach, B. und *A. van Harten*. 2000. »Palpal Loss, Single Palp Copulation and Obligatory Mate Consumption in *Tidarren cuneolatum* (Tullgren, 1910) (Araneae, Theridiidae)«. ›*Journal of Natural History*‹ 34:1639–59.

Knoflach, B. und *S. P. Benjamin*. 2003. »Mating Without Sexual Cannibalism in *Tidarren sisyphoides* (Araneae, Theridiidae)«. ›*Journal of Arachnology*‹ 31:445–48.

Kočárek, P. 2002. »Diel Activity Patterns of Carrion-Visiting Coleoptera Studied by Time-Sorting Pitfall Traps«. ›*Biologia*‹ (Bratislava) 57:199–211.

Koene, J. M. 2005. »Allohormones and Sensory Traps: A Fundamental Difference Between Hermaphrodites and Gonochorists?« ›*Invertebrate Reproduction and Development*‹ 18:101–7.

Koene, J. M. und *R. Chase*. 1998a. »The Love Dart of *Helix aspersa* Müller Is Not a Gift of Calcium«. ›*Journal of Molluscan Studies*‹ 64:75–80.

Koene, J. M. und *R. Chase*. 1998b. »Changes in the Reproductive System of the Snail *Helix aspersa* Caused by Mucus from the Love Dart«. ›*Journal of Experimental Biology*‹ 201:2313–19.

Koene, J. M., T.-S. Liew, K. Montagne-Wajer und *M. Schilthuizen*. 2013. »A Syringe-Like Love Dart Injects Male Accessory Gland Products in a Tropical Hermaphrodite«. ›*PLOS ONE*‹ 8:e69968.

Koene, J. M., T. Pförtner und *N. K. Michiels*. 2005. »Piercing the Partner's Skin Influences Sperm Uptake in the Earthworm *Lumbricus terrestris*«. ›*Behavioral Ecology and Sociobiology*‹ 59:243–49.

Koene, J. M. und *H. Schulenburg*. 2005. »Shooting Darts: Co-Evolution and Counter-Adaptation in Hermaphroditic Snails«. ›*BMC Evolutionary Biology*‹ 5:e25.

Koene, J. M., G. Sundermann und *N. K. Michiels*. 2002. »On the Function of Body Piercing During Copulation in Earthworms«. ›*Invertebrate Reproduction and Development*‹ 41:35–40.

Kokko, H., R. Brooks, M. D. Jennions und J. Morley. 2003. »The Evolution of Mate Choice and Mating Biases«. ›*Proceedings of the Royal Society B*‹ 270:653–64.

Kokko, H., M. D. Jennions und *A. Houde*. 2007. »Evolution of Frequency-Dependent Mate Choice: Keeping Up with Fashion Trends«. ›*Proceedings of the Royal Society B*‹ 274:1317–24.

Koprowski, J. L. 1992. »Removal of Copulatory Plugs by Female Tree Squirrels«. ›*Journal of Mammalogy*‹ 73:572–76.

Kuijper, B., I. Pen und *F. J. Weissing*. 2012. »A Guide to Sexual Selection Theory«. ›*Annual Review of Ecology, Evolution and Systematics*‹ 43:287–311.

Kullmann, E. 1964. »Neue Ergebnisse über den Netzbau und das Sexualverhalten einiger Spinnenarten (Cresmatoneta mutinensis, Drapetisca socialis, Lithyphantes paykullianus, Cyrtophora citricola) als Beitrag zur Frage der Bedeutung besonderer Verhaltensmerkmale für die Systematik«. ›*Zeitschrift für Zoologische Systematik und Evolutionsforschung*‹ 2:41–122.

Kumschick, S., S. Fronzek, M. H. Entling und *W. Nentwig*. 2011. »Rapid Spread of the Wasp Spider *Argiope bruennichi* Across Europe: A Consequence of Climate Change?« ›*Climate Change*‹ 109:319–29.

Lange, R., T. Gerlach, J. Beninde, J. Werminghausen, V. Reichel und *N. Anthes*. 2012. »Female Fitness Optimum at Intermediate Mating Rates Under Traumatic Mating«. ›*PLOS ONE*‹ 7:e43234.

Lange, R., K. Reinhardt, N. K. Michiels und *N. Anthes*. 2013. »Functions, Diversity und Evolution of Traumatic Mating«. ›*Biological Reviews*‹ 88:585–601.

Langerhans, R. B., C. A. Layman und *T. J. DeWitt*. 2005. »Male Genital Size Reflects a Tradeoff Between Attracting Males and Avoiding Predators in Two Live-Bearing Fish Species«. ›*Proceedings of the National Academy of Sciences*‹ 102:7618–23.

Langtimm, C. A. und *D. A. Dewsbury*. 1991. »Phylogeny and Evolution of Rodent Copulatory Behaviour«. ›*Animal Behaviour*‹ 41:217–24.

Laptikhovsky, V. V. und *A. Salman*. 2003. »On Reproductive Strategies of the Epipelagic Octopods of the Superfamily Argonautoidea (Cephalopoda: Octopoda)«. ›*Marine Biology*‹ 142:321–26.

Lawson, A. J. 2012. ›*Painted Caves: Palaeolithic Rock Art in Western Europe*‹. Oxford: Oxford University Press.

Leahy, M. G. und *R. Galun*. 1972. »Effect of Mating on Oogenesis and Oviposition in the Tick *Argas persicus* (Oken)«. ›*Parasitology*‹ 65:167–78.

Leeuwenhoek, A. van. 1678. »Observationes D. Anthonii Lewenhoeck de natis e semini genitali animalculis«. ›*Philosophical Transactions of the Royal Society of London*‹ 12:1040–46.

Leonard, J. L. 2005. »Bateman's Principle and Simultaneous Hermaphrodites: A Paradox«. ›*Integrative and Comparative Biology*‹ 45:856–73.

Leonard, J. L. 2006. »Sexual Selection: Lessons from Hermaphrodite Mating Systems«. ›*Integrative and Comparative Biology*‹ 46:349–67.

Leonard, J. L., J. S. Pearse und *A. B. Harper*. 2002. »Comparative Reproductive Biology of *Ariolimax californicus* and *A. dolichophallus* (Gastropoda: Stylommatophora)«. ›*Invertebrate Reproduction and Development*‹ 41:83–93.
Leopold, R. A., A. C. Terranova, B. J. Thorson und *M. E. Degrugillier*. 1971. »The Biosynthesis of the Male Housefly Accessory Secretion and Its Fate in the Mated Female«. ›*Journal of Insect Physiology*‹ 17:987–1003.
Leuckart, R. 1847. ›Zur Morphologie und Anatomie der Geschlechtsorgane‹. Göttingen: Vandenhoeck & Ruprecht.
Lindroth, A. 1947. »Time of Activity of Freshwater Fish Spermatozoa in Relation to Temperature«. ›*Zoologiska Bidrag fran Uppsala*‹ 25:165–68.
Lister, M. 1678. ›*Historia Animalium Angliae tres tractatus*‹. London.
Litchfield, R. B. 1922. »Charles Darwin's Death-Bed: Story of Conversion Denied«. ›*The Christian*‹, 23. Februar 1922, 12.
Liu, H. und *E. Kubli*. 2003. »Sex-Peptide Is the Molecular Basis of the Sperm Effect in *Drosophila melanogaster*«. ›*Proceedings of the National Academy of Sciences*‹ 100:9929–33.
Lloyd, E. A. 2005. ›*The Case of the Female Orgasm: Bias in the Science of Evolution*‹. Cambridge, MA: Harvard University Press.
Lloyd, J. E. 1979. »Mating Behavior and Natural Selection«. ›*Florida Entomologist*‹ 62:17–34.
Long, J. A. 2012. ›*The Dawn of the Deed: The Prehistoric Origins of Sex*‹. Chicago: University of Chicago Press.
Long, J. A., K. Trinajstic, G. C. Young und *T. Senden*. 2008. »Live Birth in the Devonian Period«. ›*Nature*‹ 453:650–52.
Long, J. A., K. Trinajstic und *Z. Johanson*. 2009. »Devonian Arthrodire Embryos and the Origin of Internal Fertilization in Vertebrates«. ›*Nature*‹ 457:1124–27.
Lynch, V. J. 2008. »Clitoral and Penile Size Variability Are Not Significantly Different: Lack of Evidence for the Byproduct Theory of the Female Orgasm«. ›*Evolution and Development*‹ 10:396–97.
Maan, M. E. und *M. E. Cummings*. 2008. »Female Preferences for Aposematic Signal Components in a Polymorphic Poison Frog«. ›*Evolution*‹ 62:2334–45.
Maan, M. E. und *M. E. Cummings*. 2009. »Sexual Dimorphism and Directional Sexual Selection on Aposematic Signals in a Poison Frog«. ›*Proceedings of the National Academy of Sciences*‹ 106:19072–77.
Maan, M. E. und *M. E. Cummings*. 2012. »Poison Frog Colors Are Honest Signals of Toxicity, Particularly for Bird Predators«. ›*American Naturalist*‹ 179:e1–e14.
Marian, J. E. A. R., Y. Shiraki, K. Kawai, S. Kojima, Y. Suzuki und *K. Ono*.

2012. »Revisiting a Medical Case of ›Stinging‹ in the Human Oral Cavity Caused by Ingestion of Raw Squid (Cephalopoda: Teuthida): New Data on the Functioning of Squid's Spermatophores«. ›*Zoomorphology*‹ 131:293–301.

Marson, L., R. Cai und *N. Makhanova*. 2003. »Identification of Spinal Neurons Involved in the Urethrogenital Reflex in the Female Rat«. ›*Journal of Comparative Neurology*‹ 462:355–70.

Masters, W. H. und *V. E. Johnson*. 1966. ›*Human Sexual Response*‹. Boston: Little, Brown (dt. ›Die sexuelle Reaktion‹, Frankfurt am Main: Akademische Verlagsgesellschaft, 1968).

Mautz, B. S., B. B. M. Wong, R. A. Peters und *M. D. Jennions*. 2013. »Penis Size Interacts with Body Shape and Height to Influence Male Attractiveness«. ›*Proceedings of the National Academy of Sciences*‹ 110:6925–30.

McCracken, K. G. 2000. »The 20-cm Spiny Penis of the Argentine Lake Duck (*Oxyura vittata*)«. ›*The Auk*‹ 117:820–25.

McCracken, K. G., R. E. Wilson, P. J. McCracken und *K. P. Johnson*. 2001. »Are Ducks Impressed by Drakes' Display?« ›*Nature*‹ 413:128.

McLean, C. Y., P. L. Reno, A. A. Pollen, A. I. Bassan, T. D. Capellini, C. Guenther, V. B. Indjeian, X. Lim, D. B. Menke, B. T. Schaar, A. M. Wenger, G. Bejerano und *D. M. Kingsley*. 2011. »Human-Specific Loss of Regulatory DNA and the Evolution of Human-Specific Traits«. ›*Nature*‹ 471:216–19.

McPeek, M. A., L. Shen und *H. Farid*. 2009. »The Correlated Evolution of Three-Dimensional Reproductive Structures Between Male and Female Damselflies«. ›*Evolution*‹ 63:73–83.

McPeek, M. A., L. Shen, J. Z. Torrey und *H. Farid*. 2008. »The Tempo and Mode of Three-Dimensional Morphological Evolution in Male Reproductive Structures«. ›*American Naturalist*‹ 171:e158–e178.

Meisenheimer, J. 1912. ›Die Weinbergschnecke *Helix pomatia* L.‹ (*Monographien einheimischer Tiere*, hg. von H. E. Ziegler und R. Wolterek, Bd. 4). Leipzig: Werner Klinkhardt.

Mellanby, K. 1939. »Fertilization and Egg-Production in the Bed-Bug, *Cimex lectularius* L«. ›*Parasitology*‹ 31:193–99.

Michalik, P., B. Knoflach, K. Thaler und *G. Alberti*. 2010. »Live for the Moment: Adaptations in the Male Genital System of a Sexually Cannibalistic Spider (Theridiidae, Araneae)«. ›*Tissue and Cell*‹ 42:32–36.

Michiels, N. K. und *J. M. Koene*. 2006. »Sexual Selection Favors Harmful Mating in Hermaphrodites More Than in Gonochorists«. ›*Integrative and Comparative Biology*‹ 46:473–80.

Michiels, N. K. und *L. J. Newman*. 1998. »Sex and Violence in Hermaphrodites«. ›*Nature*‹ 391:648.

Milius, S. 2013. »Sea Slug Carries Disposable Penis, Plus Spares«. ›*Science News*‹ 183(6):9.

Moeliker, C. W., Kees 2001. »The First Case of Homosexual Necrophilia in the Mallard *Anas platyrhynchos* (Aves: Anatidae)«. ›*Deinsea*‹ 8:243–47.

Moeliker, C. W., Kees 2009. ›*De Eendenman*‹. Amsterdam: Nieuw Amsterdam.

Møller, A. P. 1990. »Effects of a Haematophagous Mite on Secondary Sexual Tail Ornaments in the Barn Swallow (*Hirundo rustica*): A Test of the Hamilton and Zuk Hypothesis«. ›*Evolution*‹ 44:771–84.

Morris, D. 1967. ›*The Naked Ape*‹. London: Jonathan Cape (dt. ›Der nackte Affe‹, München, Zürich: Droemer Knaur, 1968).

Morrow, E. H. und *G. Arnqvist*. 2003. »Costly Traumatic Insemination and a Female Counter-Adaptation in Bed Bugs«. ›*Proceedings of the Royal Society B*‹ 270:2377–81.

Morrow, E. H., G. Arnqvist und *S. Pitnick*. 2003. »Adaptation Versus Pleiotropy: Why Do Males Harm Their Mates?« ›*Behavioral Ecology*‹ 14:802–6.

Motas, C. 1966. »Hommage à la mémoire de René Jeannel«. ›*International Journal of Speleology*‹ 2:229–67.

Murer, V., J. F. Spetz, U. Hengst, L. M. Altrogge, A. de Agostini und *D. Monard*. 2001. »Male Fertility Defects in Mice Lacking the Serine Protease Inhibitor Protease Nexin-1«. ›*Proceedings of the National Academy of Sciences*‹ 98:3029–33.

Myers, C. W. und *J. W. Daly*. 1976. »Preliminary Evaluation of Skin Toxins and Vocalization in Taxonomic and Evolutionary Studies of Poison-Dart Frogs (Dendrobatidae)«. ›*Bulletin of the American Museum of Natural History*‹ 157:173–262.

Naef, A. 1921–1923. ›Fauna und Flora des Golfes von Neapel‹. 35. Monographie: Die Cephalopoden. I. Teil, 1. Band (Systematik). Berlin: Friedländer & Sohn.

Nahum, G. G., H. Stanislaw und *C. McMahon*. 2004. »Preventing Ectopic Pregnancies: How Often Does Transperitoneal Transmigration of Sperm Occur in Effecting Human Pregnancy?« ›*BJOG: An International Journal of Obstetrics and Gynaecology*‹ 111:706–14.

Negrea, Ş. 2007. »Historical Development of Biospeleology in Romania After the Death of Emile Racovitza«. ›*Travaux de l'Institut de Spéologie Émile Racovitza*‹ 45/46:131–67.

Nessler, S. H., G. Uhl und *J. M. Schneider*. 2007. »Genital Damage in the Orb-Web Spider *Argiope bruennichi* (Araneae: Araneidae) Increases Paternity Success«. ›*Behavioural Ecology*‹ 18:174–81.

Neufeld, C. J. und *A. R. Palmer*. 2008. »Precisely Proportioned: Intertidal Barnacles Alter Penis Form to Suit Coastal Wave Action«. ›*Proceedings of the Royal Society B*‹ 275:1081–87.

Ober, C., T. Hyslop, S. Elias, L. R. Weitkamp und *W. W. Hauck*. 1998. »Human Leucocyte Antigen Matching and Fetal Loss: Results of a 10-Year Prospective Study«. ›*Human Reproduction*‹ 13:33–38.

O'Connell, H. E., J. M. Hutson, C. R. Anderson und *R. J. Pletner*. 1998. »Anatomical Relationship Between Urethra and Clitoris«. ›*Journal of Urology*‹ 159:1892–97.

O'Connell, H. E., K. V. Sanjeevan und *J. M. Hutson*. 2005. »Anatomy of the Clitoris«. ›*Journal of Urology*‹ 174:1189–95.

Olsen, M. W. 1966. »Segregation and Replication of Chromosomes in Turkey Parthenogenesis«. ›*Nature*‹ 212:435–36.

Ono, T., M. T. Siva-Jothy und *A. Kato*. 1989. »Removal and Subsequent Ingestion of Rivals' Semen During Copulation in a Tree Cricket«. ›*Physiological Entomology*‹ 14:195–202.

Park, G. M., J. Y. Kim, J. H. Kim und *J. K. Huh*. 2012. »Penetration of the Oral Mucosa by Parasite-Like Sperm Bags of Squid: A Case Report in a Korean Woman.« ›*Journal of Parasitology*‹ 98:222–23.

Parker, G. A. 1970. »Sperm Competition and Its Evolutionary Consequences in the Insects«. ›*Biological Reviews*‹ 45:525–67.

Parker, G. A. 2001. »Golden Flies, Sunlit Meadows: A Tribute to the Yellow Dungfly«. In ›*Model Systems in Behavioral Ecology: Integrating Conceptual, Theoretical und Empirical Approaches*‹, hg. von L. A. Dugatkin, 3–26. Princeton, NJ: Princeton University Press.

Partridge, L. 1988. »The Rare-Male Effect: What Is Its Evolutionary Significance?« ›*Philosophical Transactions of the Royal Society B*‹ 319:525–39.

Pauls, R., G. Mutema, J. Segal, W. A. Silva, S. Kleeman, V. Dryfhout und *M. Karram*. 2006. »A Prospective Study Examining the Anatomic Distribution of Nerve Density in the Human Vagina«. ›*Journal of Sexual Medicine*‹ 3:979–87.

Peretti, A. V. und *W. G. Eberhard*. 2009. »Cryptic Female Choice via Sperm Dumping Favours Male Copulatory Courtship in a Spider«. ›*Journal of Evolutionary Biology*‹ 23:271–81.

Perkin, A. 2007. »Comparative Penile Morphology of East African Galagos of the Genus *Galagoides* (Family Galagidae): Implications for Taxonomy«. ›*American Journal of Primatology*‹ 69:16–26.

Perreau, M. 2012. »Description of a New Genus and Two New Species of Leiodidae (Coleoptera) from Baltic Amber Using Phase Contrast Synchrotron X-ray Microtomography«. ›*Zootaxa*‹ 3455:81–88.

Perreau, M. und *P. Tafforeau*. 2011. »Virtual Dissection Using Phase-Contrast

X-ray Synchrotron Microtomography: Reducing the Gap Between Fossils and Extant Species«. ›*Systematic Entomology*‹ 36:573–80.
Petrie, M. 1994. »Improved Growth and Survival of Offspring of Peacocks with More Elaborate Trains«. ›*Nature*‹ 371:598–99.
Pilch, B. und *M. Mann*. 2006. »Large-Scale and High-Confidence Proteomic Analysis of Human Seminal Plasma«. ›*Genome Biology*‹ 7:r40.
Place, N. J. und *S. E. Glickman*. 2004. »Masculinization of Female Mammals: Lessons from Nature«. *Advances in Experimental Medicine and Biology* 545:243–53.
Ploog, D. W. und *P. D. MacLean*. 1963. »Display of Penile Erection in Squirrel Monkey (*Saimiri sciurius*)«. ›*Animal Behaviour*‹ 11:32–39.
Poinar, G. O. 1992. ›*Life in Amber*‹. Stanford, CA: Stanford University Press.
Polak, M. und *A. Rashed*. 2010. »Microscale Laser Surgery Reveals Adaptive Function of Male Intromittent Genitalia«. ›*Proceedings of the Royal Society B*‹ 277:1371–76.
Porto, M., A. Pissinatti, C. H. F. Burity, R. Tortelly und *L. Pissinatti*. 2010. »Morphological Description of the Clitoris from the *Leontopithecus rosalia* (Linnaeus, 1766), *Leontopithecus chrysomelas* (Kuhl, 1820) and *Leontopithecus chrysopygus* (Mikan, 1823) (Primates, Platyrhini, Callitrichidae)«. ›*Annals of the National Academy of Medicine*‹ 180(2):1–9.
Prasad, M. R. N. 1970. »Männliche Geschlechtsorgane«. ›*Handbuch der Zoologie*‹ 9(2):1–150.
Prasad Narra, H. und *H. Ochman*. 2006. »Of What Use Is Sex to Bacteria?« ›*Current Biology*‹ 16:r705–r710.
Prum, R. O. und *R. H. Torres*. 2004. »Structural Colouration of Mammalian Skin: Convergent Evolution of Coherently Scattering Dermal Collagen Rays«. ›*Journal of Experimental Biology*‹ 207:2157–72.
Putnam, C. 1988. »A Little Knowledge Is a Wonderful Thing«. ›*New Scientist*‹ 120(1633):62–63.
Puts, D. A., K. Dawood und *L. L. M. Welling*. 2012a. »Why Do Women Have Orgasms: An Evolutionary Analysis«. ›*Archives of Sexual Behavior*‹ 41:1127–43.
Puts, D. A., L. L. M. Welling, R. P. Burriss und *K. Dawood*. 2012b. »Men's Masculinity and Attractiveness Predict Their Female Partners' Reported Orgasm Frequency and Timing«. ›*Evolution and Human Behavior*‹ 33:1–9.
Radtkey, R. R., S. C. Donnellan, R. N. Fisher, C. Moritz, K. A. Hanley und *T. J. Case*. 1995. »When Species Collide: The Origin and Spread of an Asexual Species of Gecko«. ›*Proceedings of the Royal Society B*‹ 259:145–52.
Ramos, M., D. J. Irschick und *T. E. Christenson*. 2004. »Overcoming an Evolutionary Conflict: Removal of a Reproductive Organ Greatly Increases

Locomotor Performance«. ›*Proceedings of the National Academy of Sciences*‹ 101:4883–87.

Randerson, J. und *L. Hurst*. 2001. »The Uncertain Evolution of the Sexes«. ›*Trends in Ecology and Evolution*‹ 16:571–79.

Raverat, G. 1952. ›*Period Piece: A Cambridge Childhood*‹. London: Faber and Faber.

Redi, F. 1684. ›*Osservazioni intorno agli animali viventi che si trovano negli animali viventi*‹. Florenz: Piero Matini.

Reeder, D. M. 2003. »The Potential for Cryptic Female Choice in Primates: Behavioral, Physiological und Anatomical Considerations«. In ›*Sexual Selection and Reproductive Competition in Primates: New Perspectives and Directions*‹, hg. von C. B. Jones, 255–303. Norman, OK: American Society of Primatologists.

Reinhard, J. und *D. M. Rowell*. 2005. »Social Behaviour in an Australian Velvet Worm, *Euperipatoides rowelli* (Onychophora: Peripatopsidae)«. ›*Journal of Zoology*‹ 267:1–7.

Reinhardt, K. und *M. T. Siva-Jothy*. 2007. »Biology of the Bed Bugs (Cimicidae)«. ›*Annual Review of Entomology*‹ 52:351–74.

Reise, H. 2007. »A Review of Mating Behavior in Slugs of the Genus *Deroceras* (Pulmonata: Agriolimacidae)«. ›*American Malacological Bulletin*‹ 23:137–56.

Reise, H. und *J. M. C. Hutchinson*. 2002. »Penis-Biting Slugs: Wild Claims and Confusion«. ›*Trends in Ecology and Evolution*‹ 17:163.

Retief, T. A., N. C. Bennett, A. A. Kinahan und *P. W. Bateman*. 2013. »Sexual Selection and Genital Allometry in the Hottentot Golden Mole (*Amblysomus hottentotus*)«. ›*Mammalian Biology*‹ 78:356–60.

Řezáč, M. 2009. »The Spider *Harpactea sadistica*: Co-Evolution of Traumatic Insemination and Complex Female Genital Morphology in Spiders«. ›*Proceedings of the Royal Society B*‹ 276:2697–701.

Rice, W. R. 1998. »Intergenomic Conflict, Interlocus Antagonistic Coevolution und the Evolution of Reproductive Isolation«. In ›*Endless Forms: Species and Speciation*‹, hg. von D. J. Howard und S. J. Berlocher, 261–70. Oxford: Oxford University Press.

Richards, O. W. 1927. »The Specific Characters of the British Humblebees (Hymenoptera)«. ›*Transactions of the Royal Entomological Society of London*‹ 75:233–68.

Richmond, M. P., S. Johnson und *T. A. Markow*. 2012. »Evolution of Reproductive Morphology Among Recently Diverged Taxa in the *Drosophila mojavensis* Species Cluster«. ›*Ecology and Evolution*‹ 2:397–408.

Ridley, M. 1993. ›The Red Queen: Sex and the Evolution of Human Nature‹. London: Harper.
Riemann, J. G. und *B. J. Thorson.* 1969. »Effect of Male Accessory Material on Oviposition and Mating by Female Houseflies«. ›*Annals of the Entomological Society of America*‹ 62:828–34.
Rivnay, E. 1933. »The Tropisms Effecting Copulation in the Bed Bug«. ›*Psyche*‹ 40:115–20.
Roach, M. 2008. ›*Bonk: The Curious Coupling of Science and Sex*‹. New York: Norton.
Roberts, E. K., A. Lu, T. J. Bergman und *J. C. Beehner.* 2012. »A Bruce Effect in Wild Geladas«. ›*Science*‹ 335:1222–25.
Robertson, S. A., J. J. Bromfield und *K. P. Tremellen.* 2003. »Seminal ›Priming‹ for Protection from Pre-Eclampsia: A Unifying Hypothesis«. ›*Journal of Reproductive Immunology*‹ 59:253–65.
Rodriguez, V., D. M. Windson und *W. G. Eberhard.* 2004. »Tortoise Beetle Genitalia and Demonstrations of a Sexually Selected Advantage for Flagellum Length in *Chelymorpha alternans* (Chrysomelidae, Cassidini, Stolaini)«. In ›*New Developments in the Biology of Chrysomelidae*‹, hg. von P. Jolivet, J. A. Santiago-Blay und M. Schmitt, 739–48. Den Haag: SBP Academic Publishing.
Rönn, J. L., M. Katvala und *G. Arnqvist.* 2007. »Coevolution Between Harmful Male Genitalia and Female Resistance in Seed Beetles«. ›*Proceedings of the National Academy of Sciences*‹ 104:10921–25.
Rowlands, I. W. 1957. »Insemination of the Guinea-Pig by Intraperitoneal Injection«. ›*Journal of Endocrinology*‹ 16:98–106.
Rozendaal, S. 2006. »Over eitjes en dierckens«. ›*Elsevier*‹, 30. November 2006.
Rubenstein, N. M., G. R. Cunha, Y. Z. Wang, K. L. Campbell, A. J. Conley, K. C. Catania, S. E. Glickman und *N. J. Place.* 2003. »Variation in Ovarian Morphology in Four Species of New World Moles with a Peniform Clitoris«. ›*Reproduction*‹ 126:713–19.
Sasabe, M., Y. Takami und *T. Sota.* 2007. »The Genetic Basis of Interspecific Differences in Genital Morphology of Closely Related Carabid Beetles«. ›*Heredity*‹ 98:385–91.
Sbilordo, S. H., M. A. Schäfer und *P. I. Ward.* 2009. »Sperm Release and Use at Fertilization by Yellow Dung Fly Females (*Scathophaga stercoraria*)«. ›*Biological Journal of the Linnean Society*‹ 98:511–18.
Schafstall, N. 2012. »Opportunities for Palaeoclimate Research on Coleoptera in Northwestern Europe«. Magisterarbeit (M.Sc.), Universität Utrecht.
Schaller, R. 1971. »Indirect Sperm Transfer by Soil Arthropods«. ›*Annual Review of Entomology*‹ 16:407–46.

Schilthuizen, M. 2000. ›Frogs, Flies und Dandelions: The Making of Species‹. Oxford: Oxford University Press.

Schilthuizen, M. 2001. »Slug Sex Shocker«. ›*Science Now* online‹, 6. September 2001, http://news.sciencemag.org/sciencenow/2001/09/06-03.html.

Schilthuizen, M. 2003. »The Race for Solid Semen«. ›*Science Now* online‹, 24. November 2003, http://news.sciencemag.org/sciencenow/2003/11/24-01.html.

Schilthuizen, M. 2004. »Why Two Sexes Are Better Than One«. ›*Science Now* online‹, 6. Oktober 2004, http://news.sciencemag.org/sciencenow/2004/10/06-04.html.

Schilthuizen, M. 2005. »The Darting Game in Snails and Slugs«. ›*Trends in Ecology and Evolution*‹ 20:581–84.

Schilthuizen, M. 2009. ›The Loom of Life: Unravelling Ecosystems‹. Berlin: Springer.

Schilthuizen, M. 2010. »Darwin's Peepshow«. ›*Bionieuws*‹, 20(18):8–9.

Schilthuizen, M. 2013. »Pelgrim in Parijs«. ›*Entomologische Berichten*‹ 73:41.

Schilthuizen, M., P. G. Craze, A. S. Cabanban, A. Davison, E. Gittenberger, J. Stone und *B. J. Scott.* 2007. »Sexual Selection Maintains Whole-Body Chiral Dimorphism«. ›*Journal of Evolutionary Biology*‹ 20:1941–49.

Schilthuizen, M. und *A. Davison.* 2005. »The Convoluted Evolution of Snail Chirality«. ›*Naturwissenschaften*‹ 92:504–15.

Schilthuizen, M., M. Haase, K. Koops, S. Looijestijn und *S. Hendrikse.* 2012. »The Ecology of Shell Shape Difference in Chirally Dimorphic Snails«. ›*Contributions to Zoology*‹ 81:95–102.

Schilthuizen, M. und *S. Looijestijn.* 2009. »The Sexology of the Chirally Dimorphic Snail Species *Amphidromus inversus*«. ›*Malacologia*‹ 51:379–87.

Schilthuizen, M., B. J. Scott, A. S. Cabanban und P. *G. Craze.* 2005. »Population Structure and Coil Dimorphism in a Tropical Land Snail«. ›*Heredity*‹ 95:216–20.

Schneider, J. M. und *P. Michalik.* 2011. »One-Shot Genitalia Are Not an Evolutionary Dead End: Regained Male Polygamy in a Sperm Limited Spider Species«. ›*BMC Evolutionary Biology*‹ 11:e197.

Schoot, P. van der, J. van Ophemert und *R. Baumgarten.* 1992. »Copulatory Stimuli in Rats Induce Heat Abbreviation Through Effects on Genitalia but Not Through Effects on Central Nervous Mechanisms Supporting the Steroid Hormone-Induced Sexual Responsiveness«. ›*Behavioural Brain Research*‹ 49:213–23.

Sedgwick, A. 1885. »The Development of *Peripatus capensis*«. ›*Proceedings of the Royal Society*‹ 38:354–61.

Sekizawa, A., S. Seki, M. Tokuzato, S. Shiga und *Y. Nakashima.* 2013. »Disposable Penis and Its Replenishment in a Simultaneous Hermaphrodite«. ›*Biology Letters*‹ 9:20121150.

Shah, J. und *N. Christopher*. 2002. »Can Shoe Size Predict Penile Length?« ›*BJU International*‹ 90:586–87.

Shapiro, A. M. und *A. H. Porter*. 1989. »The Lock and Key Hypothesis: Evolutionary and Biosystematic Interpretation of Insect Genitalia«. ›*Annual Review of Entomology*‹ 34:231–45.

Shen, L., H. Farid und *M. A. McPeek*. 2009. »Modeling Three-Dimensional Morphological Structures Using Spherical Harmonics«. ›*Evolution*‹ 63:1003–16.

Siva-Jothy, M. T. und *R. E. Hooper*. 1996. »Differential Use of Stored Sperm During Oviposition in the Damselfly *Calopteryx splendens xanthostoma* (Charpentier)«. ›*Behavioral Ecology and Sociobiology*‹ 39:389–93.

Springer, M. S., G. C. Cleven, O. Madsen, W. W. de Jong, V. G. Wadell, H. M. Amrine und *M. J. Stanhope*. 1997. »Endemic African Mammals Shake the Phylogenetic Tree«. ›*Nature*‹ 388:61–64.

Stockley, P. 2002. »Sperm Competition Risk and Male Genital Anatomy: Comparative Evidence for Reduced Duration of Female Sexual Receptivity in Primates with Penile Spines«. ›*Evolutionary Ecology*‹ 16:123–37.

Stutt, A. D. und *M. T. Siva-Jothy*. 2001. »Traumatic Insemination and Sexual Conflict in the Bed Bug *Cimex lectularius*«. ›*Proceedings of the National Academy of Sciences*‹ 98:5683–87.

Sukhsangchan, C. und *J. Nabhitabhat*. 2007. »Embryonic Development of Muddy Paper Nautilus, *Argonauta hians* Lightfoot, 1786, from Andaman Sea, Thailand«. ›*Kasetsart Journal (Natural Science)*‹ 41:531–38.

Summers, K. 2004. »Cross-Breeding of Distinct Color Morphs of the Strawberry Poison Frog (*Dendrobates pumilio*) from the Bocas del Toro Archipelago, Panama«. ›*Journal of Herpetology*‹ 38:1–8.

Symons, D. 1979. ›*The Evolution of Human Sexuality*‹. Oxford: Oxford University Press.

Tait, N. N. und *D. A. Briscoe*. 1990. »Sexual Head Structures in the Onychophora: Unique Modifications for Sperm Transfer«. ›*Journal of Natural History*‹ 24:1517–27.

Tait, N. N. und *J. M. Norman*. 2001. »Novel Mating Behaviour in *Florelliceps stutchburyae* Gen. Nov., Sp. Nov. (Onychophora: Peripatopsidae) from Australia«. ›*Journal of Zoology*‹ 253:301–8.

Tallamy, D. W., B. E. Powell und *J. A. McClafferty*. 2001. »Male Traits Under Cryptic Female Choice in the Spotted Cucumber Beetle (Coleoptera: Chrysomelidae)«. ›*Behavioral Ecology*‹ 13:511–18.

Tanabe, T. und *T. Sota*. 2008. »Complex Copulatory Behavior and the Proximate Effect of Genital and Body Size Differences on Mechanical Reproductive Isolation in the Millipede Genus *Parafontaria*«. ›*American Naturalist*‹ 71:692–99.

Tatsuta, H., K. Mizota und *S.-I. Akimoto*. 2001. »Allometric Patterns of Heads and Genitalia in the Stag Beetle *Lucanus maculifemoratus* (Coleoptera: Lucanidae)«. ›*Annals of the Entomological Society of America*‹ 94:462–66.

Tauber, P. F., L. J. D. Zaneveld, D. Propping und *G. F. B. Schumacher*. 1975. »Components of Human Split Ejaculates: I. Spermatozoa, Fructose, Immunoglobulins, Albumin, Lactoferrin, Transferrin and Other Plasma Proteins«. ›*Journal of Reproduction and Fertility*‹ 43:249–67.

Tinbergen, L. 1939. »Zur Fortpflanzungsethologie von *Sepia officinalis* L«. ›*Archives Neerlandaises de Zoologie*‹ 3:323–64.

Tinklepaugh, O. L. 1930. »Occurrence of Vaginal Plug in a Chimpanzee«. ›*Anatomical Record*‹ 46:329–32.

Tripp, H. R. H. 1971. »Reproduction in Elephant-Shrews (Macroscelididae) with Special Reference to Ovulation and Implantation«. ›*Journal of Reproduction and Fertility*‹ 26:149–59.

Trivers, R. L. 1972. »Parental Investment and Sexual Selection«. In ›*Sexual Selection and the Descent of Man*‹, hg. von B. Campbell, 136–79. Chicago: Aldine.

Troisi, A. und *M. Carosi*. 1998. »Female Orgasm Rate Increases with Male Dominance in Japanese Macaques«. ›*Animal Behaviour*‹ 56:1261–66.

Tutin, C. E. G. 1979. »Mating Patterns and Reproductive Strategies in a Community of Wild Chimpanzees (*Pan troglodytes schweinfurthii*)«. ›*Behavioral Ecology and Sociobiology*‹ 6:29–38.

Uhl, G., S. H. Nessler und *J. M. Schneider*. 2007. »Copulatory Mechanism in a Sexually Cannibalistic Spider with Genital Mutilation (Araneae: Araneidae: *Argiope bruennichi*)«. ›*Zoology*‹ 110:398–408.

Uhl, G., S. H. Nessler und *J. M. Schneider*. 2010. »Securing Paternity in Spiders? A Review on Occurrence and Effects of Mating Plugs and Male Genital Mutilation«. ›*Genetica*‹ 138:75–104.

Veerman, E. 2010. »Onderscheidende penissen«. *Noorderlicht*, September 2010, www.wetenschap24.nl/nieuws/artikelen/2010/september/Onderscheidende-penissen.html.

Vetten, L. und *S. Haffejee*. 2005. »Gang Rape: A study in Inner-City Johannesburg«. ›*SA Crime Quarterly*‹ 12:31–36.

Waage, J. K. 1979. »Dual Function of the Damselfly Penis: Sperm Removal and Transfer«. ›*Science*‹ 203:916–18.

Waage, J. K. 1982. »Sperm Displacement by Male *Lestes vigilax* Hagen (Odonata: Zygoptera)«. ›*Odonatologica*‹ 11:201–9.

Waal, F. B. M. de. 1986. »The Brutal Elimination of a Rival Among Captive Chimpanzees«. ›*Ethology and Sociobiology*‹ 7:237–51.
Walker, M. H., E. M. Roberts, T. Roberts, G. Spitteri, M. J. Streubig, J. L. Hartland und *N. N. Tait*. 2006. »Observations on the Structure and Function of the Seminar Receptacles and Associated Accessory Pouches in Ovoviviparous Onychophorans from Australia (Peripatopsidae; Onychophora)«. ›*Journal of Zoology*‹ 270:531–42.
Wallen, K. und *E. A. Lloyd*. 2008. »Clitoral Variability Compared with Penile Variability Supports Nonadaptation of Female Orgasm«. ›*Evolution and Development*‹ 10:1–2.
Ward, P. I. 1993. »Females Influence Sperm Storage and Use in the Yellow Dung Fly *Scatophaga stercoraria* (L.)«. ›*Behavioral Ecology and Sociobiology*‹ 32:313–19.
Wasser, S. K. und *D. Y. Isenberg*. 1986. »Reproductive Failure Among Women: Pathology or Adaptation?« ›*Journal of Psychosomatic Obstetrics and Gynaecology*‹ 5:153–75.
Watson, P. J. 1991. »Multiple Paternity as Genetic Bet-Hedging in Female Sierra Dome Spiders, *Linyphia litigiosa* (Linyphiidae)«. ›*Animal Behaviour*‹ 41:343–60.
Watson, P. J. 1995. »Dancing in the Dome«. ›*Natural History*‹ 1995(3):40–43.
Watson, P. J. und *J. R. B. Lighton*. 1994. »Sexual Selection and the Energetics of Copulatory Courtship in the Sierra Dome Spider, *Linyphia litigiosa*«. ›*Animal Behaviour*‹ 48:615–26.
Weiner, J. 1994. ›*The Beak of the Finch*‹. New York: Knopf.
West-Eberhard, M. J. 1984. »Sexual Selection, Social Communication und Species Specific Signals in Insects«. In ›*Insect Communication*‹, hg. von T. Lewis, 283–324. London: Academic Press.
Weygoldt, P. 1969. ›*The Biology of Pseudoscorpions*‹. Cambridge, MA: Harvard University Press.
Whitney, N. M., H. L. Pratt und *J. C. Carrier*. 2004. »Group Courtship, Mating Behaviour and Siphon Sac Function in the White-Tip Reef Shark, *Triaenodon obesus*«. ›*Animal Behaviour*‹ 68:1435–42.
Wickler, W. 1966. »Ursprung und biologische Deutung des Genitalpräsentierens männlicher Primaten«. ›*Zeitschrift für Tierpsychologie*‹ 23:422–37.
Wiktor, A. 1966. »Eine neue Nacktschneckenart (Gastropoda, Limacidae) aus Polen«. ›*Annales Zoologici*‹ 23:449–57.
Wildt, L., S. Kissler, P. Licht und *W. Becker*. 1998. »Sperm Transport in the Human Female Genital Tract and Its Modulation by Oxytocin as Assessed by Hysterosalpingoscintigraphy, Hysterotonography, Electrohysterography und Doppler Sonography«. ›*Human Reproduction Update*‹ 4:655–66.

Williams, P. H. 1991. »The Bumble Bees of the Kashmir Himalaya (Hymenoptera: Apidae: Bombini)«. ›*Bulletin of the British Museum of Natural History: Entomology*‹ 60:1–204.

Williamson, S. 1998. »The Truth About Women«. ›*New Scientist*‹, 1. August 1998.

Winterbottom, M., T. Burke und *T. R. Birkhead.* 1999. »A Stimulatory Phalloid Organ in a Weaver Bird«. ›*Nature*‹ 399:28.

Winterbottom, M., T. Burke und *T. R. Birkhead.* 2001. »The Phalloid Organ, Orgasm and Sperm Competition in a Polygynandrous Bird: The Red-Billed Buffalo Weaver (*Bubalornis niger*)«. ›*Behavioral Ecology and Sociobiology*‹ 50:474–82.

Wojcieszek, J. M. und *L. W. Simmons.* 2011. »Evidence for Stabilizing Selection and Slow Divergent Evolution of Male Genitalia in a Millipede (*Antichiropus variabilis*)«. ›*Evolution*‹ 66:1138–53.

Woodall, P. F. 1995. »The Penis of Elephant Shrews (Mammalia: Macroscelididae)«. ›*Journal of Zoology*‹ 237:399–410.

Yamane, T. und *T. Miyatake.* 2012. »Evolutionary Correlation Between Male Substances and Female Remating Frequency in a Seed Beetle«. ›*Behavioral Ecology*‹ 23:715–22.

Yanagimachi, R. und *M. C. Chang.* 1963. »Sperm Ascent Through the Oviduct of the Hamster and Rabbit in Relation to the Time of Ovulation«. ›*Journal of Reproduction and Fertility*‹ 6:413–20.

Yong, E. 2012. »The Bruce Effect: Why Some Pregnant Monkeys Abort When New Males Arrive«. ›*Discover* online‹, 23. Februar 2012, http://blogs.discovermagazine.com/notrocketscience/2012/02/23/the-bruce-effect-why-some-pregnant-monkeys-abort-when-new-males-arrive/$.UkF4zbwmzSp.

Zarrow, M. X. und *J. H. Clark.* 1968. »Ovulation Following Vaginal Stimulation in a Spontaneous Ovulator and Its Implications«. ›*Journal of Endocrinology*‹ 40:343–52.

Zietsch, B. P. und *P. Santtila.* 2011. »Genetic Analysis of Orgasmic Function in Twins and Siblings Does Not Support the By-Product Theory of Female Orgasm«. ›*Animal Behaviour*‹ 82:1097–1101.

Register